# FUNDAMENTOS DE BALÍSTICA GENERAL

## LA CIENCIA BALÍSTICA, CALIBRES, ELEMENTOS DEL CARTUCHO Y TIPOLOGÍAS

*A Manolo Cruz y*
*a Iván G., in memoriam*

# ÍNDICE

# INTRODUCCIÓN

## *Las armas de fuego en nuestra sociedad*

La balística puede describirse como uno de los modos cognitivos de aproximarse al mundo de las armas de fuego: concretamente, el que se ocupa en comprender su operación funcional específica, el disparo, y sus efectos.

Las armas se ofrecen a muy diversos usos: militar, que puede ser defensivo u ofensivo; policial, del que la sociedad en principio espera que sea sólo defensivo; civil, ya sea defensivo o deportivo; totémico, como en el caso del coleccionista..., pero también intelectual, en sus dimensiones histórica, artística, sociológica, criminológica y, desde luego, científica y tecnológica, que es el marco en el que se encuadra sobre todo la balística. Al fin y al cabo, las armas, en su forma originaria de recio fémur animal, quijada o piedra, son una de las primeras plasmaciones instrumentales —y por ello culturales— del homínido... lo que dice mucho de la naturaleza del mundo en el que nuestra especie se ha desarrollado, a un mismo tiempo condicionada por la violencia del medio y determinándolo con su propia hostilidad.

Previo al debate sobre si armas sí o armas no en nuestra sociedad está el comprender que un arma, en sí misma, es cualquier objeto del que un ser humano pueda hacer uso agresivo con consecuencias lesivas e incluso letales para sí mismo o sus semejantes. Desde esta perspectiva, la única diferencia entre el AR15 Bushmaster, con el que se perpetró hace unos años la masacre de Newtown y el cenicero con el que se cometió un célebre asesinato en nuestro país hace un tiempo es que el primero requiere de una serie de conocimientos y habilidades específicos para poder ser utilizado con eficacia y el segundo no tiene más que estar al alcance de cualquier individuo incapaz de controlar sus arrebatos de ira. Cierto, con un AR15 en las manos se puede dañar, en el mismo lapso de tiempo, a más personas y de un modo más mediático y espectacular que con un cenicero; pero por otro lado, vivimos rodeados de objetos contundentes susceptibles de uso mortífero, no sólo en momentos de rabia incontrolable, sino también en casos de asesinato fríamente calculado.

Cuando un desequilibrado perpetra una masacre en la otra punta del planeta con un rifle en las manos, los medios de nuestro país chirrían durante días haciéndose eco del temor generalizado en nuestra sociedad a las armas y al mismo tiempo excitando la cacofonía colectiva, azuzando el debate prohibicionista. Sin embargo, cuando en nuestro propio país un kamikaze conduce en sentido contrario durante kilómetros, provocando muertos y heridos a su paso; o cuando una madre mete a sus hijos recién nacidos en el congelador, o los ahoga en la bañera; o cuando un marido rocía de gasolina a su mujer y la quema viva, no surge el debate sobre si prohibir o no la conducción, los congeladores, las bañeras, la maternidad, la gasolina, sino que se es capaz de reconocer la anomalía humana que hay detrás de semejantes conductas.

¿Qué ocurre, pues, con las armas de fuego, cuyo uso anómalo da lugar a un debate tan visceral, tan falto de perspectiva y tan enrarecido? Lo que ocurre es que la polémica sobre las armas, dada su naturaleza, su potencialidad y lo que representan, oculta un debate mucho más sordo, que nadie parece interesado en querer verbalizar y es éste: ¿hasta qué punto el Estado, la colectividad e incluso nosotros mismos nos vamos a permitir por fin la mayoría de edad ciudadana, esa situación en la que el conocimiento y la responsabilidad individuales substituyen al prohibicionismo paternalista de dirigentes y legisladores, cuando no a la ciega presión del hábito comunitario?

Si la mencionada actitud en relación a las armas de fuego tiene considerables repercusiones en la sociedad civil, no es menos cierto que afecta también de manera grave a las fuerzas de seguridad, tanto pública como privada, de nuestro país. En el 90% de los casos —y quizá nos quedemos cortos—, no hay nada más descorazonador que llevarse al campo de tiro a un agente operativo de dichas fuerzas, ya se trate de un policía local, autonómico, estatal, o de un escolta: no sólo no tocará una diana a 25 m. de distancia la mayor parte de las veces con su pistola del 9 PB o su revólver del .38 Spl., sino que será incapaz de detectar qué es lo que falla en su técnica de tiro, o de responder a la simple pregunta de si el 9 Luger, el 9 Para Bellum y el 9 x 19 mm son el mismo calibre o tres calibres distintos.

En una conferencia ofrecida en la Universidad Autónoma de Barcelona hace unos años, un asistente (miembro del CNP) preguntó al conferenciante (agente del FBI) qué opinaba de un organismo policial que proporcionaba a sus operativos sólo 150 cartuchos al año para entrenar. El norteamericano, muy diplomático, respondió que 150 cartuchos eran mejor que 100. Preguntado de nuevo acerca de cuántos cartuchos al año tenía a su disposición un agente del FBI, respondió que un operativo estándar disponía de 1500, pero que las unidades de élite carecían de límite a este respecto. Algunos cuerpos policiales de nuestro país llegaron a reducir, con la excusa de los célebres recortes, el número de cartuchos por año y agente a 65. Como medida de comparación, piénsese que un tirador deportivo de nivel medio puede llegar a disparar entre 150 y 200 cartuchos por sesión de entreno y hacer dos sesiones por semana, lo que supone 1200 cartuchos al mes en la estimación más baja. La pregunta es, por tanto, ¿por qué se pone en manos de un agente de la ley una pistola, si no hay modo humano de que pueda utilizarla con eficacia, a menos que su inclinación personal y sus medios económicos le hayan permitido desarrollar las habilidades necesarias para ello por su cuenta y riesgo? Si un arma, ya por sí misma, es peligrosa, no hay nada más peligroso que un arma en las manos de quien no la sabe usar. Y, por otra parte, ¿de qué le sirve a un agente ir armado, exactamente, si el carácter intimidador que posee un arma en sociedades mucho menos permisivas que la nuestra con la delincuencia es insostenible en nuestro país, donde la mera sospecha de un abuso policial pone al agente en aprietos mayores que los que afronta el propio criminal?

No es ésta la plataforma adecuada para el desarrollo de ninguno de los debates a los que hemos apuntado en estas líneas. Sí lo es, sin embargo, para proporcionar a nuestros estudiantes los elementos cognitivos necesarios que les permitan una aproximación madura, técnica y reflexiva a las armas de fuego en el ámbito de sus diversas operaciones, así como a la polémica que las rodea y que —dada la dirección que está tomando nuestra sociedad— está destinada a intensificarse.

# CAPÍTULO 1: CALIBRE

## *El calibre como terminología*

> La opinión general es que la bala y la pólvora son meros accesorios del arma; que el arma es el elemento fundamental y substantivo, mientras que el cartucho es un incidente menor.
>
> Tanto se ha extendido esta idea en los tiempos pasados, que incluso los tiradores más expertos se han visto, no sólo influidos, sino incluso a veces gobernados por ella. La verdad es lo contrario. El cartucho es primordial y antecedente; el arma, secundaria y consecuente.
>
> *Major C. F. Dutton*
> *del ejército norteamericano, 1890*
> *(citado por M. Bussard)*

No hay arma de fuego sin munición. De hecho, el arma de fuego ha sido sintéticamente definida por Michael Bussard[1] como *una máquina de calor capaz de convertir la energía química que atesora el propelente en energía cinética que acelere el proyectil o proyectiles hasta una gran velocidad.* De manera que el arma de fuego es, desde esta perspectiva, poco más que el mecanismo que transforma el cartucho de objeto inane en entidad letal. El "fuego" del arma de fuego lo aporta el cartucho, no el arma en sí misma.

Cuando observamos un cartucho, ya sea un modesto .22 LR, con sus 2,5 cm de altura, sostenido sobre la frágil pestaña que contiene el iniciador anular, o un arrogante .338 Lapua Magnum, con sus 9 cm largos, el cartucho militar más potente

[1] *Ammo Encyclopedia*, p. 11.

al que tiene acceso un civil en España, cuesta percatarse de los siglos de progreso tecnológico que han sido necesarios para la fabricación de objetos de apariencia tan intrascendente. Y, sin embargo, en su aparente simpleza reside su pasmosa complejidad.

Cada uno de los cuatro elementos fundamentales que compone el cartucho, *pistón*, *vaina*, *propelente* y *proyectil*, ha llevado a cabo una larga evolución por separado hasta converger, hacia mediados del siglo xix, en ese organismo integrado que es el cartucho. Deberemos revisar, siquiera someramente, esas líneas de evolución para comprender qué es lo que tenemos entre manos cuando hablamos del cartucho.

Sin embargo, antes de estudiarlo en su totalidad y en cada una de sus partes, nos interesa sobre todo saber nombrarlo.

## 1. Nombrar el cartucho: EL CALIBRE

Lo fundamental en la denominación de la cartuchería, y lo que a menudo confunde tanto a las personas ajenas al mundo de las armas como a muchos de sus usuarios, es el *calibre*. La munición se conoce por su calibre. El calibre es el común denominador de armas y cartuchos, y nos permite conocer que cierta munición sólo podemos dispararla con un tipo concreto de arma o, al revés, que con el revólver que acabamos de adquirir sólo podemos disparar un tipo de munición específica.

### 1.1. El factor numérico en el calibre

En cuanto que denominador, el calibre consta de dos partes principales, un factor numérico y un factor nominativo: por ejemplo, en el calibre .45 ACP (acrónimo éste que significa AUTOMATIC COLT PISTOL), el factor numérico es obviamente 45. Por lo común, aunque hay excepciones, el factor numérico hace referencia al diámetro del cañón del arma medido de *campo* a *campo*, esto es, los espacios ligeramente más elevados que hay entre los surcos o *estrías* del cañón rayado de los rifles, pistolas y revólveres modernos.

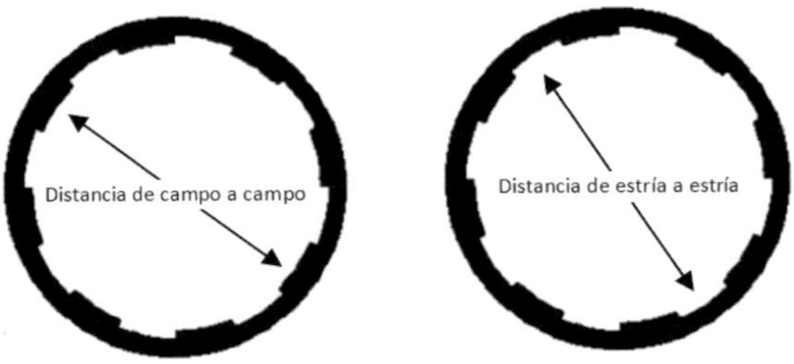


Es, precisamente, en este factor numérico donde comienza la confusión semántica de los calibres porque, bajo la apariencia de secuencia ordenada —por ejemplo: 5,6 - 7,62 - 7,92 - 9 - 10 - 12 - 17 - 22 - 38 - 40 - 222 - 308 - etc.— se dan en realidad tres unidades de medida distintas que, en este caso concreto, ocultan el hecho de que 22 = 222 = 5,6; 308 = 7,62; 40 = 10; 38 = 9, mientras que 12 es un caso totalmente aparte del resto. Veamos por qué:

### 1.1.1. Factores numéricos con un solo elemento

En nuestro campo de estudio, la *hoplología* o ciencia de las armas, del que es parte la balística, han venido a convivir semi-simbióticamente dos sistemas de medidas: el anglosajón y el europeo o, más propiamente dicho, el *Sistema Imperial* (llamado así en referencia al Imperio Británico) y el *Sistema Métrico*. El métrico es un sistema extremadamente sencillo, racional y científico en el que, partiendo de cualquier unidad dentro de una escala determinada de medición, obtenemos la unidad superior multiplicando por 10 y establecemos la unidad inferior dividiendo también por 10. Del *metro* hacia arriba hablamos de *decámetro* (10 m.), *hectómetro* (10 x 10 m.), *kilómetro* (10 x 10 x 10 m.), etc.; del *metro* hacia abajo, encontramos el *decímetro* (0,1 m.), el *centímetro* (0,01 m), el *milímetro* (0,001 m.), etc. y lo mismo ocurre con unidades como el *gramo* (peso), el *pondio* (fuerza), etc.

El sistema imperial, en cambio, no tiene ninguna de las cualidades del anterior; es una supervivencia de la era en que el ser humano medía unas cosas por referencia a otras intuitivamente más accesibles y exige un esfuerzo de memoria para pasar de una unidad a otra superior o inferior dentro de una misma escala de medición. Por ejemplo, para medir longitudes tenemos la *legua*, que es 3 *millas*; la *milla*, que es 1760 *yardas*; la *yarda*, que es 3 *pies*; el *pie*, que es 12 *pulgadas*.... En la escala del peso, 1 *libra* es 16 *onzas*, 1 *onza* es 437,5 *grains*, etc.

Nos interesa pues conocer, no sólo ambos sistemas de medición con sus respectivas terminologías tanto en español como en inglés, sino las equivalencias entre un sistema y otro. Ofrecemos las fórmulas de conversión oportunas en la sección correspondiente, pero el lector puede servirse asimismo del eficaz y completísimo conversor online que hallará en la siguiente dirección: http://www.asknumbers.com/ .

Volviendo al elemento numérico del calibre de las armas de fuego y su munición: puesto que 1 pulgada (1", o bien 1 in., de *inch*, "pulgada" en inglés) es igual a 25,4 mm, podemos comprender ahora las siguientes equivalencias de la secuencia numérica anteriormente expuesta:

22 centésimas de pulgada ≈ 222 milésimas de pulgada ≈ 5,6 mm
308 milésimas de pulgada ≈ 7,62 mm
40 centésimas de pulgada ≈ 10 mm
38 centésimas de pulgada ≈ 9 mm

Observemos que no sólo hemos empleado aquí dos sistemas de unidades —pulgadas y milímetros—, sino que dentro de uno de esos sistemas, el Imperial, hemos recurrido a dos escalas de unidades: centésimas y milésimas. Lo verdaderamente correcto al escribir las centésimas y milésimas de pulgada, y lo que nos habría dado la clave del terreno que pisábamos, es hacerlo con un punto delante: .22 - .222 - .308 - .40 - .38, etc. cifras éstas que en nuestra propia notación equivalen a 0,22 - 0,222 - 0,308... (Recuérdese que en la notación anglosajona las comas señalan miles y los puntos, decimales: así 1,000 = *mil*, mientras que 1.000 = *uno coma cero cero cero*). El punto delante de las centésimas y milésimas de pulgada se pierde, obviamente, en la pronunciación, razón por la cual he preferido comenzar mi explicación sin su interferencia. Al fin y al cabo, oímos "calibre veintidós", "trescientos ocho" (no "punto veintidós", "punto trescientos ocho") y aun así hay que saber en todo momento a qué unidades específicas nos estamos refiriendo. Por otra parte, hay autores que no se ajustan a la norma de puntuar los decimales y escriben 218 Bee, 220 Swift, 300 Savage, etc.[2]

### 1.1.2. Factores numéricos con más de un elemento

#### 1.1.2.a. En el Sistema Imperial

En algunas ocasiones, el factor numérico del calibre consta de dos elementos: por ejemplo, .30-06 Springfield, .250-3000 Savage, o bien .30-30 Winchester; y hasta de tres elementos: .45-70-405 Government. En estos casos, es siempre el primero de los elementos de la serie —.30, .250, .30, .45— el que especifica el diámetro del cañón de *campo* a *campo* y el que constituye, por tanto, el segmento indispensable del nombre del calibre. El resto de los elementos numéricos no se atiene a ninguna regla concreta.

[2] Cf. C. R. James, *The ABC of Reloading*.

Por ejemplo, el 06, en el primero de los ejemplos, hace referencia al año de creación del calibre .30-06 Springfield, esto es, 1906. El 3000 del segundo de nuestros ejemplos, en cambio, declara la velocidad en pies por segundo de la bala de 87 grains de dicho calibre Savage. El segundo 30 del .30-30 Winchester, no constituye ni una coordenada temporal ni una marca de velocidad, sino que nos indica el número aproximado de grains de pólvora sin humo (esto es, pólvora moderna) que contiene como propelente un cartucho de este calibre Winchester. Y finalmente, el segundo elemento numérico en el cuarto de nuestros ejemplos, 70, no nos habla ni de años, ni de velocidad, ni de grains de pólvora moderna, sino de grains de pólvora negra, que, como veremos más adelante, tiene unas propiedades muy distintas de las de la pólvora actual. Quien, llevado por esta información, se fabricase cartuchos del .45-70-405 Government con 70 grains de pólvora sin humo tendría un serio accidente al dispararlo; del mismo modo que quien se preparase munición del .30-30 Winchester con 30 grains de pólvora negra se llevaría una desilusión al tratar de emplearla en el campo de tiro.

La unidad denominada *grain* es recurrente en balística y por ello mismo fundamental. Conviene tenerla muy clara desde el principio, porque tanto el peso de los proyectiles como el de la pólvora acostumbra a darse en esta unidad de medida.

*Conversiones en el Sistema Imperial*

1 dram = 27,34 grains (concretamente, 27,343750009468298)
1 onza = 437,5 grains
1 libra = 7.000 grains

*Conversiones en el Sistema Métrico*

1 gramo = 15,43 grains (concretamente, 15,432358353)
1 grain = 0,065 gramos
1 kilo = 15.430 grains y, consecuentemente, 1 grain = 1/15.430 kilos

El símbolo de *grain* es *gr*. No debe confundirse con el de *gramo*, que es simplemente *g*.

El *dram*, referido más arriba, es también una unidad a tener en cuenta en balística, aunque su interés es sobre todo histórico. El peso de la pólvora se daba en *drams* en los países anglosajones en siglos pasados. Ya hemos visto su equivalencia con el *grain*. Respecto del gramo:

1 dram = 1,77 gramos (exactamente, 1,771845195919311)
1 gramo = 0,56 drams

Por último, el tercero de los elementos numéricos en nuestro ejemplo del .45-70-405 Government se halla sólo en calibres antiguos de la primera época de la cartuchería metálica, cuando aún se usaba la pólvora negra como propelente, esto es, el último cuarto del siglo XIX, e indica el peso de la bala en grains. Decodificado en toda su secuencia numérica, el último de nuestros ejemplos se leería: *proyectil fabricado para un cañón de 45 centésimas de pulgada, que pesa 405 grains y que está impulsado por 70 grains de pólvora negra.* En las versiones actuales de esta munición, sin embargo, el 70 ha dejado de indicar cantidad alguna, puesto que no existe equivalencia clara entre la pólvora negra y la pólvora sin humo moderna; y el 405 se obvia, puesto que los proyectiles de este calibre vienen hoy en día también en otros pesos, de modo que los 405 grains han dejado de ser una característica determinante del .45-70.

### 1.1.2.b. En el Sistema Métrico

La forma técnica de nombrar un calibre en el sistema métrico es mediante dos elementos numéricos separados por el signo tradicional de multiplicación y con la abreviatura de milímetros al final: 9 x 19 mm; 7,62 x 51 mm; 5,56 x 45 mm, etc.

También en esto el sistema métrico resulta más racional, y por ello más predecible, que el imperial. Ambos números hacen referencia siempre a las mismas longitudes: el primero al diámetro del cañón mencionado anteriormente y el segundo a la altura de la vaina; y ambos números son esenciales para saber el tipo de munición que un arma específica puede mecanizar. Eso hace que, en última instancia, incluso los calibres usualmente formulados en sistema imperial tengan una expresión métrica que se utilice con preferencia en los ámbitos técnico y militar. Así:

.223 Rem = 5,56 x 45 mm
.308 WIN = 7,62 x 51 mm
.30 M1 Carbine = 7,62 x 33 mm
.303 British = 7,7 x 56R

Téngase en cuenta, sin embargo, que en la munición producida en los países anglosajones, y en otros muchos por mimetismo, encontraremos los calibres métricos expresados con un punto, en lugar de una coma, antes de los decimales: 5.56, 7.62, etc.

### 1.1.3. Excepciones

Obsérvese en la lista de equivalencias anteriores, al comparar los calibres .308 WIN y .303 British, la incongruencia que supone el hecho de que el calibre que corresponde a un diámetro menor en la expresión imperial (.303 British) tenga un diámetro ligeramente superior en su expresión métrica. Si pasamos .308″ al sistema métrico, obtenemos 7,82 mm, no los 7,62 de su equivalencia métrica nominal; mientras que .303″ son 7,69 mm.

¿Cuál es la razón de esta inconsistencia? Lo que ocurre aquí es que la medida de .308" corresponde originalmente a un diámetro de cañón de *estría* a *estría* y coincide, por tanto, con el diámetro del proyectil. En cambio, su expresión métrica de 7,62 declara el calibre de *campo* a *campo* del cañón. Como nos recuerdan Popenker y Williams en su imprescindible libro *Assault Rifle*:

> *Es importante tener en cuenta que las medidas de calibre son nocionales; usualmente se refieren al diámetro del cañón (ignorando las estrías), pero de forma alternativa pueden indicar el diámetro de la bala o cualquier otra cifra conveniente, razonablemente próxima a cualquiera de las dos anteriores. No debe darse por sentado, así pues, que el proyectil de un cartucho de 7,62 mm ha de encajar necesariamente en otro: en todos los cartuchos occidentales, ésta es la medida del cañón, mientras que el diámetro de la bala apropiada para este calibre es 7,82; pero en el caso del 7,62 mm ruso, el diámetro de la bala ronda los 7,9 mm.*[3]

---

[3] Popenker & Williams, *Assault Rifle*, p. 43.

Dicho de otro modo, las *estrías* del cañón correspondiente al calibre ruso son 0,08 mm más profundas, aunque su medida de *campo* a *campo* coincide con la del calibre 7,62 occidental.

Otro tipo de excepción lo constituye el .38 Special, en el que el .38 hace referencia al diámetro de la vaina del cartucho una vez cargada. El .38 Special es en realidad un calibre .357–.358″ (9,0678 mm), pero heredó el factor numérico de su predecesor, el .38 Short Colt, al servirse de la misma anchura de vaina que aquél. El .38 Short Colt es un auténtico .38, pero el proyectil encaja en una vaina de su mismo diámetro gracias a tener rebajada —*talonada*— la parte inferior de su cilindro.

Un caso análogo al anterior es el del calibre ya obsoleto .577/450 Martini-Henry, que hereda el .577 de la munición original de la que deriva —el .577 Snider— y de la que conservó la medida de la vaina; concretamente, de la base del cuello de la vaina. Por su parte, el .450 hace referencia al diámetro nominal del proyectil.

Más radical aun es la excepción que constituye el calibre, obsoleto también, denominado .56-56 Spencer, en el que los dos números se refieren al diámetro de la base del cartucho (sin tener en cuenta la pestaña) y al de la boca de la vaina respectivamente. El proyectil disparado mediante este cartucho tenía un diámetro obviamente menor, de calibre .52.

Otro caso aun es el del Mauser tradicional, que puede hallarse expresado por dos factores numéricos próximos pero distintos tratándose exactamente del mismo calibre: ya sea 7,92 x 57 mm, ya 8 x 57 mm.

### 1.1.4. Consecuencias de la convivencia de ambos sistemas

De todo lo anterior la consecuencia práctica que nos afecta más inmediatamente es que los listados, catálogos y enciclopedias de munición a menudo ordenan los calibres de menor a mayor, con independencia de las unidades en las que cada uno de ellos se exprese usualmente o comercialmente. Así, por ejemplo, volviendo a nuestra secuencia numérica inicial:

| 5,6 - 7,62 - 7,92 - 9 - 10 - 12 - 17 - 22 - 38 - 40 - 222 - 308 |
|---|

Un listado que no hiciese distinción entre diferentes categorías de munición, la ordenaría del siguiente modo:

| 17 - 22 - 222 - 5,56 - 308 - 7,62 - 7,92 - 38 - 9 - 40 - 10 |
|---|

Importantes catálogos de munición, con útiles tablas que recogen las características y comportamiento de múltiples marcas y configuraciones de cada calibre —como pueden ser *Ammo & Ballistics* de Bob Forker y *Cartridges of the World* de Frank C. Barnes— separan, no obstante, los calibres por categorías: arma corta, arma larga, fuego anular, fuego central, etc.

Wikipedia, por su parte, tiene varios listados de calibres separados por categorías, de las que son especialmente útiles las de *arma corta* y *rifle*.

### 1.1.5. El factor numérico en los calibres de escopeta

A diferencia de los rifles, pistolas y revólveres modernos, que son todas ellas armas de cañón rayado, esto es, con estrías, la escopeta es un *arma de ánima lisa*, es decir, su cañón carece de estriado. Por lo menos, así es en teoría, aunque existen excepciones.

Hay una razón por la que hemos dejado el 12 fuera de nuestra secuencia numérica ordenada de menor a mayor diámetro nominal de cañón, y es que el calibre de escopeta es un mundo aparte. Tan aparte que en inglés se nombra mediante términos distintos de *calibre* (GB) y *caliber* (EEUU): los ingleses lo llaman *bore* y para los americanos es *gauge*.

Lo que expresa el primer numeral (y a menudo el único) de *bore*, *gauge*, o calibre de escopeta tiene que ver con el diámetro del cañón del arma pero sólo indirectamente y puede formularse así: *este "calibre" nos dice cuántas esferas de plomo, del mismo diámetro que el cañón del arma, nos hacen falta para tener una libra (453,59 gramos) de plomo*. De manera que, cuantas menos esferas necesitemos para obtener 1 libra de plomo, mayor será el diámetro de la esfera y, por tanto, el del cañón. En otras palabras, que el calibre 10 es superior al 12, y éste al 20, y éste al 28.

### 1.5.a. Confirmación

Como estudiantes concienzudos que somos, no queremos dar nada por supuesto y debemos confirmar que, con 12 bolas del diámetro de una escopeta del 12, la carga de munición que tendremos que transportar para nuestra arma de avancarga monte arriba durante dos o tres leguas antes de cruzar el pantano y adentrarnos en territorio Seminola no pasará de 1 libra... porque es precisamente en este contexto donde la medida del *bore* o *gauge* cobra todo su sentido.

Veamos: la densidad del plomo es 11,35 g/cm$^3$, esto es, por cada centímetro cúbico de plomo tenemos 11,35 gramos de masa de este metal. ¿Cuántos centímetros cúbicos tendrá una esfera cuyo diámetro sea el de una escopeta del 12? El diámetro nominal en milímetros de una escopeta del 12 es aproximadamente 18,53. La fórmula del volumen de la esfera es:

$$V = \frac{4}{3} \cdot \pi \cdot r^3$$

Donde V es el volumen, π es la constante 3,1416 y *r* es el radio de la esfera en cm. Así pues:

$$V = \frac{4}{3} \cdot 3{,}1416 \cdot 0{,}9265^3 = 3{,}33 \text{ cm}^3$$

¿Qué masa tendrá esta esfera? Puesto que la densidad es 11,35 g/cm$^3$, basta multiplicarla por el volumen para conocer su masa de plomo: el resultado es 37,81 gramos de masa de plomo por bola, valor éste que coincide numéricamente con el peso en el sistema métrico.

Ahora bien, si tenemos que transportar 12 de estas bolas, estaremos cargando con 12 · 37,81 = 453,72 gramos, que es en efecto un valor muy similar al de la libra de plomo.

Al contrario ahora: ¿cómo conocer el calibre de un cartucho de escopeta en términos de diámetro (*caliber*) teniendo su calibre en términos de peso (*gauge*, *bore*)?

Sabemos ya la fórmula del volumen de la esfera y sabemos también que el volumen de un cuerpo es igual a su masa dividida por su densidad. Uniendo estas dos fórmulas en una única ecuación tenemos:

$$\frac{m}{\rho} = \frac{4 \cdot \pi \cdot r^3}{3}$$

Donde ρ es la densidad del plomo, esto es, 11,35 g/cm$^3$, como hemos visto más arriba. Luego:

$$r^3 = \frac{m \cdot 3}{4 \cdot \pi \cdot 11{,}35} = \frac{m \cdot 3}{142{,}63}$$

De esta fórmula, podemos desglosar todavía *m*, puesto que la masa del proyectil es por definición 1 libra dividida por su calibre (que abreviaremos como ga, de *gauge*), esto es: 453,59 gramos/ga.

Es decir:

$$r^3 = \frac{453{,}59 \cdot 3}{142{,}63 \cdot ga} = \frac{1360{,}77}{142{,}63 \cdot ga}$$

En el caso del calibre (*gauge*) 12 de escopeta, tenemos:

$$r^3 = \frac{1360{,}77}{142{,}63 \cdot 12} = \frac{1360{,}77}{1711{,}56} = 0{,}795$$

La raíz cúbica de 0,795 = 0,926. Luego, siendo el diámetro igual al doble del radio:

$$2 \cdot r = 2 \cdot 0{,}926 = 1{,}852 \text{ cm} = 18{,}52 \text{ mm}$$

### 1.1.5.b. Cuando el calibre de escopeta tiene un 2º elemento numérico

En algunas ocasiones, el calibre de escopeta viene expresado por dos numerales separados por una barra inclinada: 12/70 -

12/76 - 12/2¾ - 12/3. En los dos primeros casos estamos ante un sistema híbrido en que el 12 proviene del sistema imperial según las claves que hemos proporcionado, mientras que el 70 y el 76 corresponden a la longitud nominal del cartucho expresada en milímetros; en los dos últimos ejemplos, no obstante, la longitud del cartucho se expresa en pulgadas.

El lector puede encontrarse ante cualquiera de las notaciones, según el caso.

En textos históricos anglosajones, por otra parte, puede tropezarse con el calibre de las armas de ánima lisa (*smoothbores*), esto es, mosquetes de pedernal o percusión, pistolas, etc., expresado como "dieciocho a una libra" (*eighteen to the pound*), que no es sino otro modo de referir el tipo de calibre que acabamos de explicar.

### 1.1.5.c. Excepción

A pesar de todo lo dicho en relación al calibre de escopeta, hay por lo menos un caso en el que éste se expresa en milésimas de pulgada: se trata del calibre .410.

La confusión nominativa que existe en torno a este calibre es considerable. En Estados Unidos, que como hemos visto se usa el término *gauge* (no el *bore* de los británicos) para el calibre de escopeta, se refieren a este cartucho en cambio como .410 Bore. Alternativamente, lo llaman también 36 gauge, aunque en realidad no se trate en absoluto de un 36, sino de un calibre 68 de escopeta: es decir, que necesitaríamos cerca de 68 bolas de plomo de un diámetro de .410" (10,41 mm) para tener una libra de este metal. Tampoco es extraño en nuestro país escuchar la expresión "escopeta de 12 mm" para referirse a este calibre que, como hemos visto, no llega a los 10,5 mm.

Las razones de todas estas inconsistencias se nos escapan por completo.

### 1.1.5.d. El "calibre" de la munición de escopeta

El calibre de escopeta, salvo excepciones, se diferencia del resto de las armas de fuego ligeras en que no nos proporciona un número que sea común denominador (aproximado) de los diámetros del proyectil y del cañón. El diámetro del cañón de la escopeta es una cosa, el diámetro del cartucho se adapta obviamente a él, pero el diámetro de los proyectiles contenidos en ese cartucho de propiedades tan particulares y constitución tan distinta de los de rifle, pistola o revólver, es otro universo.

Pretender nombrarlo según los conceptos de *bore* o *gauge* es una barbaridad porque nos conduciría a la falsa percepción, por ejemplo, de que existen escopetas del calibre 1098 para disparar el perdigón nº 9 (de 2,03 mm de diámetro, 0,0043 $cm^3$ de volumen y 0,048805 gramos de masa). Incluso sin esa falsa percepción, hablar de calibres de mil y pico es del todo impráctico.

Comparada con el resto de las armas de fuego ligeras, la escopeta es una herramienta muy versátil que puede disparar muchos tipos de munición, desde la así llamada "no letal" —balas de goma y postas de goma— hasta proyectiles de letalidad asegurada, como las célebres *slugger*. Las tres grandes divisiones que nos interesan aquí y ahora, sin embargo, son *perdigones*, *postas* y *balas*.

Se habla de *perdigones* cuando el cartucho contiene una cantidad variable (decreciente cuanto más grandes los proyectiles) de bolas de plomo que oscilan entre 1,27 mm de diámetro (nº 12) y 5,4 mm (FF). Se habla de *postas*, cuando las bolas de plomo oscilan entre 6,10 mm (nº 4) y 9,14 mm (nº

000). Y se habla de *bala*, cuando el cartucho contiene un solo proyectil de diámetro cercano al del cañón.

Los diferentes tamaños de *perdigón* o *posta* se nombran mediante un número o código establecido por convención. En el caso de los *perdigones*, la lista asciende de menor a mayor tamaño desde el nº 12 (1,27 mm) hasta el nº 1 (4,06 mm), y siguen las claves alfanuméricas B (4,32 mm), BB, BBB, T, TT, F y FF (5,84 mm).

En el caso de las *postas*, la serie asciende del nº 4 al nº1 y siguen los números 0, 00 y 000. La casa Remington por ejemplo, ofrece *postas* desde el nº 4 con 27 bolas de 6,09 mm hasta las del 000 con 8 bolas de 9,144 mm. Si una pistola del calibre 9 es ya por sí misma extraordinariamente lesiva, piénsese el daño que puede ocasionar el cono de nada menos que 8 bolas de 9 mm disparado por una escopeta.

## 1.2. El factor nominativo en el calibre

Hemos visto ya en repetidas ocasiones a lo largo de nuestra discusión que, además del factor numérico, la denominación de los calibres contiene letras sueltas o palabras. Este segundo factor sirve en ocasiones a funciones descriptivas, en otras a funciones individualizadoras y aun en otras a ambas funciones conjuntamente. En el caso comentado anteriormente del .303 British, cuya expresión métrica es 7,7 x 56R, observamos la función individualizadora en su denominación imperial "British" y la función descriptiva en la R de su nombre métrico.

La expresión métrica de cualquier calibre contiene regularmente una descripción de la configuración de la base de la vaina en forma de letra o letras indicativas: así R (del ingles *rimmed*) significa "con pestaña"; SR (*semi-rimmed*), "con semipestaña"; RB (*rebated*), rebajada; B (*belted*), reforzada;

mientras que la ausencia de cualquiera de estas fórmulas inmediatamente después de la segunda cifra implica que la vaina carece de *pestaña*, *semipestaña*, *rebajo* o *refuerzo* y es del mismo diámetro que la base del cilindro de la vaina. Más adelante estudiaremos qué significan todas estas configuraciones; de momento nos interesa comprender y conocer cómo las describe el calibre.

Algunas letras pueden tener también una función identificativa. El calibre Mauser tradicional, se expresa a menudo de los modos siguientes: 8 x 57 mm I, 8 x 57 mm J y 8 x 57 mm JS. La I (y alternativamente la J) están por *Infanterie* ("infantería" en alemán); mientras que la S, en función descriptiva, se refiere en este caso a la forma del proyectil y está por *Spitzgeschoß* ("bala puntiaguda", en alemán).

En ocasiones, el calibre contiene siglas que pueden ser descriptivas, identificativas o ambas cosas: el .17 HMR, por ejemplo, decodificado resulta .17 Hornady Magnum Rimfire y lo que tenemos en esta expresión es el nombre del fabricante —Hornady—, el tipo de cartucho —Magnum, esto es, más potente que el estándar— y la descripción de la base de la vaina —Rimmed, esto es, con pestaña—. En el caso del .22 LR, en cambio, las siglas —que están por Long Rifle—, aparte de ejercer de "matrícula" del calibre, son más bien confusas porque esta munición se dispara tanto con rifle (o carabina) como con arma corta. En los casos de .45 ACP y de .45 GAP, las siglas nos indican el nombre del fabricante original del cartucho —la C de ACP está por Colt y la G de GAP por Glock— y nos dicen además que se trata de un cartucho creado para pistola semiautomática: en ambos casos AP están por Automatic Pistol. (Las pistolas semiautomáticas en cuanto a la cadencia de fuego cargan, sin embargo, el cartucho automáticamente. De ahí la frecuente confusión terminológica con estas armas. Lo veremos en detalle más adelante).

Las siglas usadas en la descripción de cartuchería son un mundo en sí mismo y, más que explicarlas una por una, remitimos al lector a nuestro glosario. En cuanto al tipo de términos que conforman el factor nominativo de los calibres, los más usuales son los siguientes:

1. Nombres de los fabricantes originales: Remington, Springfield, Smith & Wesson, Colt, Mauser, Luger... Y así: .222 REM, .30-06 Springfield, .40S&W, .45 Long Colt, 8 x 57 mm Mauser, 9 mm Luger...

2. Nombres de los creadores individuales del cartucho: Tokarev, Arisaka, Nambu, Bergmann... Y así: 7,62 mm Tokarev, 6,5 x 50 mm Arisaka, 7 mm Nambu, 6,5 mm Bergmann...

3. Gentilicios: 7,62 mm Russian (= 7,62 x 54R), 7,62 mm Soviet (= 7,62 x 39, usado en el Kalashnikov AK47), .303 British, 6,5 × 55 mm Swedish...

4. Nombres de organizaciones militares o estatales: 7,62 mm NATO, 7,62 mm Warsaw Pact, .45-70 Government...

5. Lemas corporativos de los fabricantes del cartucho: 9 Para Bellum, por el lema de la empresa Luger: *Si vis pacem, para bellum*, esto es, "Si quieres paz, prepárate para la guerra".

6. Palabras descriptivas del tipo *Long* ("largo"), *Short* ("corto"), *Special* ("especial"), etc. Y así: .38 Long Colt, .38 Colt Short, .38 Special...

7. Nombres evocadores, como en los casos del .50 Beowulf y el 6,5 Grendel, ambos de la manufacturera norteamericana Alexander Arms.

No se trata ésta, en efecto, de una lista cerrada ni puede serlo de ningún modo porque constantemente surge nueva munición nombrada a conveniencia de los fabricantes, sin que existan normas internacionales fijas para ello. El lector puede hacerse ya una idea, sin embargo, del tipo de elementos, términos y significados con los que tropezará en la denominación de calibres. Debe tener en cuenta, sin embargo, que la substitución de cualquiera de los nombres anteriores por sus respectivas abreviaturas no es en absoluto infrecuente: Spg. - Spr. - Spfd., por Springfield; Tok. por Tokarev; Brit. por British; Gov. por Government; PB por Para Bellum; Sp., Spl., Spc... por Special, etc.

### 1.3. Polinomia de los calibres

Aparte del hecho de que, en principio, cualquier calibre puede tener un nombre en sistema imperial y otro en sistema métrico, ya hemos encontrado en repetidas ocasiones, a lo largo de todo nuestro desarrollo anterior, calibres con diversos nombres alternativos en el uso común. Así, por ejemplo, el 7,62 Ruso aparece con todas estas etiquetas: 7,62 x 54R, .30 Russian, .30 ComBloc, 7.62 mm Russian, 7.62 Mosin-Nagant, 7.62 Dragunov, Rimmed Russian y, como mote, se le aplica todavía el de el .30-06 Ruso (the Russian .30-06).

Obsérvese que la denominación ocurre en ocasiones en sistema imperial, otras en sistema métrico, otras designado por el gentilicio "ruso", otras por la organización militar que constituye el "bloque comunista" o ComBloc, y aun otras por el nombre del rifle para el que fue creado —Mosin-Nagant— o de otro que también la usa comúnmente —Dragunov—. El calibre más frecuente de pistola, por su parte, aparece como 9 x 19, 9 Luger, 9 Para Bellum y 9 PB, etc.

Es importante que el lector entienda que ésta es la norma, no la excepción, en la denominación de calibres.

Hay unas pocas ocasiones, sin embargo, en el que esta polinomia se rompe y las expresiones métrica e imperial de un mismo calibre pasan a expresar dos tipos de cartucho distinto. Es lo que ocurre, por ejemplo, con el .223 REM versus el 5,56 x 45 mm y el .308 WIN versus el 7,62 x 51 mm. En ambos casos, las expresiones imperiales denotan la versión comercial de este calibre, mientras que las expresiones métricas indican su versión militar. Por su parte, lo que separa una versión de otra en ambos casos son ciertas particularidades de la configuración última de los distintos cartuchos que atañen al tipo de pólvora usada, al sellado de la boca de la vaina, al cobreado del cuello de la vaina, o al uso de aditivo antiflash en el propelente, entre otras cosas.

## 2. Conclusión

La cuestión del calibre es tan importante que toda la extensión que se le dedique es poca. Es fundamental que el lector la asimile correctamente porque nos hallamos aquí ante un concepto que es el cimiento de todo el estudio balístico. El calibre expresa la confluencia y compatibilidad del arma y su munición. Una vez se comprenda bien este tema y se conozcan los calibres principales, se estará en disposición de saber en cualquier contexto posible —comercial, deportivo, militar, policial, criminalístico...— qué tipo de arma ha disparado determinado cartucho o qué tipo de cartucho se necesita para alimentar un arma específica. Si oye, por ejemplo, que Joe Aiello fue encontrado muerto con 59 balas del .45 ACP en el cuerpo, supondrá enseguida que el asesinato se perpetró con una (o varias) Thompson automática(s) y se trasladará imaginativamente al Chicago de los años 30. Si escucha que

Lee Harvey Oswald fue ejecutado con un Colt Cobra, sabrá que el proyectil homicida tuvo que ser un .38 Spl.

# CAPÍTULO 2: BALÍSTICA

## *La balística como campo de conocimiento*

### 1. Definición y divisiones

Ahora que ya hemos dado un paso, modesto pero fundamental, al interior del objeto de nuestro estudio, es importante que nos hagamos una idea precisa del campo de conocimiento en que nos hallamos y por el que vamos a transitar.

La balística puede considerarse una parte específica de la ciencia que engloba el estudio de las armas en todas sus dimensiones y que recibe el nombre de *hoplología* (del griego *όπλον -oplon-, "arma, armadura").* Lo que le concierne a la balística, sin embargo, no es ni el uso estratégico de las armas de fuego, ni su diseño, ni su historia... Todo esto tiene su importancia, desde luego, pero para la balística se halla en un plano subsidiario de interés. Su principal preocupación es lo que afecta al proceso del disparo, es decir, a la función concreta para la que han sido concebidas el arma y su munición. Y el disparo, a efectos de un estudio pormenorizado, puede dividirse en tres partes que corresponden a tres etapas discernibles de su desarrollo, cada una de las cuales plantea cuestiones distintas y se apoya en un grupo concreto de disciplinas para su solución.

Así, a efectos sólo teóricos —porque en la práctica no existe solución de continuidad en todo el desarrollo del disparo—, podemos concebir separadamente las fases interior, exterior y terminal del proceso, es decir, la que ocurre dentro del arma, la que tiene lugar fuera del arma en todo el recorrido del proyectil hasta que alcanza su objetivo, y la que resulta tras el impacto del proyectil contra su blanco vivo o inerte, animado o inanimado.

Cada una de estas etapas constituye el objeto de estudio exclusivo de una de las grandes divisiones de la balística, mientras que las fases transicionales entre una y otra reciben atención específica en cuanto que subdisciplinas diferenciadas.

## 1.1. Balística interna

En el terreno que nos ocupa a nosotros, el de las armas de fuego ligeras modernas, el disparo es un proceso de cortísima duración que, en los casos más extremos —por ejemplo, el de un rifle del calibre .50 o del .338 Lapua Magnum contra un blanco a 2.500 m. de distancia— no supera los 3 ó 4 segundos. En la mayor parte de las ocasiones, sin embargo, todo el desarrollo, desde la percusión del cartucho hasta el impacto, con sus efectos biológicos o materiales, no alcanza a durar 1 segundo. De éste —o de los 3 ó 4 anteriores, porque lo que prolonga el proceso es la distancia a recorrer por el proyectil hasta su objetivo— la fase interna del disparo ocurre en cerca de 3 milisegundos.

En estos 3 milisegundos, sin embargo, tienen lugar multitud de eventos en las "entrañas" del arma: golpeada por la aguja percutora, la mezcla iniciadora en la base del cartucho detona y transfiere calor y llama al propelente en el interior de la vaina. Éste pasa rapidísimamente del estado sólido al gaseoso y la presión del gas en expansión dilata la vaina sellando con ella la recámara del arma. Al mismo tiempo, desencaja la bala de la boca del cartucho y la empuja, acelerándola, por toda la longitud del cañón hasta proyectarla al exterior en medio de una nube de gases que la preceden y que la siguen.

En el caso de armas de cañón rayado, el proyectil, nada más separarse de la boca de la vaina, queda atrapado por las estrías de la cara interna del cañón —el ánima—, que le imprimen una velocidad rotacional destinada a hacerlo giroscópicamente estable en su vuelo hacia el blanco. Mientras tanto, el tirador ha sufrido en su cuerpo el impacto del retroceso del arma, reacción predecible y calculable correpondiente a la acción de proyectar la bala en dirección contraria. Por otra parte, la vaina del cartucho, en cuanto cesa la presión de los gases generados por el propelente, se enfría, se contrae retornado a su tamaño más o menos original y ello permite su expulsión de la recámara del arma, ya sea automática o manualmente, a fin de que un nuevo cartucho íntegro ocupe su espacio. Esto, de manera muy resumida (y exceptuando la recarga del nuevo cartucho), es lo que tiene lugar durante los 3 milisegundos de la fase interna del disparo.

Tras esta primera etapa, el proyectil habrá dejado atrás el resto de elementos compositivos del cartucho; pero en esta fase interior cada uno de ellos desarrolla la labor a la que está destinado. Por ello es la *balística interna* la que pone más énfasis y atención en el cartucho como unidad funcional.

La balística no es una ciencia teórica; es una disciplina movida históricamente por un objetivo muy definido y del que, en no pocas ocasiones, ha dependido la supervivencia de un pueblo o una civilización: la eficacia tecnológica. De ahí que las cuestiones que preocupan a la balística interna remitan a cómo conseguir mezclas detonadoras (iniciador) y deflagrantes (propelentes) más seguras, más estables y más poderosas; cómo controlar la presión de los gases para imprimir al proyectil la velocidad y energía más deseables; qué materiales son los idóneos para soportar las altas temperaturas y presiones generadas en el interior del arma y, en el caso de la vaina, cuáles son lo bastante elásticos para ese movimiento de dilatación y contracción requerido; qué configuración deben tener las estrías, qué orientación y qué grado de rotación para dar al proyectil la mayor estabilidad giroscópica, etc. Y las disciplinas, por tanto, en las que se apoya para responder a estas cuestiones son la mecánica, la física de expansión de gases, la termodinámica, la química, la metalurgia...

## 1.2. Balística externa

Lo que ocurre una vez que el proyectil abandona la boca del cañón es consecuencia directa de todos los eventos anteriormente enumerados; por ello, abstraer esta nueva fase de la interna resulta, hasta cierto punto, artificial. Pero, si es artificial, no deja también de ser necesario porque, en el preciso momento en que el proyectil abandona el cañón del arma, empieza a intervenir una serie de factores del medio exterior capaces de condicionar, determinar y hasta de frustrar su trayectoria, y cuya importancia es tanto mayor cuanto más largo sea el recorrido de la bala. Entre estos factores distinguimos la fuerza de la gravedad, el viento, la temperatura, humedad y densidad del aire, la onda sonora (en caso de munición supersónica) y, para distancias ya cercanas y superiores a los 1000 m., el propio movimiento del globo terráqueo manifestado en lo que se conoce como el *efecto coriolis*.

La trayectoria que describe el proyectil no es, desde luego, una recta —como nos sugiere engañosamente nuestra línea de visión—, puesto que, en cuanto la bala abandona el cañón del arma, empieza a caer por efecto de la gravedad. Por ello, el proyectil debe tener un leve, o pronunciado, movimiento de ascenso antes de poder impactar en el blanco de acuerdo con la línea de descenso impuesta en él por la fuerza de la gravedad. El arco que traza, y que discurre entre la línea de visión del tirador —la recta tendida entre su ojo y el blanco— y la proyección del eje del cañón al infinito, sería (idealmente) una parábola, con ángulos de ascenso y de descenso iguales, si la única fuerza que actuase sobre ella fuese la gravedad. Pero la resistencia del aire decelera progresivamente el proyectil haciendo que la curvatura de descenso sea más pronunciada que la de ascenso y que la *curva balística* en su totalidad resulte, así pues, asimétrica. Para mayor simplicidad, no obstante, se la llama comúnmente *parábola balística*.

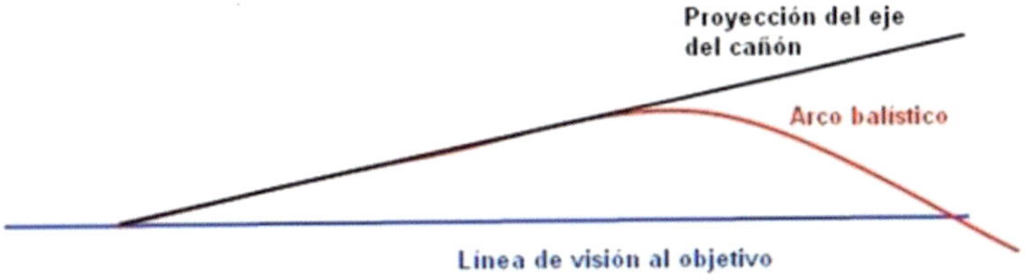


Todos los factores mencionados afectan al proyectil diversamente según su peso, su forma, el material o materiales que lo componen, su mayor o menor aerodinamismo y, por supuesto, el conjunto de fuerzas generadas en la fase interna del disparo.

Así, las cuestiones que afectan a la *balística externa* tienen que ver con la eficacia y predecibilidad de la trayectoria del proyectil, y las disciplinas en las que se apoya para resolverlas son las matemáticas, la física en general, la aerodinámica en particular, y la meteorología, entre otras.

Para algunos autores la *balística externa* es la única balística que merece este nombre:

> *La balística —la verdadera balística— es la investigación científica del comportamiento de los proyectiles en vuelo*[4].

Pero, como ya hemos tenido ocasión de ver, este sentido restringido no se sostiene. De hecho, no sólo separar los diferentes campos de la balística entre sí resulta ya hasta cierto

---

[4] C. R. James, *The ABCs of Reloading*, p. 158.

punto artificial, sino que también lo es marcar un límite demasiado preciso entre la balística como disciplina autónoma y el resto de la hoplología. El comportamiento del proyectil no ocurre en abstracto, sino que depende del diseño de un arma específica, con una historia particular y una función táctica concreta.

## 1.3. Balística transicional

Cuando el proyectil abandona el cañón del arma, y durante la fracción de una milésima de segundo, los gases generados por la deflagración del propelente que emergen con él son capaces todavía de ejercer presión sobre su base. Se trata de un brevísimo lapso de transición entre el final de la acción de las fuerzas características de la fase interna del disparo y el comienzo de la operación de las fuerzas típicas de la etapa externa. Es un terreno incierto de factores que no acaban de comprenderse del todo, razón por la cual a menudo no se tiene en cuenta esta parte de la balística como enfoque o disciplina diferenciada, sino que se la incluye ya sea en el ámbito de la *balística interna* o de la *externa.*

Desde el punto de vista de la eficacia del disparo, lo que le preocupa a la *balística transicional* es que la presión de los gases sobre el proyectil una vez trascendida la boca del cañón sea consistente y no lo aparte de su trayectoria programada.

Aparte de esto, hay una serie de fenómenos que tienen lugar en la boca del cañón en esta fase transicional: la onda sonora, la llamarada o *flash* y la reacción mecánica provocadas todas ellas por el choque de los gases en expansión desde el interior del cañón contra el aire externo. De ahí que aspectos como la configuración de la boca del cañón (obsérvese el corte en forma de "cuchara" del cañón del Kalashnikov en nuestra ilustración) y elementos como el supresor de flash, el supresor de sonido (popularmente, "silenciador") y el freno de boca sean, en realidad, objeto de estudio de la *balística transicional*.

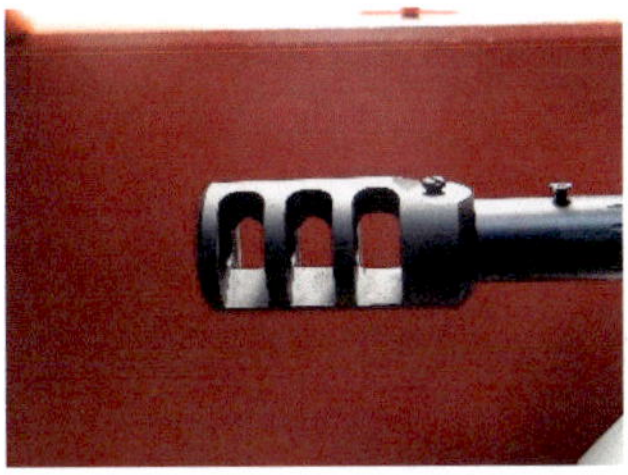

*Freno de boca de un rifle Blaser LRS2*

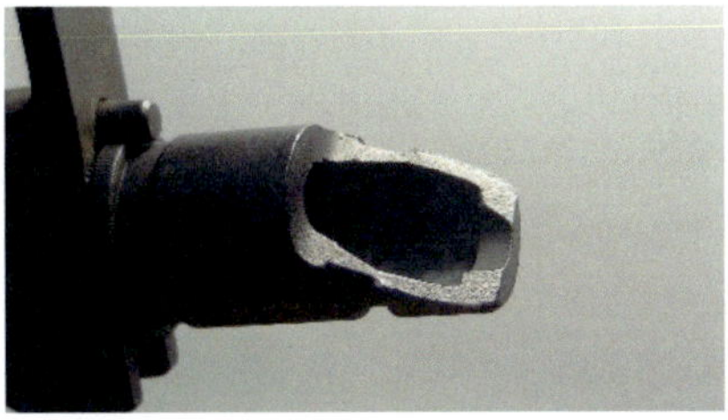

*Boca de cañón en forma de cuchara de un AK47*

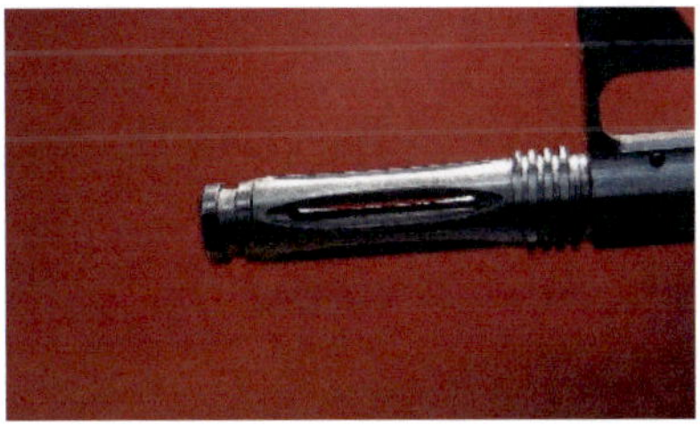

*Supresor de flash de un rifle Zastava*

## 1.4. Balística terminal

El "vuelo" del proyectil termina con su impacto contra el blanco al que estaba destinado o una superficie relativamente próxima a él. Si el impacto ocurre contra el tejido orgánico de un ser vivo, humano o animal, el comportamiento resultante es objeto de estudio de una de las dos divisiones de la *balística terminal*: *la balística de heridas*. Si ocurre contra materia inanimada, metal, cemento, cristal, madera, etc., entran en juego fuerzas completamente distintas y la parte de la *balística terminal* que se ocupa en estudiarlas es la *balística de efectos*.

### 1.4.1. Balística de heridas

A la primera de estas dos divisiones le interesa conocer la reacción del organismo humano o animal ante diferentes tipos de proyectil a fin de determinar, en la medida de lo posible, el carácter incapacitante, lesivo o letal del disparo. Se centra, por tanto, en la constitución del proyectil, en su deformabilidad una vez impacta con el organismo, en su movimiento inestable a través del medio denso que constituye el tejido biológico, en la resistencia y elasticidad de este tejido, en la respuesta de sus distintas partes, en la mayor o menor vulnerabilidad de los diversos órganos, canales sanguíneos, red neural, estructura ósea, etc.

Así, en esta parte de la balística, la biología, fisiología y anatomía adquieren todo su protagonismo y vienen a colaborar con la física y la metalurgia en la comprensión de la serie de fenómenos desatados por el impacto de un proyectil contra un ser vivo. La *balística de heridas* interesa especialmente en los ámbitos militar, policial, forense y cinegético.

### 1.4.2. Balística de efectos

A militares, policías y forenses les preocupa conocer también el resultado del impacto del proyectil contra diversos tipos de materiales que puedan interponerse entre el arma de fuego y un blanco humano. ¿Qué forma, dureza y constitución deberá tener la bala y qué momento y energía cinética deberá llevar para traspasar determinada espesura de metal? ¿Conservará un proyectil su camisa metálica al atravesar una ventana de vidrio templado? ¿Qué ángulo de desviación sufrirá al impactar con un cristal, dados su ángulo de incidencia, su peso y su velocidad? ¿Qué tipo de proyectil es el idóneo para reventar las bisagras y cerrojo de una puerta evitando los rebotes? ¿Qué armadura será capaz de defender al soldado o al policía de disparos enemigos? O, al contrario, ¿qué munición hará inútil esa armadura?, etc.

En esta sección de la balística, la física se alía con la ingeniería y tecnología de los materiales para resolver las cuestiones planteadas.

## 1.5. Balística de rebotes

En ocasiones, el proyectil incide con un ángulo propicio sobre una superficie lo bastante plana y uniforme como para rebotar sobre ella y salir disparado en una dirección distinta de la original. *La balística de rebotes* ocupa, pues, un espacio entre la *balística terminal* y la *externa* similar al que la *balística transicional* tiene entre la *externa* y la *interna*, y se subsume habitualmente en cualquiera de las dos divisiones mayores. Tiene particular importancia en el ámbito forense, en el caso de heridas accidentales producidas por rebotes de proyectiles o de sus fragmentos.

## 1.6. Balística forense

No todos los tratadistas aceptan que el estudio forense de las armas de fuego sea un enfoque legítimo de la balística. C. R. James, a quien ya hemos visto defender un concepto restringido de esta ciencia, escribe:

> *Calvin Goddard —padre del campo del Examen e Investigación de las Armas de Fuego— acabó por admitir que se arrepentía del día en que se le ocurrió el término "balística forense", un nombre concebido de modo apresurado para la ciencia emergente del examen de las armas de*

*fuego que, desafortunadamente, quedó implantado en la mente pública*[5].

Legítimo o no, el nombre ha prosperado y lo cierto es que resultaría difícil encontrar otro más sintético para esta disciplina. A la *balística forense* lo que le interesa es qué arma ha sido la utilizada en un evento criminal, cómo ha sido utilizada, qué resultados ha tenido su uso y, por supuesto, quién la ha utilizado. La *balística interna*, *externa* y *terminal* adquieren aquí un enfoque distinto del que cada una de ellas tiene por sí misma y que podría describirse como, por una parte, *identificativo* de los actores balísticos y, por la otra, *reconstructivo* del acontecimiento balístico. Por ejemplo, en caso de asesinato con arma de fuego, la balística forense tratará de *identificar* el arma homicida por las marcas dejadas en el casquillo y los proyectiles recuperados de la escena del crimen; tratará de *identificar* al ejecutor por los residuos químicos generados durante el disparo del arma de fuego y depositados en las manos o epidermis facial del homicida; y en caso de que al arma se le hayan borrado intencionadamente sus números identificativos, tratará de recuperarlos por la metodología establecida para estas ocasiones. Por otra parte, la *balística forense* intentará *reconstruir* los hechos criminales a partir de los ángulos de entrada y salida del proyectil en el cuerpo de la víctima, la forma y contorno de sus heridas y los impactos en los objetos circundantes, si los hubiera.

Abordada con enfoque forense, así pues, la *balística interna* sirve a funciones principalmente identificativas; mientras que la *balística externa* —imprescindible en la investigación de trayectorias lesivas— y la *balística terminal* ayudan a la reconstrucción de los hechos y a derivar de ellos la intencionalidad que los origina. Además de todo esto, la *balística forense* se interesa, como hemos visto, por la

---

[5] *The ABCs of Reloading*, p. 157.

trazabilidad de armas de fuego de las que se ha intentado suprimir, o se ha suprimido efectivamente, las señas identificativas, esto es, sus marcajes y número de serie; y aporta, por otro lado, su propia metodología investigadora en la forma de disciplinas como la dactiloscopia, el examen de huellas de ADN, infografía, etc. a la reconstrucción del evento balístico.

## 2. Esquema general de la ciencia balística de acuerdo con sus divisiones

**BALÍSTICA**

1. **Interna**
2. *Transicional*
3. **Externa**
4. *De rebotes*
5. **Terminal:**
    a. De heridas.
    b. De efectos.
6. **Forense:**
    a. Identificativa:
        i. Identificación del arma por los restos balísticos.
        ii. Identificación del arma por la recuperación de sus números de identidad.

iii. Identificación del tirador por los RDAF (residuos del disparo del arma de fuego).

b. Reconstructiva:
   i. Del evento criminal por el establecimiento de las trayectorias balísticas.
   ii. De las heridas infligidas por el establecimiento de los impactos y trayectorias lesivas.

### 3. Conclusión

En estas breves líneas dedicadas a la balística hemos tenido la oportunidad de percibir, no sólo la complejidad interna de este campo de conocimiento, sino el considerable número de exigentes disciplinas en las que se apoya para dar respuesta a las cuestiones que le ocupan. La pregunta obvia es, pues, ¿se puede conocer la balística sin ser un experto en física, química, medicina, ingeniería, metalurgia, etc.?

La respuesta no es, ni de lejos, tan obvia como la pregunta y, para dar una idea del grado de discernimiento balístico que se puede lograr con escaso conocimiento de todas esas otras disciplinas, se me ocurre acudir a un viejo artículo que el matemático Benoît Mandelbrot, descubridor de los fractales, publicó en la revista *Science* en 1967. El artículo llevaba por título "How Long Is the Coast of Britain?" ("¿Cuán larga es la costa de Gran Bretaña?") y venía a explicar que, cuanto más pequeño es el instrumento de medición, mayor resulta la longitud medida. En efecto, un telémetro mediría largas distancias de quiebro a quiebro de la costa; con un metro se registrarían los ascensos y depresiones incluso de las rocas de gran tamaño; con un micrómetro mediríamos de guijarro en guijarro, sus superficies, los espacios entre ellos... y así hasta llegar a un instrumento de medición que discurriese por el espacio subatómico computando sus infinitesimales distancias. De modo que, a medida que el instrumento tiende a cero, la longitud —en este caso, de la costa británica— tiende a infinito.

El que la costa de Inglaterra sea conceptualmente infinita, no impide recorrerla, sin embargo, en un tiempo muy limitado. La analogía consiste en que cualquier campo de conocimiento tiende al infinito cuanto más preciso sea el detalle y, por tanto, el grado de especialización con el que se pretenda dominar. Pero el que la ciencia de la balística sea potencialmente infinita en sus ramificaciones internas y externas no impide en la práctica recorrerla en un tiempo razonable y con resultados tan útiles como enriquecedores.

# CAPÍTULO 3: PROPELENTE

## *El cartucho y sus componentes (1): El propelente*

### 1. Introducción

Aunque pueda parecer que los capítulos anteriores no nos han llevado más allá de las cuestiones preliminares del campo de conocimiento que nos ocupa, lo cierto es que hemos dado ya un paso importante hacia la comprensión de lo que constituye la piedra angular de la balística: el cartucho. Al estudiar el "lenguaje de los calibres", y a pesar de la ausencia de unas reglas claras, consensuadas, uniformes, además de fácilmente memorizables y asimilables, sí hemos sido capaces de comprender cuando menos:

1. que el calibre nos habla siempre de parámetros por los que podemos identificar un género de munición;

2. que de estos parámetros hay uno esencial, siempre presente, siempre numérico (ya sea en unidades métricas o imperiales) y siempre en primer lugar del conjunto de elementos denominativos: *el diámetro del cañón al que está destinada la bala de ese calibre, o bien una medida muy próxima a él: el de la propia bala*;

3. y que del resto de los parámetros:
   a. uno, al menos, es constante en la expresión completa del sistema métrico: *la altura de la vaina*: por ejemplo, 9 x 19 mm;
   b. otro ocurre ocasionalmente y hace referencia a *la carga de pólvora* que comúnmente llevan los cartuchos de ese calibre: por ejemplo, .30-30;
   c. y aun otro, que aparece más raramente y no con carácter numérico, sino alfabético, evoca el tipo

de *mecanismo iniciador* de los cartuchos propios de un calibre determinado: por ejemplo, .45-75 WCF (donde WCF está por Winchester Center Fire, o "fuego central Winchester") y .22 WMR (donde WMR significa Winchester Magnum Rimfire, o "fuego anular, Winchester Magnum"[6]).

Como hemos visto ya, hay otras muchas cosas que nos dicen los calibres —de hecho, una lista interminable de posibilidades significativas—, pero me interesaba ahora distinguir estos cuatro parámetros porque remiten a los cuatro componentes fundamentales de ese artefacto, tan tardío en la evolución de las armas de fuego, que hoy llamamos *cartucho*: el proyectil, la vaina, el propelente y el mecanismo inciador. Nos referimos, desde luego, al cartucho de arma corta o de rifle, porque la escopeta y su munición son un mundo en sí mismas al que no queda más remedio que dedicarse separadamente.

¿Qué ocurre, si prescindimos de alguno de los cuatro componentes citados? Quitemos, por ejemplo, la vaina, el último de ellos en incorporarse al conjunto y precisamente aquel que proporciona al cartucho su unidad e integridad: lo que tenemos, entonces, son tres elementos por separado —proyectil, propelente e iniciador— cuyo uso balístico nos obligaría a remontarnos a la era y formato de la avancarga, en que propelente y proyectil se hallan contenidos directamente en el extremo interno del cañón del arma, mientras que la chispa de la mezcla iniciadora alcanza el propelente desde el exterior, a través de un discreto agujero (*oído*) en la parte posterior central, o bien posterior lateral, del cañón.

Prescindamos del proyectil: lo que nos queda es munición de fogueo; o bien, si la fórmula de la pólvora es la adecuada y

[6] El significado de "fuego central" y "fuego anular" quedará claro en el capítulo siguiente dedicado a los mecanismos de iniciación.

relegamos otros elementos también, un lanzallamas como el que usaban los chinos ya por el siglo xii y que algún autor considera el ancestro remoto de las armas de fuego. Desprendámonos del propelente: contamos, entonces, todavía con un cartucho del tipo *flobert*, en el que el fulminante, en lugar de "iniciar" el propelente, actúa de aunténtico propulsor del proyectil.

Quien piense que una pistola de fogueo o un revólver *flobert* son inocuos, está equivocado. El disparo de la primera da lugar a una llamarada en la boca del cañón que, a corta distancia, puede causar quemaduras de importancia en la víctima de la agresión. El segundo tiene fuerza suficiente, a corta distancia, para atravesar al menos entre 2 y 3 cm del grosor de un listín telefónico municipal. Teniendo en cuenta que la velocidad mínima estimada para atravesar la piel humana es de 59,16 m/s (69,6 m/s con una ligera capa de ropa), la velocidad de un proyectil *flobert*, entre los 200 y los 230 m/s en boca de cañón[7], casi la cuadruplica.

*De izquierda a derecha, cartucho de fogueo de 9 mm para arma de fuego real, cartucho flobert de 6 mm y cartucho de fogueo de 9 mm para pistola detonadora*

---

[7] Obtenida mediante cronógrafo con un revólver de 3" y munición flobert de 6 mm.

Finalmente, deshagámonos del iniciador como elemento diferenciado y no nos quedará más remedio que remontarnos a aquel periodo primigenio de las armas de fuego en que la deflagración de la pólvora, comprimida en el extremo interno del cañón, se desencadenaba aproximando a la pequeña abertura que la comunicaba con el exterior una ramita ardiendo, un hierro al rojo o cualquier otro eficaz portador de la llama. En definitiva, que, aun prescindiendo de cualquiera de los cuatro elementos citados, el trío restante sigue siendo una combinación potencialmente lesiva, siempre que dispongamos de ellos en el formato adecuado y los usemos con el arma que corresponde.

Pero el cartucho moderno es uno de esos casos en que la totalidad es mucho más que la suma de sus partes y sirve al destino para el que ha sido creado con una fiabilidad, simpleza de uso, facilidad de almacenamiento, eficacia y diversidad funcional impensables en eras anteriores a su aparición. Antes de que fuera posible, o siquiera deseable, su integración, cada uno de sus cuatro componentes siguió durante siglos una evolución independiente del resto pero por líneas que, contempladas desde nuestro propio momento histórico, parecen destinadas a converger. Esa convergencia, tal como la conocemos ahora, tuvo lugar en la segunda mitad del siglo xix con la aparición de los primeros cartuchos metálicos.

A partir de ese momento de fusión, aunque el concepto del cartucho en sí mismo quedó definitivamente establecido y no ha experimentado variación substantiva desde entonces, la evolución continuó con el perfeccionamiento de sus materiales, el diseño de sus elementos y la profusión de sus posibles formulaciones. A diferencia de lo que ocurría cuando surgieron los célebres calibres bélicos nacionales a finales del xix y principios del xx —el 8 x 57 alemán, de 1888; el .303 British, del mismo año; el 7,62 x 54R ruso, de 1891; el .30-06 americano, de 1906...—, hoy en día cada calibre sale al mercado en tantas configuraciones como sean capaces de imaginar los fabricantes de munición. Y ello sin tener en cuenta todas esas otras posibilidades singulares concebidas por los aficionados a la recarga —más concienzudas y seguras unas, más extravagantes y arriesgadas otras— que se conocen bajo el apelativo común de *cartuchos wildcat.*

Las variables que se incorporan a un tipo de munición, sin embargo, no son caprichosas, sino que vienen determinadas por la función concreta a la que está destinado el cartucho y por los objetivos definidos que se persiguen con él. Tales funciones y objetivos, en todas las áreas —militar, policial, deportiva, civil...— siguen multiplicándose puesto que, por una parte, se vuelven más y más específicos y, por la otra, se descubren nuevas posibilidades de aplicación, de manera que la evolución no cesa.

Con el tiempo, quizá el cartucho sea superado también y el proyectil al que sirve la sinergia creada por la interacción de vaina, propelente e iniciador pase a constituir un capítulo más en la historia de las armas arrojadizas, junto a la piedra, la flecha y la jabalina, mientras que un nuevo armamento, capaz de emitir haces de energía concentrada de diverso poder destructivo, conquista la escena bélica. Pero ese momento es lejano todavía —si no en el tiempo, sí en concepción— y lo que se observa alrededor es una gran profusión de cartuchería con una innovación incesante, por un lado, y una incesante recuperación, por el otro, de calibres que habrían quedado obsoletos, si no fuese por la nostalgia, el afán recreativo, o el interés en conocer empíricamente las armas y cartuchería del pasado.

Lo que nos interesa ahora, pues, es observar a cada uno de los cuatro componentes fundamentales, primero, en su línea de convergencia hacia el cartucho como conjunto integrado y, segundo, en sus operaciones y posibles configuraciones como parte de la unidad superior.

## 2. El propelente

### 2.1. La era de la pólvora negra

Al principio fue la pólvora. Antes de que a nadie se le ocurriese propeler —o propulsar— con ella cualquier elemento lesivo con fines bélicos, existió este compuesto en una fórmula más incendiaria que explosiva, usada en los primeros lanzallamas —o, más bien, *lanzas-llama (fire-lances)*— de los que se tiene noticia y que los chinos esgrimieron contra los yurchen, ancestros de los manchúes, en 1132. Los orígenes de esta substancia que habría de cambiar el curso de la historia humana son oscuros, pero los autores más fiables (Chase, Kelly...) los sitúan en China, donde parece que se menciona ya en un tratado taoísta de mediados del siglo ix, e incluso mucho antes en relación con un accidente acaecido a unos alquimistas que crearon pólvora negra por error en el año 220 d.C.[8]

En Occidente empieza a hablarse de la pólvora a mediados del xiii y su uso militar como propelente en cañones y en primitivas armas de mano, no se hace esperar: para algunos (Heard...) ocurre en España, entre los años 1247 y 1311; para otros (Chase...), durante el asedio de Cividale, en el norte de Italia, en 1331. Turner afirma que la batalla naval de Sluys en Junio de 1340 contra los franceses en el contexto de la Guerra de los Cien Años fue la primera ocasión en que los ingleses usaron la nueva tecnología militar representada por la pólvora y los cañones[9]. Kelly subraya la batalla de Crécy, en 1346, como la primera gran puesta en escena de las armas de fuego, por parte

---

[8] J. Akhvan, *The Chemistry of Explosives*, p. 1.
[9] M. Turner, *Chaucer*, p. 255.

del rey inglés Eduardo III contra sus enemigos continentales. Hacia los años 1379-80, cuando Geoffrey Chaucer compone *The House of Fame*, las armas de fuego se habían hecho lo bastante presentes en la mente popular para que el autor se permitiese símiles literarios como el siguiente: "As swifte as pelet out of gonne/ Whan fyr is in the poudre ronne"[10]...

Sea como sea, el siglo xiv europeo conoce la irrupción de la pólvora en la escena bélica; al principio, en una función no muy distinta de la de "efectos especiales", esto es, provocando mucho ruido y vapores sulfúricos —todo ello con evidentes resonancias satánicas para la mentalidad de la época—, pero con poca eficacia destructiva más allá de dar una nueva vuelta de tuerca a la todavía incipiente modalidad de la guerra psicológica. Poco a poco, sin embargo, esta "destilación del diablo"[11] irá transformándose en el *sine qua non* de los ejércitos, en su herramienta indispensable, y "propeliendo" Occidente a la hegemonía planetaria durante los cinco siglos siguientes.

La pólvora que asustó en Sluys y en Crécy a los franceses de Felipe VI de Valois y que se impondría desde entonces en todos los teatros de operaciones bélicas del planeta hasta finales del siglo xix es la que vendría a conocerse con el nombre de *pólvora negra*. En su fórmula típica, consiste en un 75% de salitre (nitrato potásico), un 15% de carbón y un 10% de azufre. Redúzcase la proporción del salitre a niveles del 50% y lo que se tiene es una "pólvora" incendiaria como la usada en los primitivos lanzallamas chinos.

La molécula de nitrato potásico ($KNO_3$) contiene tres átomos de oxígeno; cuando esta substancia se calienta hasta los 335ºC

---

[10] "Tan rápido como una bala en un cañón/ Cuando el fuego a la pólvora ha corrido" (vv. 1643-4).

[11] J. Kelly, *Gunpowder. A History of the Explosive that Changed the World*, p. ix.

sus enlaces moleculares se rompen y el oxígeno queda libre para quemar el combustible proporcionado por el carbón y el azufre. El primero en reaccionar a la chispa, sin embargo, es el azufre, cuya temperatura de ignición, relativamente baja, es de 261ºC; al arder genera calor suficiente para prender el carbón y descomponer las moléculas de nitrato potásico; el oxígeno liberado propicia entonces la ulterior ignición de las dos substancias combustibles. Una vez encendida, la pólvora negra arde a unos 2.139ºC, calor que contribuye a la rápida expansión de los gases[12].

La molécula de salitre o nitrato potásico ya la conocemos. El azufre es un elemento químico no metálico. Y el carbón es una materia de composición química variable pero que aporta a la combustión de la pólvora negra, sobre todo, el elemento químico no metálico del carbono. En su formulación más simple, la reacción es ésta:

$$2KNO_3 + S + 3C \longrightarrow K_2S + 3CO_2 + N_2$$

Es decir, cada dos moléculas de nitrato potásico reaccionan con un átomo de azufre y tres de carbono produciendo una molécula de sulfuro potásico, tres de dióxido de carbono y una de nitrógeno gaseoso. En la práctica, la reacción produce también monóxido de carbono, compuestos de potasio y trazas de otros agentes químicos.

En condiciones normales de temperatura y presión, los gases generados ocuparían 280 veces el volumen de la pólvora en estado sólido. En las condiciones de temperatura y presión propias de la ignición en un arma de fuego, los gases se expanden hasta 3.600 veces el volumen del sólido, y ello ocurre en milésimas de segundo. Y es esto, precisamente, lo que hace que la pólvora funcione como propelente: primero (fase

[12] Ibíd., pp. 5 ss. Los datos respecto de la temperatura de ignición de las pólvoras son en general, sin embargo, muy dispares.

química), el paso de sólido a gas; segundo (fase termodinámica), la transformación de la energía química de sus moléculas en calor, que genera expansión y, por tanto, movimiento; y tercero (fase física), aceleración del proyectil contra la fricción impuesta por el cañón y reacciones correspondientes en forma de alteraciones temporales del arma y retroceso contra el tirador.

El concepto clave en todo esto, y que hemos venido empleando hasta aquí sin terminar de aclarar su especificidad, es *deflagración*: esto es, una combustión rapidísima, pero por debajo del umbral de velocidad que la convertiría en *detonación*. Una substancia potencialmente deflagrante sirve como propelente porque la energía desencadenada puede controlarse lo bastante como para transmitir al proyectil una velocidad, momento, energía cinética y trayectoria relativamente predecibles. Un material puramente detonante, no. La línea que separa *deflagración* de *detonación* no es fija y, en última instancia, depende más de las condiciones a las que está sometida la substancia que de la substancia en sí misma.

De acuerdo con Bussard [13], los propelentes deflagran en milisegundos produciendo presiones de hasta 7.030 kgf/cm$^2$, mientras que los explosivos detonan en microsegundos generando hasta 274.900 kgf/cm$^2$. Ahora bien, sometida a condiciones de presión excesivas, la pólvora puede detonar reventando el arma y poniendo en peligro la vida del tirador y de sus circunstantes. Y éste no es precisamente un accidente insólito en los anales de la historia militar.

kgf es el símbolo de **kilogramo-fuerza**.

Un kilogramo-fuerza o kilopondio (kp), en el *Sistema Técnico de Unidades*, corresponde a la

[13] *Ammo Encyclopedia*, p. 139.

fuerza ejercida sobre la masa de un kilo por la gravedad estándar terrestre, esto es: 9,80665 $m/s^2$. Por tanto,

$$1 \text{ kp} = 1 \text{ kgf} = 1 \text{ kg} \times 9{,}80665 \text{ m/s}^2 = 9{,}80665 \text{ kg·m/s}^2 = 9{,}80665 \text{ N}$$

N es el símbolo de **Newton**, unidad que se define como la fuerza necesaria para acelerar 1kg de masa 1$m/s^2$.

La unidad de presión **kilogramo-fuerza por centímetro cuadrado** ($kgf/cm^2$), en el *Sistema Técnico Gravitatorio*, se denomina también **atmósfera técnica** (at) y es de un valor muy similar a la **atmósfera estándar** (atm), esto es, la presión atmósferica normal (760 milímetros de mercurio a 0ºC). Así:

$$1 \text{ atm} = 760 \text{ mmHg} = 1{,}033 \text{ kgf/cm}^2 = 1{,}033 \text{ at}$$
$$1 \text{ bar} = 0{,}987 \text{ atm} = 1{,}01972 \text{ kgf/cm}^2$$

En el *Sistema Internacional de Unidades*, la unidad de presión es el **pascal**:

$$1 \text{ kgf/cm}^2 = 98.066{,}50 \text{ Pa}$$
$$1 \text{ bar} = 100.000 \text{ Pa}$$
$$1 \text{ bar} = 1{,}019716213 \text{ kgf/cm}^2$$
$$1 \text{ kgf} = 0{,}9806649999787735 \text{ bar}$$

En el *Sistema Imperial*, la unidad de presión que nos interesa es la **libra-fuerza por pulgada cuadrada** (pound-force/square inch), cuyo símbolo es psi:

1 kgf/cm$^2$ = 14,22 psi (exactamente: 14,2233433334249801)

Por lo que:

1 psi = 0,070 kgf/cm$^2$

A pesar de todo lo expuesto, la pólvora negra no es una fuente de energía muy eficaz: se calcula que 1 grain de este compuesto (0,064 gramos) contiene 116,2 julios de energía química[14]; de ésta sólo alrededor de un 15% se transforma en energía cinética para impulso del proyectil. Por otra parte, sólo el 43% de la pólvora quemada produce gases, un 1% se transforma en vapor de agua y el 56% restante forma un residuo sólido que, o bien emerge al exterior en forma de una densa nube de humo blanco constituido por pequeñísimas partículas en suspensión, o bien se adhiere a las superficies internas del arma —sobre todo del cañón— con efectos tremendamente nocivos para ella por el carácter higroscópico y corrosivo del detrito.

Durante el tiempo de su reinado, la pólvora negra experimentó escasas alteraciones. La más importante fue el paso de *pólvora serpentina* a *pólvora granulada* a mediados del siglo XV en Europa. La primera se producía moliendo juntos los tres componentes en las proporciones debidas hasta lograr un polvo menudísimo, resultado de la unión mecánica de salitre, azufre

---

[14] Éste es el valor ofrecido por Rinker, que dice que 1 libra de pólvora negra contiene 600.000 ft·lb (pie-libra) de energía química latente (*Understanding Firearm Ballistics*, p. 23). Puesto que una libra = 7000 grains, ello implica que cada grain contine 85,71 ft·lb de energía, que multiplicado por 1,356 (factor de conversión de pie-libras a julios) nos da 116,2. Davis, sin embargo, propone valores distintos: "Un gramo de pólvora [negra] completamente desecada dio 725,7 calorías" (*The Chemistry of Powder & Explosives*, p. 43). Puesto que 1 gramo = 15,43 grains, las calorías por grain son 47,03; y puesto que 1 caloría = 4,18 julios, la energía en julios por grain resulta en 196,58.

y carbón. Esta *pólvora serpentina* de extrema trituración y excelente calidad resultaba, no obstante, muy vulnerable a cualquier chispa generada por fricción durante el molimiento o su transporte; y por otra parte, era demasiado higroscópica dada la gran superficie de contacto con la atmósfera que el carbón presentaba en ese estado. Bastaba que absorbiese agua del medio hasta algo más de 1,5% de humedad del compuesto para que toda la pólvora resultase inservible.

La paradójica solución fue mezclarla con líquido durante su producción (se recomendaba vino, o bien la orina de un borracho, preferiblemente obispo), formar una pasta, de ella una bola y posteriormente desmenuzarla para alimentar las armas. Con ello se había avanzado de la unión mecánica del salitre, azufre y carbón a su unión química. Pronto se aprendió a pasar el producto resultante, todavía húmedo, a través de tamices de diferente tamaño según el nivel de granulación que se desease. Cuanto más pequeño el grano, más rápida la deflagración porque había más superficie de quema expuesta. Cuanto más grande el grano, menor la superficie de quema en relación a la masa total del propelente y más lenta la deflagración.

De acuerdo con este principio, la *pólvora serpentina*, en un estado que representaba el máximo de su trituración, debería de haber sido la de deflagración más rápida; el problema era que, molida hasta un punto harinoso, tendía a apelmazarse en la recámara del cañón y a no dejar intersticios en la masa pulverizada para una fluida transmisión de la llama en toda su extensión. De hecho, con la *pólvora granulada* se ganó potencia: un cañón necesitaba 15,4 kg. de *pólvora serpentina* para propeler una bala de 21,3 kg., pero sólo 8 kg. de *pólvora granulada* de la variedad usada en artillería[15] para esa misma función.

---

[15] J. Kelly, *Gunpowder*, pp. 61-2.

La velocidad de deflagración del propelente es una de las cuestiones fundamentales de balística interna e inevitablemente habremos de retornar a ella cuando hablemos de las pólvoras modernas, pero conviene apuntarla —y apuntalarla— ahora ya porque fue en esta primera etapa cuando empezaron los intentos por controlarla.

El control de la rapidez con la que el propelente pasa de sólido a gas en el interior del cañón del arma es fundamental por dos razones igualmente importantes: para mayor eficacia del disparo y para mayor seguridad del usuario. Dicho de otro modo, que un arma no explote en las manos del tirador depende de que las presiones generadas por el propelente al transformarse precipitadamente en gas a altísima temperatura no excedan la elasticidad de los materiales de los que está hecho el cañón del arma. Por otra parte, que el proyectil salga de la boca del cañón con las máximas velocidad y energía depende de que la presión ejercida por el propelente sobre su base sea la mayor posible durante el mayor tiempo posible de su trayecto a través del ánima del arma hasta la boca de fuego. Para conseguir lo segundo —*eficacia del disparo*— sin provocar lo primero —*explosión del arma*— es necesario llegar a un compromiso, cuya expresión práctica es el control de la velocidad de deflagración.

En términos muy simples, cuanto más corto el cañón del arma, esto es, cuanto más corto el recorrido a lo largo del cual el proyectil recibe toda su aceleración, más rápido interesa que deflagre el propelente. De otro modo, el proyectil saldría del cañón sin recibir toda la aceleración prometida (por así decirlo) por la energía química contenida en la pólvora: ésta no acabaría de quemar del todo y sería expulsada en parte detrás del proyectil en forma de "terrones" más o menos grandes, más o menos chamuscados y con cierta capacidad incendiaria, si cayesen en un medio inflamable: por ejemplo, si el disparo se hubiese efectuado a corta distancia contra una persona y estos "terrones" o pequeños aglomerados se adhiriesen a la ropa de la víctima. Recordemos que estamos todavía en la era de la pólvora negra y de las armas de avancarga, y que lo dicho aquí no se aplica del mismo modo a los propelentes y armamento actuales.

Por otra parte, cuanto más largo el cañón, esto es, el trayecto de aceleración del proyectil, más lento interesa que deflagre el propelente. De otro modo, el proyectil, al moverse hacia la boca del cañón creando espacio, daría lugar a que disminuyese la presión de los gases sobre él en proporción al aumento de volumen que esos mismos gases deben ocupar, con lo que la aceleración remitiría también y el proyectil emergería de la boca del arma con velocidad y energía menoscabadas.

Ahora bien, en el caso de un cañón largo, suponiendo que se pretendiese lograr con "pólvora rápida" la misma velocidad en la boca del arma que con "pólvora lenta", no quedaría más remedio que provocar una enorme aceleración al comienzo mediante un elevado *pico de presión* inicial. De este modo el proyectil alcanzaría la boca de cañón con la velocidad deseada, a pesar de que la presión —y con ella la aceleración— decayese en cuanto se hubiese consumido el propelente. Es en este *pico de presión* donde reside todo el peligro para el arma y quienes la manejan pues, si en el intento de dar más y más velocidad al proyectil, se excede el límite de la resistencia y flexibilidad de los materiales que soportan la presión de los gases generados en el interior del cañón, éste revienta.

La búsqueda del tamaño idóneo de los gránulos de pólvora negra para cada longitud de cañón específica fue durante siglos un proceso de *prueba y error*. El error viene representado aquí por casos como el del rey Jaime II de Escocia, que murió durante el asedio al castillo de Roxburgh, en 1460, al explotarle el cañón que él mismo se dispuso a disparar contra las murallas enemigas. El acierto, en cambio, se advierte sobre todo en el desarrollo de lo que vino a llamarse *pólvora mamut* (*Mammoth powder*) durante la Guerra Civil americana, formada por gránulos de 15,24 mm de diámetro, que permitió usar de manera segura e indemne cañones de una potencia desconocida hasta el momento.

Otras tres maneras de controlar la velocidad de deflagración del propelente, empleados ya en la etapa de la pólvora negra, consisten en alterar la forma de los gránulos de pólvora, perforarlos y variar la composición química del compuesto. Fruto de los dos primeros procedimientos fue la *pólvora hexagonal perforada*, desarrollada en Estados Unidos hacia 1856 por el ingeniero militar Thomas J. Rodman e introducida al mercado en 1875 por el fabricante Lammot Du Pont. Se trataba de un propelente de gránulos aproximadamente hexagonales, de 3,81 cm de diámetro y agujereados de parte a parte. De este modo, a medida que las caras externas de cada gránulo se consumían, reduciéndose así el área expuesta a combustión, la superficie interna correspondiente a la perforación quemaba en aumento y la emisión de gases —y con ellos la presión sobre el proyectil— se mantenía constante. La *pólvora hexagonal* se usó en la artillería pesada americana casi hasta finales del siglo xix.

Fruto del tercero de los procedimientos, fue la *pólvora marrón prismática* creada en 1882 por especialistas alemanes. Sus gránulos tenían forma de prismas hexagonales u octogonales, muy al estilo de la pólvora de Rodman y Du Pont, y tamaño similar; pero la composición química se apoyaba en un combustible menos reactivo, con poco (2% - 3%) o nada de azufre, y carbón hecho de paja de centeno sin acabar de calcinarse. La *pólvora marrón* constituye el pináculo del desarrollo de la pólvora negra[16] y para la artillería pesada

[16] B. J. Heard, *Handbook of Firearm and Ballistics. Examining and Interpreting Forensic Evidence* p. 82 & T. L. Davis, *The Chemistry of Powder & Explosives*, p. 41.

supuso mayor alcance del proyectil, trayectoria más uniforme y presiones más soportables. También en Alemania, en esa década de los 1880, se crearon la *amidpulver* y la *ammonpulver* a partir de diversos porcentajes de nitrato amónico. La segunda de ellas resultó un propelente tan poderoso como las pólvoras modernas sin humo[17].

Desde los tiempos de las industrias Du Pont en Estados Unidos, la pólvora negra para armas ligeras se clasifica según cuatro tamaños de granulación:

1. F (de *fine*, "fina"), originalmente para mosquetes;

2. FF (o 2F), para rifles.

3. FFF (o 3F), para pistolas y revólveres.

4. FFFF (o 4F), como pólvora iniciadora.

Estas designaciones siguen vigentes comercialmente junto a otras, como la Poudrerie D'Aubonne suiza[18], la Schuetzen Black Powder americana[19], la Wano alemana, el sistema PNF (Poudre-Noir-France), etc.

He aquí una tabla de equivalencias de las designaciones más comunes, de mayor a menor (1,6 - 0,25 mm) granulación:

---

[17] T. L. Davis, ibíd., p. 49.
[18] http://www.blackpowder.ch/powder/shooting-powder.
[19] https://schuetzenpowder.com.

| | | | | | |
|---|---|---|---|---|---|
| F | 1F | Fg | Nº 5 | Poudre noire de chasse (PNC) | Armas de ánima lisa |
| FF | 2F | FFg | Nº 4/ Nº 3 | Mousquet Tir | Rifles |
| FFF | 3F | FFFg | Nº 2 | PNF1/ PNF2 | Arma corta |
| FFFF | 4F | FFFFg | Nº 1 | PNF4 | Iniciador |

Estas correspondencias son vagamente aproximadas porque cada sistema obedece a niveles de granulación que no coinciden de modo preciso con los del resto. Aun así no deja de proponer una serie de paralelismos útiles.

*3F Super*    *NS Nº1 - 4 Fg*    *PNS Nº2 - 3 Fg*    *Vectan PNF 2*

El final de la era de la pólvora negra se solapó con el comienzo de la cartuchería metálica. Calibres como el .45-70 Government, el .45 Long Colt o el .22 LR, entre otros, tuvieron en su origen el viejo propelente. La pólvora negra fue durante cinco siglos un factor de primera importancia en la ecuación militar; sin embargo, siempre adoleció de tres importantes fallos que constituyeron otros tantos problemas tácticos: ensuciaba las armas hasta el punto de hacerlas inútiles tras unos cuantos disparos; generaba demasiado humo, de manera que acababa por cegar al tirador; y en el caso de francotiradores, delataba la posición del fusilero al acecho con el mismo humo que cegaba su campo de visión.

Estos problemas no se resolvieron hasta la era de las pólvoras modernas, equívocamente denominadas también *sin humo*.

## 2.2. La era de las pólvoras modernas

### 2.2.1. Breve historia de su desarrollo

El desarrollo de las pólvoras modernas arranca primero con la síntesis y después con el intento de control de una nueva serie de compuestros nítricos altamente inestables. Fueron el suizo Christian Friedrich Shönbein en 1845 y el italiano Ascanio Sobrero en 1846 los primeros en elaborar la nitrocelulosa y la nitroglicerina respectivamente; pero los explosivos resultantes de estas aproximaciones iniciales eran demasiado volátiles y habrían de causar no pocos accidentes. Serían el francés Paul Vieille en 1886 y el sueco Alfred Nobel en 1887 quienes lograrían dar la suficiente estabilidad a estas substancias a fin de crear a partir de ellas propelentes viables.

Vieille lo logró reduciendo la nitrocelulosa en un solvente hecho de éter y alcohol y dando lugar con ello a un coloide gelatinoso. Con éste se formaban posteriormente láminas finas que cortar en copos del tamaño deseado, o bien el coloide se extrudía en forma de espaguetis y se cortaba como bastoncillos. Una vez seco, el material resultante era duro y estable. Vieille llamó a su invención *poudre B* ("pólvora B"), abreviatura de *poudre blanche* ("pólvora blanca"), por oposición a *pólvora negra*. Con una sola base nítrica como fuente de oxígeno —la nitrocelulosa— la pólvora de Vieille y sus derivadas fueron denominadas *pólvoras monobase* o *de una sola base*.

La *poudre blanche* era tres veces más potente que la pólvora negra y apenas generaba humo. Su aplicación militar no se hizo esperar y los armeros franceses produjeron enseguida el primer fusil diseñado para el nuevo propelente: el Lebel Modelo 1886, un rifle de cerrojo que disparaba proyectiles de 8 mm a una velocidad en boca de cañón entre los 630 y los 700 m/s., dependiendo del peso de la bala empleada. El 8 x 50R mm Lebel, sin embargo, no fue un cartucho creado desde la base para la nueva pólvora, sino modificación de uno anterior, el 11 x 59R mm Gras, alimentado por pólvora negra. La primera munición pensada desde el inicio para el nuevo propelente llegó tres años más tarde, en 1889, cuando el ejército suizo creó el 7,5 x 55 mm Schmidt-Rubin[20].

*Rifle Lebel 1886, oficialmente denominado Fusil d'Infantrie Modèle 1886, según imagen de http://www.adamsguns.com y cartucho Lebel de 8 mm correspondiente*

Nobel desarrolló poco después su propia pólvora —la *balistita*— a partir de un compuesto coloidal hecho de dos substancias nítricas oxidantes, nitrocelulosa y nitroglicerina, y preparado mediante un solvente que posteriormente se retiraba. Nobel no tardó en descubrir, sin embargo, que podía fabricar *balistita* sin uso de solvente alguno; bastaba con unir la nitrocelulosa y nitroglicerina en un medio acuoso y calentar después el compuesto hasta los 80ºC para completar su

[20] M. Bussard, *Ammo Encyclopedia*, p. 72.

gelatinización. Esta *pólvora dibásica* o *de base doble* fue pronto adoptada por el ejército italiano, que en 1890 modificó sus rifles Vetterli-Vitali Modelo 1870/87 para el uso de munición cargada con el nuevo propelente.

Estos dos avances fundamentales, que dejaban atrás medio milenio de pólvora negra, propiciaron que las diversas potencias militares "nacionalizasen", por así decirlo, los nuevos inventos mediante fórmulas que variaban poco o mucho —en ocasiones sólo en nombre— las substancias originales. Así surgió la *WPC/98* alemana, y la *filita* y *solenita* italianas, todas ellas *dibásicas* y derivadas de la balistita; la serie *IMR* (Improved Military Rifle) de las industrias DuPont en EEUU, *monobásicas*; y, también en Norteamérica, las variedades *indurite* ("indurita"), *W.A.*, así como las pólvoras *Ruby* y *Peyton*, que fueron las seleccionadas, entre más de una veintena, para amunicionar el Krag-Jørgensen, rifle de servicio del ejército desde 1892 hasta la introducción del Springfield 1903. Los británicos, por su parte, crearon la *cordite* ("cordita"), una pólvora *dibásica* formada originalmente por un 37% de nitrocelulosa, 58% de nitroglicerina, 4% de vaselina y 1% de acetona, que, con ligeras variaciones, prolongó su existencia hasta la última década del siglo xx.

*El rifle noruego Krag-Jørgensen adoptado por el ejército americano en 1892. La presente imagen corresponde al modelo Carbine 1896, fabricado por Springfield Armory, en calibre .30-40 Krag, antecesor de los calibres .30-03 y .30-06*

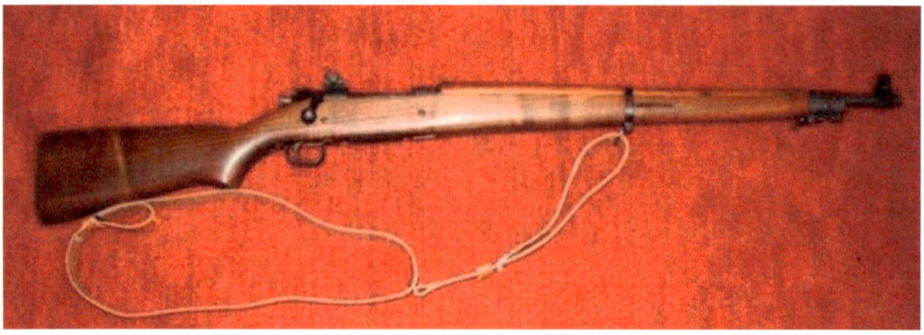

*El rifle Springfield 1903, adoptado por el ejército americano después del fallido Krag-Jørgensen, en calibre .30-06. La presente imagen corresponde a un modelo de 1945 fabricado por la casa Remington*

El Winchester Modelo 1894, que con más de un siglo en producción y cientos de miles de ejemplares vendidos en todo el mundo "tiene el honor de ser el rifle civil de mayor éxito en la historia"[21], fue el primer fusil de palanca diseñado para el nuevo propelente. 30 grains de *pólvora sin humo* propulsaban una bala de 160 grains de peso, próxima a las .30" (7,62 mm) de diámetro[22], a una velocidad en boca de cañón de 610 m/s. La nueva pólvora, mucho más limpia que su precedente, haría posible a partir de entonces el desarrollo de dispositivos cada vez más complejos, lo que culminó en el paso a las armas semiautomáticas y automáticas, que habrían sido incapaces de mecanizar la munición en las condiciones de suciedad residual por disparo generada por la pólvora negra.

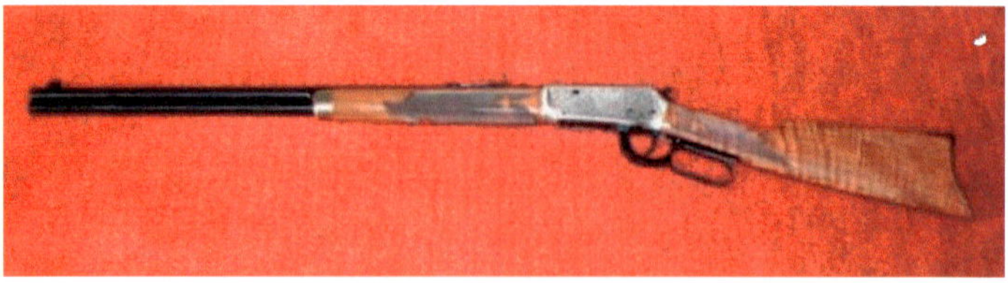

*Winchester 1894 en un modelo conmemorativo de los 200 años del nacimiento de Oliver Winchester*

[21] H. Herring, *Famous Firearms of the Old West*, p. 125.
[22] Recuérdese que se trata del calibre .30-30 WCF.

Cerca de medio siglo después de la creación de las pólvoras de Vieille y de Nobel, en los años 30 del siglo pasado, el químico americano Fred Olsen, trabajando para la Western Cartridge Company, modificó el proceso de fabricación de la pólvora de manera que, entre otras cosas, pudiera reciclarse la nitrocelulosa de propelentes envejecidos y desechados por exceso de acidificación. En este procedimiento, la nitrocelulosa se mezcla intrínsecamente con difenilamina durante la fase de disolución a fin de eliminar por completo los ácidos originados por la nitración. El resultado es una nitrocelulosa mucho más estable y duradera. La "laca" constituida de este modo se agita entonces hasta formar esferas del tamaño deseado que, posteriormente, se impregnan con una emulsión de nitroglicerina y se recubren de substancias retardantes, sobre todo grafito. La deflagración de esta *pólvora esferoidal*[23] *de doble base* es lenta al principio, mientras arden los estratos exteriores de los gránulos, pero más rápida a medida que la combustión se acerca al núcleo, con lo que se compensa la progresiva reducción de la superficie de quema. La velocidad de deflagración puede variarse ulteriormente aplanando los gránulos esferoidales mediante rodillos hasta darles forma de discos más o menos regulares o estirados, o bien químicamente prescindiendo del recubrimiento de grafito y otros elementos retardantes.

También en la década de los 30 tuvo lugar la introducción de las *pólvoras tribásicas* —o de triple base— añadiendo nitroguanidina al compuesto de nitrocelulosa y nitroglicerina. El resultado es un propelente fácil de iniciar, de deflagración rápida, no higroscópico y muy estable, pero de producción cara y que raramente se encuentra en la munición destinada al armamento ligero.

---

[23] *Ball powder.*

### 2.2.2. Características

A diferencia de la pólvora negra, que deflagra a una velocidad prácticamente igual esté libre o encapsulada, la *pólvora sin humo* necesita unos 70 kgf/cm$^2$ (1000 psi) de presión para deflagrar de manera consistente. Cuanto mayor la presión, mayor la velocidad de deflagración; cuanto más alta la velocidad de deflagración —manteniendo constante el volumen—, más elevada la presión de los gases generados. La pólvora negra provocaba en el cañón de un rifle hasta 1.757 kgf/cm$^2$ (25.000 psi), pero los propelentes modernos serían capaces de producir cuatro veces esta presión, si no fuera porque las vainas de los cartuchos difícilmente soportan más allá de entre 4.200 y 4.500 kgf/cm$^2$ (60.000 - 65.000 psi).

Decíamos más arriba que la pólvora negra arde a unos 2.139ºC. Las pólvoras modernas monobásicas, llamadas también *propelentes fríos* o *de combustión incompleta* porque no tienen suficiente oxígeno molecular para la plena transformación del carbono presente en la reacción, deflagran a una temperatura entre los 2.000 y los 2.500ºC; mientras que las pólvoras de base doble —*propelentes calientes* o *de combustión completa*— lo hacen entre 3.000 y 3.500ºC. Por lo general, un gramo de pólvora sin humo en condiciones normales (0ºC y 760 mm Hg) da lugar a entre 700 y 1.100 cm$^3$ de gas[24], formado por monóxido de carbono (CO, 23%), dióxido de carbono ($CO_2$, 28%), hidrógeno ($H_2$, 8%), nitrógeno ($N_2$, 15%) y agua ($H_2O$, 26%).

Recordemos que sólo el 44% de la pólvora negra quemada pasaba al estado gaseoso; en el caso de las pólvoras sin humo es el 99% de la masa deflagrada. A la pólvora negra se le calculan sobre los 116 J de energía química por grain[25]; la

[24] J. S. Wallace, *Chemical Analysis of Firearms, Ammunition, and Gunshot Residue*, p. 63.
[25] 196,58 según Davis (*The Chemistry of Powder & Explosives*).

pólvora sin humo contiene entre 232 y 290 J, aunque se ha propuesto también la cantidad de 950 calorías por gramo de propelente, que equivaldría a 255 J por grain. Sólo alrededor de un 15% de la energía química de la pólvora negra se transformaba en energía cinética para impulso del proyectil; en el caso de los propelentes modernos el porcentaje oscila entre el 25 y el 50, siendo la norma en torno al 30%. ¿Qué ocurre con el 70% restante? Alrededor de un 2% se pierde en propelente no deflagrado, un 3% en fricción, un 25% en calor transferido al cañón y cerca de un 40% escapa en forma de gas por la boca del cañón[26].

Observemos, por ejemplo, el caso de la munición Hornady del calibre .30-06 tipo SPRG CUSTOM:

1. Su energía cinética nominal en boca de cañón (dato facilitado por el fabricante) es de 3.950 J.

2. Su carga de propelente (dato recogido desmontando una serie de cartuchos de un lote de esta munición) es de 57 grains.

3. Suponiendo unos 244 J de energía por grain de propelente, la energía química total de la carga sería de 13.908 J.

4. Por tanto, la energía cinética del proyectil es tanto como el 28,4% (3.950 · 100/ 13.908 = 28,4) de la energía química del propelente, lo que representa la medida de su eficiencia.

Contrastemos el caso anterior con un ejemplo de munición para arma corta, calibre 9 mm PB de Winchester, tipo BEB WC93:

[26] M. Bussard, *Ammo Encyclopedia*, p.139. Cf. también R. A. Rinker, *Understanding Firearm Ballistics*, p.48, que presenta unos porcentajes ligeramente distintos.

1. Energía cinética nominal en boca de cañón: 433,92 J.

2. Carga de propelente: 4,6 grains.

3. Energía química total: 4,6 · 244 J = 1.122,4 J.

4. Eficiencia: 38,66%.

Recordemos, no obstante, que el valor asumido aquí para la energía por grain de propelente es aproximado[27] dentro de un rango calculado entre 232 y 290 J[28], y dependería en realidad de la composición de la pólvora específica usada.

### 2.2.3. Componentes

Desde el punto de vista ideal, un propelente debe tener cinco propiedades irrenunciables: ha de ser estable, controlable, no deteriorante, duradero y rico en energía por unidad de peso. En términos mucho más prácticos, nos interesa que haga el disparo tan eficiente como sea posible sin deteriorar el arma, sin explotarnos en las manos y que podamos conservarlo durante largos periodos sin que pierda consistencia, sean cuales sean las condiciones de almacenaje.

Como ocurre siempre en nuestro mundo, la realidad dista sobradamente del ideal.

La nitrocelulosa se degrada con el tiempo dando lugar a ácidos que inciden en la desestabilización del compuesto, pudiendo causar, en última instancia, deflagraciones espontáneas. La humedad ataca los componentes ligeramente higroscópicos de las pólvoras monobásicas. La electricidad estática puede dar

---

[27] De hecho, el propuesto por Bussard en su *Ammo Encyclopedia*, p. 838.
[28] R. A. Rinker, *Understanding Firearm Ballistics*, p. 23.

lugar a explosiones no deseadas. Los subproductos de las reacciones químicas de la deflagración, así como las presiones generadas durante su proceso y las altas temperaturas alcanzadas —sobre todo con las pólvoras dibásicas—, desgastan el cañón del arma. Y el aprovechamiento de la energía química contenida en el propelente es, como hemos visto, muy limitado.

Para paliar en la medida de lo posible estas carencias y servir también a ciertos propósitos suplementarios, los propelentes modernos se ayudan de una serie de aditivos, entre los cuales mencionaremos los siguientes grupos:

1. **Estabilizadores**: ya hemos visto, por ejemplo, que la difenilamina se unía a la nitrocelulosa en la *pólvora esferoidal* para eliminar los ácidos derivados de la nitración. En el resto de propelentes se usa también este integrante, entre otros, como estabilizador.

2. **Moderadores**: se trata de substancias menos reactivas que los propelentes en sí mismos y que, por tanto, lentifican su deflagración a fin de controlar las presiones generadas. El más característico es el grafito, que además es conductor de electricidad, impidiendo la acumulación de carga estática. El grafito proporciona una pátina negra brillante a los gránulos de pólvora, que de otro modo presentarían un color verde pálido. Otros moderadores o retardantes usados son el dinitrotolueno (DNT) y la dietildifenilurea (centralita).

3. **Protectores**: inhiben en cierto grado el deterioro del cañón, ya sea creando una capa de gas frío sobre el ánima para moderar su calentamiento durante la deflagración, como es el caso del dióxido de titanio; ya sea reduciendo los residuos de cobre dejados por la fricción de los proyectiles blindados o cobreados, cosa

que se logra con un pequeño porcentaje (sobre el 2%) de estaño.

4. **Inhibidores del flash**: cuando el proyectil abandona el arma va acompañado por una llama de gases incandescentes a la que se une un flash en la boca del cañón, generado por la combustión de parte de esos gases a altísimas temperaturas al reaccionar con el oxígeno atmosférico. Los inhibidores se usan para reducir la llamarada en boca de cañón, que puede ser determinante a la hora de delatar la posición de un tirador. Entre los más comunes están el carbonato potásico, el nitrato potásico y el sulfato potásico, una sal cristalina blanca no inflamable, comúnmente usada como fertilizante. Los inhibidores de flash son un aditivo obligado en los propelentes militares.

5. **Identificadores**: se trata de gránulos inertes de diferentes colores que sirven para distinguir unas pólvoras de otras, usados sólo ocasionalmente.

*Obsérverse los distintos identificadores en estas tres muestras de pólvora usada en tres marcas distintas de munición del calibre .22LR*

## 2.2.4. Configuración

Para que un propelente actúe de manera controlada y predecible es necesario tener en cuenta una serie de variables, cuatro de las cuales son intrínsecas a la pólvora y tres de ellas hacen referencia a la configuración física de los gránulos que la componen: tamaño, forma geométrica y grado de perforación[29].

La importancia de estas tres variables se conocía ya desde la era del viejo propelente, como hemos tenido ocasión de ver: la primera desde muy al principio de su desarrollo en Europa y las otras dos hacia el final de su periodo, a partir de las investigaciones de Rodman y Du Pont en los Estados Unidos. El proceso de producción de las pólvoras modernas permite, sin embargo, una mayor flexibilidad en la geometría de los gránulos y así surgen tres configuraciones básicas —copo, cilindro y esfera—, con las variaciones a las que éstas dan lugar: cuadrángulo, banda, cuerda, tubo, bastoncillo, disco, disco oblongo, óvalo, etc.

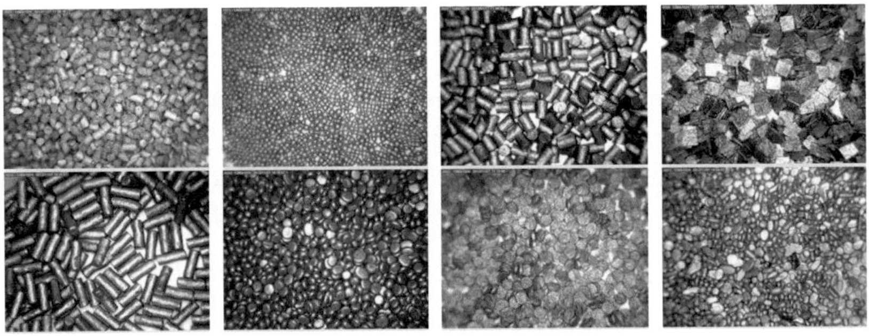

*Muestras de pólvora de munición de distintos calibres en diversas configuraciones morfológicas*

La razón de estas configuraciones no es en absoluto caprichosa, sino que está directamente relacionada con la velocidad a la que deflagrará la masa de propelente en cuestión. Los principios que rigen aquí son prácticamente los mismos que habíamos visto al estudiar la pólvora negra. Repasémoslos brevemente:

[29] La cuarta de las variables intrínsecas es, como hemos visto ya, la composición química del propelente, incluidos sus aditivos.

1. Cuanto más pequeños los gránulos, más superficie total del propelente se halla expuesta a combustión.

2. Cuanto mayor el área externa del gránulo en relación a su masa, más superficie total del propelente está expuesta a combustión.

3. Cuanta más superficie total del propelente expuesta a combustión, más rápida la deflagración, más rápido se generan los gases y más rápido aumenta la presión.

4. Cuanto más rápido aumenta la presión, más se acelera la deflagración, más rápido se consume la superficie total del propelente expuesta a combustión y más rápido se reduce, por tanto, el área combustible restante.

En ausencia de factores reguladores, el proceso detallado describiría un gráfico con un vertiginoso pico de presión y a continuación un precipitado descenso. Como hemos visto ya, esos factores reguladores son de dos tipos: químico, los moderadores o retardantes; y físico, la perforación de los gránulos. El que nos interesa ahora es el segundo tipo.

Lo que la perforación del gránulo permite es que el área expuesta a combustión se consuma de dos maneras: de fuera hacia adentro, de acuerdo con un diámetro que disminuye progresivamente; pero también de dentro hacia afuera, según un diámetro que va en aumento. El tipo de perforación y el número de perforaciones por gránulo puede determinarse de tal forma que, o bien la superficie de quema permanezca constante, o bien incluso que aumente, hasta casi el final del proceso de deflagración útil, esto es, mientras el proyectil viaja a través del cañón.

De estas posibilidades surgen tres *geometrías* concebibles:

1. *Geometría degresiva*, en la que la superficie de quema es máxima al principio de la deflagración y mínima al final, esto es, decrece rápidamente sin ningún factor que la regule. Los *propelentes degresivos* o *de geometría degresiva* provocan un fuerte pico de presión muy al comienzo de la aceleración del proyectil y esta presión va disminuyendo a medida que la bala deja atrás espacio, esto es volumen, para que lo ocupen los gases de la deflagración. Las pólvoras dibásicas, al tener dos fuentes de oxígeno molecular, se consumen rápidamente y con un ritmo que es químicamente degresivo, por lo que requieren factores reguladores químicos y físicos, si se pretende ajustar su velocidad de deflagración.

2. *Geometría neutra*: los gránulos están configurados física y/o químicamente de tal manera que la emisión de gases genere una presión más o menos constante, después del pico inicial, durante todo el proceso de aceleración del proyectil. Los gránulos con una única perforación sirven a menudo a esta geometría.

3. *Geometría progresiva*: en este caso, la presión sobre la base del proyectil va en aumento mientras dura su aceleración y el pico de presión tiene lugar algo más cerca de la boca del cañón que en ninguno de los casos anteriores. Los gránulos multiperforados son progresivos. Las pólvoras monobásicas, con una sola fuente de oxígeno molecular, deflagran de un modo más lento y se ajustan más fácilmente a una geometría progresiva. Así como en el caso de la deflagración degresiva la presión será muy alta en relación a la velocidad del proyectil, en el caso de la progresiva la velocidad será más alta para un mismo máximo de presión y la relación presión/velocidad, por tanto, más eficaz.

No obstante, ninguna de estas geometrías es, por principio, mejor que las otras. La geometría preferible en cada caso es la que mejor se adapta al sistema del que forma parte en términos de eficiencia del disparo y en el que intervienen otra serie de factores que trataremos en el siguiente apartado. Lo que sí es fundamental es que los gránulos carezcan de irregularidades en forma de grietas o poros porque ello alteraría la velocidad de deflagración y podría dar lugar a presiones excesivas que desembocasen en detonación.

La forma física de los gránulos de pólvora no sólo tiene consecuencias en un apartado fundamental de balística interna como es el de la generación de presiones, sino también en balística forense: gránulos no quemados o quemados sólo parcialmente durante la deflagración pueden salir proyectados del cañón en la estela del proyectil y, cuando se trata de disparos a distancias corta o media, afectar de distinto modo a la víctima de una agresión con arma de fuego según su peso y aerodinamismo. El doctor Di Maio habla de un caso en que gránulos de pólvora esferoidal atravesaron la mano en posición defensiva de una víctima para tatuarle la cara, y de un sucidio con arma del calibre .44 Magnum en que gránulos cilíndricos traspasaron todo el tracto de la herida en el cerebro hasta el orificio de salida más allá de la pared del cráneo y del cuero cabelludo[30]. Los gránulos poco pesados y en forma de copos, sin embargo, raramente atraviesan la primera capa de ropa.

### 2.2.5. Presiones

A diferencia de lo que ocurría con la pólvora negra, que durante la mayor parte de su periodo como propelente hegemónico de las armas de fuego reposaba en la base del cañón en contacto

---

[30] V. J. M. Di Maio, *Gunshot Wounds*, p. 127.

directo con sus caras internas, en el caso de las pólvoras modernas nos hallamos ya de lleno en la era de la cartuchería metálica. Ello implica que en el estudio de las presiones generadas por los gases de deflagración habrá que tener en cuenta una serie de factores derivados de las nuevas circunstancias.

### 2.2.5.a. Densidad de carga

Uno de los factores que merecen destacarse es la *densidad de carga* o *densidad del propelente*: la relación de su masa al volumen hábil de la vaina, esto es, su volumen total menos el ocupado por el encaje del proyectil en el cartucho. Cuanto mayor sea el espacio desocupado en la vaina, esto es, cuanto menor sea la densidad del propelente, más lento será el ritmo inicial de combustión. Por otra parte, si la densidad es baja, significará que la posición de la masa de gránulos del propelente variará, de acuerdo con la fuerza de la gravedad, según la inclinación que adquiera el cartucho en la recámara del arma. En las dos posiciones extremas, esto es, con el arma apuntando verticalmente hacia arriba o hacia abajo, la masa de pólvora se acumulará respectivamente en la base de la vaina, o bien en la base del proyectil. En el primer caso estará lo más cerca posible del pistón, con lo que la detonación del fulminante la alcanzará de forma instantánea y completa; en el segundo caso estará en el otro extremo de la mezcla iniciadora, con lo que su detonación le llegará más tarde, algo más debilitada y quizá no de un modo completamente eficaz. Entre estas dos posiciones extremas, hay muchas posibles, determinadas en cada caso por el ángulo de inclinación del arma y la viscosidad del propelente.

En los casos de tiro de precisión con cargas de baja densidad, se recomienda inclinar el cañón hacia arriba, a fin de que la pólvora se deslice hacia la base de la vaina, antes de alinearlo con el objetivo. De este modo se logra consistencia en los disparos, neutralizando la variable de la posición del propelente en el interior de una vaina demasiado desocupada. Rinker comenta a este respecto:

> *Es interesante el hecho de que pruebas realizadas por el Frakford Arsenal demostrasen que cambiar la posición de la pólvora en una vaina no del todo llena tiene un importante efecto en el rendimiento. Con munición del calibre .30 M72 Match, el desplazamiento de la pólvora desde la posición anterior a la posterior puede alterar el punto de impacto 2 ó 3 pulgadas a 300 yardas y entre 16 y 30 pulgadas a 1000 yardas. Éstas son magnitudes substanciales para causa tan simple. No es mala idea mantener la pólvora en posición mediante el uso de relleno. Ahora bien, utilícense sólo rellenos aprobados como kapok o Dracon y, por razones de seguridad, comiéncese con cargas reducidas*[31].

La *densidad de carga* varía mucho de un calibre a otro. Por ejemplo, en la munición Lapua Center X del calibre .22 LR, hallamos una carga de propelente de 1 grain en una vaina cuyo volumen total es 0,34 $cm^3$. Sin embargo, a ese volumen total hay que restarle el ocupado por la parte del proyectil introducida en la vaina.

El volumen ocupado por el proyectil dentro de la vaina en un cartucho del .22 LR es igual al de un cilindro cuya altura es la altura total del proyectil menos la altura de su parte emergente y cuyo radio es ligeramente inferior a la mitad del calibre. La altura de la parte emergente del proyectil puede medirse directamente o, si se conocen la altura de la vaina y la del

[31] R. A. Rinker, *Understanding Firearm Ballistics*, p. 41.

cartucho, calcularse restando la primera del segundo. Pero ¿por qué decimos que el radio es ligeramente inferior a la mitad del calibre? Porque en los cartuchos del .22 LR, el proyectil está algo talonado para poder encajar en una vaina cuyo diámetro total (de pared exterior a pared exterior) es igual al diámetro mayor de la bala: esto es 5,7 mm. Dada la fórmula del volumen del cilindro—

$$V = h \cdot \pi \cdot r^2$$

Donde:

V = volumen;
h = altura;
$\pi$ = 3,1416;
r = diámetro interno de la vaina dividido por 2, en este caso: 5,28 mm/2 = 2,64 mm

— pongámonos en el caso de un cartucho del .22 LR de la marca Lapua SK y tipo Rifle Match: la altura total del cartucho es de 24,94 mm; la altura de la vaina es de 15,43 mm y la del proyectil alcanza los 11,93 mm. Sumadas la altura de la vaina y la del proyectil (15,43 + 11,93) obtenemos 27,36 mm. Si de ésta magnitud restamos la altura del cartucho (24,94 mm), resultan 2,42 mm, que constituyen la medida del encaje del proyectil en la vaina. ¿A qué volumen de vaina ocupada corresponde este encaje? Teniendo en cuenta que el diámetro interno de la vaina es de 5,04 mm y que su radio, por tanto, equivale a 2,52 mm:

$$V = h \cdot \pi \cdot r^2 = 2{,}42\ \text{mm} \cdot 3{,}1416 \cdot 6{,}3504\ \text{mm}^2 = 48{,}28\ \text{mm}^3 = 0{,}04828\ \text{cm}^3$$

Ahora bien, el volumen total de la vaina de este cartucho[32] es de 0,2 $cm^3$; si le restamos los 0,04828 $cm^3$ ocupados por el encaje del proyectil, el resultado es de 0,15172 $cm^3$ de volumen útil, que viene a representar el 75,86% del volumen interior total de la vaina. De éste, la carga de propelente (1,12 gr) ocupa 0,086 $cm^3$, esto es, un 56,7% del volumen útil de la vaina.

Hemos visto que 1 grain equivale a 0,065 gramos. Siendo la densidad de carga (ρ) igual a la masa del propelente (m) dividida por el volumen hábil de la vaina (V), obtenemos para el cartucho .22 LR Lapua SK Rifle Match una masa de propelente por volumen libre de vaina de:

$$\rho = \frac{m}{V} = \frac{0{,}065 \cdot 1{,}12}{0{,}15172} \approx 0{,}48 \text{ g/cm}^3$$

Si, en cambio, realizamos los mismos cálculos para la munición Lapua Mag Scenar del calibre .338 LM, el resultado es una densidad de carga de 0,89 g/$cm^3$. Ésta ocupa 6 $cm^3$, lo que supone un 88,02% del volumen útil de la vaina. Descontando el espacio de la vaina ocupado por el proyectil, tenemos en el primer caso que más del 40% de su volumen está vacío, mientras que en el segundo sólo queda desocupado del orden de un 12%.

Por otra parte, si 0,0728 g del propelente de nuestro cartucho del .22 LR ocupan un espacio de 0,086 $cm^3$, ello implica que el volumen de 1 g sería:

$$0{,}086 \text{ cm}^3 \cdot \frac{1g}{0{,}0728g} = 1{,}18 \text{ cm}^3$$

[32] La forma más sencilla y útil de medir este volumen es la empírica: una vez vaciada de todo contenido, rellénese la vaina de pólvora muy fina, o de harina, hasta el borde superior; después trasládese esta misma cantidad de pólvora fina a una probeta graduada y constátese en ella el volumen que ocupa.

Sin embargo, la carga de propelente del cartucho examinado del .338 LM es de 5,99 g y éstos llenan un volumen de 6 $cm^3$, lo que equivale a un volumen por gramo de prácticamente 1 $cm^3$. La diferencia volumétrica de 0,18 $cm^3$ entre estas dos cargas de propelente se explica sencillamente por sus respectivas configuraciones:

*Carga del .22 LR Lapua Center X (izquierda) y del .338 LM Scenar GB488 HPBT (derecha)*

Los gránulos del calibre mayor son mucho más grandes que los del calibre menor y dan lugar a mayores intersticios entre ellos.

### 2.2.5.b. Ratio de expansión

Otro de los factores a tener en cuenta es la relación entre el volumen del cañón del arma incluida la recámara y el volumen hábil de la vaina, lo que se denomina *ratio volumétrica* o bien *ratio de expansión*. En principio, cuanto mayor sea la ratio de expansión, más veces ocuparán los gases la magnitud de su volumen inicial (esto es, el que tenían dentro de la vaina), más tiempo y espacio tendrán para convertir calor en energía cinética del proyectil y más eficiente será el disparo. Por tanto, cuanto más largo sea el cañón para un mismo calibre y volumen de vaina, mayor será la velocidad del proyectil en la boca de fuego, siempre que la longitud no exceda el punto a partir del cual los gases de la deflagración perderían la densidad crítica necesaria para seguir ejerciendo presión efectiva en la base de la bala.

Por ejemplo, para una munición cuya velocidad nominal en boca de cañón fuese de 2.000 fps (609,6 m/s)[33], cada pulgada (2,54 cm) que se incrementase la longitud del cañón daría lugar a un aumento de 5 fps (1,524 m/s) en la velocidad; si la velocidad nominal fuese de 3.000 a 3.500 fps (914,39 a 1066,7 m/s), cada pulgada de más de longitud del cañón daría lugar a un incremento de 30 fps (9,14 m/s); si fuese de 3.500 a 4.000 fps (1066,7 a 1.219,19 m/s), el aumento de la velocidad por pulgada de cañón sería de 40 fps (12,19 m/s). Si en lugar de aumentar, esas pulgadas se sustrajesen de la longitud del cañón, la velocidad se decrementaría de acuerdo con los mismos valores[34].

**fps** es el símbolo de **feet per second** (pies por segundo)

**feet per second** (fps) o **foot/second** (f/s, ft/s) es una unidad de velocidad en el *Sistema Imperial* que puede traducirse fácilmente a unidades métricas de **metros por segundo** (m/s):

1 fps = 0,3048 m/s (exactamente: 0,304799999536704 m/s)

A la inversa:

1 m/s = 3,280 fps (exactamente: 3,2808399 fps)

[33] Los valores nominales del rendimiento de los diferentes tipos de munición se calculan habitualmente en la industria con cañones de 24" (60,96 cm).

[34] M. Bussard, *Ammo Encyclopedia*, p. 194.

Matemáticamente, la *ratio de expansión* se expresa mediante la fórmula siguiente:

$$R = \frac{V_c + V_v}{V_v}$$

Donde:

R = ratio de expansión;
Vc = volumen del cañón del arma;
Vv = volumen hábil de la vaina, esto es, el total menos el ocupado por el asiento del proyectil.

El volumen del cañón de un arma puede conocerse empíricamente desmontándolo de su estructura, rellenándolo de agua y midiendo luego el líquido en una probeta graduada, o bien matemáticamente mediante la fórmula del volumen del cilindro, ya expuesta más arriba:

$$V_c = h \cdot \pi \cdot r^2$$

En realidad, un cañón no es un cilindro perfecto porque tiene un número variable de estrías cuya anchura, forma geométrica y profundidad varían también de un modelo a otro. Por ello, algunos autores sugieren usar el calibre mayor, de estría a estría, e incorporar un factor corrector: la constante 0,773 (útil sólo para los cálculos en pulgadas), que asume que los campos cubren una porción estándar del área del cañón[35]. Así:

$$V_c = h \cdot \pi \cdot r^2 \cdot 0{,}773$$

Donde:

Vc = volumen del cañón en pulgadas cúbicas;

---

[35] R. A. Rinker, *Understanding Firearm Ballistics*, p. 119 & M. Bussard, *Ammo Encyclopedia*, p. 837.

h = longitud del cañón en pulgadas;
$\pi = 3{,}1416$;
r = calibre mayor, de estría a estría, dividido por 2, en pulgadas.

La fórmula expuesta del volumen del cilindro corresponde a la multiplicación de su base por su altura. Puesto que la base es un círculo, la fórmula de su área es $\pi \cdot r^2$, pero también corresponde, muy aproximadamente, al cuadrado de su diámetro ($d^2$). De ahí que el lector pueda llegar a tropezar con la fórmula del cañón expresada del siguiente modo[36]:

$$V_c = h \cdot d^2 \cdot 0{,}773$$

1 pulgada cuadrada (1 $in^2$) = 6,4516 $cm^2$
1 pulgada cúbica ( 1 $in^3$) = 16,39 $cm^3$

1 $cm^2$ = 0,155 $in^2$
1 $cm^3$ = 0,061 $in^3$

1 litro = 1 decímetro cúbico ($dm^3$) = 1.000 $cm^3$ = 61,024 $in^3$

## 2.2.5.c. Peso y "crimpado" del proyectil

Por otra parte, cuanto más pesado sea el proyectil, más costará empezar a moverlo y más se elevará la presión inicial. El mismo efecto tiene lugar cuanto más profundo es su asentamiento dentro de la vaina y cuanto mayor es la tensión de su fijación —su *crimpado*[37]— en el cartucho. Asimismo, condiciones de

[36] Ibíd. La fórmula de Bussard ($V = h \cdot d \cdot 0{,}773$) constituye, obviamente, un error tipográfico.
[37] "Crimpar" (del inglés *to crimp*, "constreñir, comprimir, corrugar...") no aparece en los diccionarios oficiales de lengua castellana, pero es un

desgaste y suciedad en la recámara y el cañón que dificulten el desplazamiento fluido del proyectil hacia la boca del arma también podrían hacer subir peligrosamente la presión de los gases.

### 2.2.5.d. Área de la base del proyectil

Sin embargo, para una misma presión inicial, y si se mantienen constantes el resto de condiciones, una mayor área en la base del proyectil tiene efectos positivos en las fuerzas generadas por los gases, puesto que la *presión efectiva* que recibe la bala es igual a la *presión inicial* o *presión en recámara* multiplicada por su base. Así, si la *presión inicial* es de 3.500 $kgf/cm^2$ y el área de la base del proyectil es de 0,3 $cm^2$, la *presión efectiva* que recibirá la bala será de:

$$3.500\ kgf/cm^2 \cdot 0{,}3\ cm^2 = 1.050\ kgf$$

pero si la base del proyectil fuese de 0,5 $cm^2$, la *presión efectiva* ascendería a:

$$3.500\ kgf/cm^2 \cdot 0{,}5\ cm^2 = 1.750\ kgf$$

lo que para un mismo peso de proyectil supondría mayor velocidad en la boca del arma.

### 2.2.5.e. Presión media

Durante todo el trayecto del cañón, los gases que resultan de la deflagración del propelente ejercen una fuerza sobre la base del proyectil que lo acelera, en un tiempo del orden de 3

término popular en el mundo de los tiradores, especialmente de los dedicados a la recarga de munición.

milisegundos, desde la inmovilidad inicial ($V_0 = 0$) hasta la velocidad final que aquél tiene en la boca de fuego. Puede concebirse, así pues, la *presión media* experimentada por el proyectil como la fuerza que acelera su masa, ejercida sobre el área de su base. De las ecuaciones de la velocidad y la aceleración podemos extraer, por tanto, la fórmula para el cálculo de la presión media.

$$v = t \cdot a$$

Donde:

v = velocidad en boca de cañón (en m/s);
$t \approx 0{,}003$ s;
a = aceleración (en $m/s^2$).

Por su parte:

$$a = \frac{F}{m}$$

Donde:

F = fuerza (en kgf);
m = masa (en kg).

Finalmente:

$$F = P_m \cdot A$$

Donde:

$P_m$ = presión media (en $kgf/cm^2$);
A = área sobre la que se ejerce la fuerza (en $cm^2$), esto es, $\pi \cdot r^2$, siendo r la mitad del calibre de la bala.

Volviendo ahora a la fórmula de la velocidad en los términos de las dos últimas ecuaciones, tenemos:

$$v = t \cdot \frac{P_m \cdot A}{m}$$

Luego, la presión media es:

$$P_m = \frac{v \cdot m}{t \cdot A}$$

La expresión $v \cdot m$, esto es, el producto de la masa del proyectil por su velocidad, es la fórmula de su momento ($p$):

$$p = v \cdot m$$

De manera que otro modo de formular la presión media es:

$$P_m = \frac{p}{t \cdot A}$$

Y, por la misma razón, el momento puede obtenerse de otra sencilla fórmula que implica a la presión:

$$p = P_m \cdot A \cdot t$$

También el trabajo mecánico puede calcularse a partir de todo lo anterior de una forma sencilla, puesto que aquél es el producto escalar de la fuerza por el espacio recorrido:

$$W = F \cdot s \cdot \cos \varphi$$

Donde:

W = trabajo mecánico (en kilográmetros);
F = fuerza (en kgf);
s = distancia durante la cual actúa la fuerza (en metros);

cos φ = coseno del ángulo formado por la línea de acción de la fuerza y la línea de desplazamiento.

En el caso que nos ocupa, el del trabajo mecánico de los gases de deflagración ejercido sobre el proyectil, la línea de fuerza y la de desplazamiento son la misma, por lo que el ángulo φ = 0 y su coseno = 1. Substituyendo F por su expresión en función de la presión, tenemos:

$$W = P_m \cdot A \cdot s$$

Donde:

W = trabajo mecánico (en kilográmetros);
Pm = presión (en $kgf/cm^2$);
A = área de la base del proyectil (en $cm^2$);
s = longitud del cañón (en metros).

Un **kilográmetro** (kgm) o **kilopondímetro** (kpm) es el trabajo que realiza una fuerza de 1 kilogramo-fuerza al desplazar su punto de aplicación 1 metro en su misma dirección.

1 kgm = 9,8 julios (J)
$1 \text{ kgm} = 9{,}8 \cdot 10^5$ dinas-centímetro
$1 \text{ kgm} = 9{,}8 \cdot 10^7$ ergios

Otro modo de expresar la ecuación anterior nos permite calcular la presión media en función del trabajo mecánico y el volumen, puesto que el área (A) multiplicada por la longitud del cañón (s) es igual a V. Así:

$$P_m = \frac{W}{V}$$

El trabajo mecánico, aunque se expresa en unidades de energía, es propiamente un *tránsito de energía* y no debe confundirse con la energía cinética (EC) del proyectil, que se define como como el trabajo necesario para acelerar un cuerpo de masa *m* desde el reposo hasta la velocidad *v* y que también puede expresarse en julios, entre otras unidades:

$$EC = \frac{1}{2} m \cdot v^2$$

Donde:

EC = energía cinética (en J);
m = masa del proyectil (en kg);
v = velocidad del proyectil (en m/s).

Un **julio** (J) es una unidad del *Sistema Internacional* que sirve para medir energía, trabajo y calor. En el caso que nos ocupa:

$$1\ J = 1\ kg \cdot m^2/s^2$$

Su equivalente en el *Sistema Imperial* es el **pie-libra** (foot-pound force, cuyo símbolo es ft·lbf o simplemente ft·lb).

1 J = 0,738 ft·lb (exactamente: 0,7375621493 ft·lb)
1 ft·lb = 1,356 J (exactamente: 1,3558179482896087 J)

### 2.2.5.f. Presión según el modelo del gas perfecto

Una de las fórmulas más aludidas en balística interna es la denominada *ecuación de los gases perfectos*, que expresa la relación entre las tres propiedades de los gases (presión, volumen y temperatura) estableciendo que **el producto de la presión por el volumen de un gas perfecto es directamente proporcional a su temperatura absoluta**:

$$P \cdot V = n \cdot R \cdot T$$

P es la presión del gas en un volumen V correspondiente al del contenedor donde se desarrolla el proceso. El resto de las variables requiere cierta explicación.

El símbolo *n* representa el número de *moles* del gas en las condiciones descritas por la ecuación. *Mol* o *molécula-gramo* es el concepto que expresa la masa molecular de un gas determinado en gramos: puesto que la molécula de oxígeno ($O_2$) contiene dos átomos de este elemento y puesto que su peso atómico[38] es 16, el peso o masa molecular del oxígeno es 32. Así, un *mol* de oxígeno es igual a 32 gramos. Rinker[39] propone que la masa molecular media de los productos de combustión de la pólvora estándar es 24,1; sin embargo, si recordamos la composición de los gases de deflagración, esto es:

1. Monóxido de carbono (CO), de peso molecular 28, al 23%

2. Dióxido de carbono ($CO_2$), de peso molecular 44, al 28%

---

[38] Para el examen del peso atómico de los elementos, consúltese la Tabla Periódica, por ejemplo, en esta dirección: http://webdelprofesor.ula.ve/ciencias/ricardo/Tabla_Periodica_de_los_Elementos_Quimicos.html .

[39] R. A. Rinker, *Understanding Firearm Ballistics*, p. 38.

3. Hidrógeno ($H_2$), de peso molecular 2, al 8%

4. Nitrógeno ($N_2$), de peso molecular 28, al 15%

5. Agua ($H_2O$), de peso molecular 18, al 26%

un valor más apropiado sería el de 27,8. Luego, 1 mol de este gas equivaldría a 27,8 gramos. El valor de *n* es pues, en cada caso, el de la masa del gas en gramos (*m*) dividido por su masa molar (*M*) en g/mol:

$$n = \frac{m}{M}$$

Por ejemplo, para 7 g de propelente, y tomando como masa molar de la pólvora sin humo 27,8 g/mol:

$$n = \frac{7g}{27{,}8g/mol} = 0{,}25 \text{ mol}$$

Así como *n* nos habla de la masa molar de un gas, *N* describe el número de partículas moleculares que contiene un mol de gas perfecto o ideal. En efecto, según la *Hipótesis de Avogadro*, el volumen que ocupa un mol de cualquier gas —esto es, el volumen molar— en condiciones normales (0ºC y 760 mm Hg) es siempre el mismo y equivale a 22,4 litros. También según Avogadro, el número de moléculas reales que contiene un mol es una constante universal cuyo valor es:

$$N_A = 6{,}023 \cdot 10^{23}$$

$N_A$ se denomina también *número de Avogadro*.

El símbolo *R* de la ecuación expuesta más arriba y cuya explicación nos ocupa es la constante universal de los gases perfectos y sus valores, que dependen de las unidades en que se ofrezca dicha constante, son los siguientes:

0,08205746 atm·L/K·mol
62,36367 mmHg·L/K·mol
8,314472 J/K·mol

atm = atmósferas
L = litros
mmHg = milímetros de mercurio
K = grados Kelvin
mol = moles
J = julios

Finalmente, el símbolo *T* de la ecuación de los gases perfectos representa la temperatura absoluta, que se proporciona en grados Kelvin (ºK) y se encuentra en la siguiente relación con la temperatura centígrada (*t* ºC):

$$T = t + 273{,}16$$

En el caso concreto que nos interesa, *T* es la temperatura absoluta de deflagración, que, como acabamos de ver, puede calcularse fácilmente a partir de la centígrada. Rinker propone 5.550ºF como valor oportuno para la temperatura media de deflagración del propelente estándar en las condiciones propias de un disparo. Para obtener grados Celsius a partir de grados Fahrenheit aplicamos una sencilla fórmula de conversión:

$$^{\circ}C = (^{\circ}F - 32) \cdot \frac{5}{9} = \frac{F-32}{1{,}8}$$

Así pues:

$$\frac{5550-32}{1{,}8} = 3065{,}55^{\circ}C$$

$$3065{,}55 + 273{,}16 = 3338{,}71^{\circ}K$$

Otra manera de presentar la ecuación de los gases perfectos, substituyendo *n* por su propia fórmula, es:

$$P \cdot V = \frac{m}{M} \cdot R \cdot T$$

Donde, recordemos, *m* es la masa del gas en gramos y *M* masa molar en g/mol. Luego:

$$P \cdot M = \frac{m}{V} \cdot R \cdot T$$

Y, puesto que la masa dividida por el volumen (m/V) es la expresión de la densidad (ρ):

$$P \cdot M = \rho \cdot R \cdot T$$

Finalmente, la *ecuación de estado de los gases perfectos* puede expresarse también en función de la constante de Boltzman del siguiente modo:

$$P \cdot V = N \cdot k \cdot T$$

Donde *N* es el número de moléculas del gas, esto es, su número de moles (*n*) multiplicado por el número de Avogadro ($N_A$ = 6,023 x $10^{23}$) y *k* es la constante de Boltzman, que relaciona la temperatura absoluta con la energía y cuyos valores en las unidades más comunes[40] son:

$1,3806488 \cdot 10^{-23}$ J/K
$8,6173324 \cdot 10^{-5}$ eV/K
$1,3806488 \cdot 10^{-16}$ erg/K

J = Julio
K = Kelvin

[40] Véase el resto de unidades en http://en.wikipedia.org/wiki/Boltzmann_constant .

eV = electronvoltios
erg = ergios

Ahora, empleando la ecuación de los gases perfectos y a partir de los datos estudiados, nos proponemos conocer la presión final que experimentará un rifle Barrett M98B, justo antes de que el proyectil abandone la boca de fuego y cuando todo su cañón está lleno de los gases de deflagración, tras disparar con munición .338 Lapua Magnum Scenar HPBT[41]. Volviendo a la expresión original de nuestra fórmula, recordemos que:

$$P = \frac{n \cdot R \cdot T}{V}$$

¿De cuántos de estos valores disponemos ya? R es una constante y para T asumimos el valor propuesto por Rinker de 3338,71ºK. Imaginamos, así, que las transformaciones de volumen y presión del gas ocurren de forma isotérmica, a temperatura constante. Ello no es cierto, pero dado que todo el proceso se desarrolla en el periodo de 3 milisegundos, permite elaborar un modelo útil que no se aleja demasiado de la realidad.

En cuanto a V (el volumen del cañón del Barrett), podemos calcularlo muy aproximadamente suponiéndolo un cilindro perfecto de 685,8 mm de longitud por 8,5852 mm de diámetro: el valor resultante es 0,0397 litros.

Por último, en lo que respecta a *n* (el número de moles), si asumimos el valor propuesto, un mol de los gases del propelente pesaría 27,8 gramos; la carga de pólvora que lleva

---

[41] Para simplificar nuestro ejemplo, asumiremos aquí los valores relativos a la velocidad y la energía cinética del proyectil en la boca de fuego proporcionados por el fabricante de la munición, sin tener en cuenta las características propias del rifle y, entre ellas, la longitud del cañón.

nuestra munición es de 6 gramos; luego $n = 6/27{,}8 \approx 0{,}215$. Así pues:

$$P = \frac{0{,}216 \cdot 62{,}36367 \cdot 3338{,}71}{0{,}0397} = 1.127.324{,}47 \text{ mmHg}$$

$1.127.324{,}47$ mmHg = $1.532{,}60$ kgf/cm$^2$ = $21.798{,}82$ psi (en el *Sistema Imperial*)

Podemos observar también que la ratio de expansión en este rifle es:

$$R = \frac{V_c + V_v}{V_v} = \frac{39{,}71 + 6{,}82}{6{,}82} = 40{,}71 \text{ cm}^3$$

Siendo 39,71 el volumen del cañón en centímetros cúbicos y 6,82 el volumen hábil de la vaina en la misma unidad. Los gases de deflagración se expanden en el Barret M98B 40,71 veces el volumen hábil de la vaina[42].

Ahora bien, el modelo anterior da por supuesto que la carga de propelente se consume por completo en el tiempo que el proyectil tarda en abandonar el cañón y que el disparo es, por tanto, plenamente eficiente en este sentido. Ésta es una cuestión, sin embargo, que sólo puede determinarse empíricamente y que dependerá de muchas y muy diversas circunstancias, entre ellas las climáticas.

Sea como sea, hay una serie de leyes relativas al modelo de los gases perfectos que nos interesa conocer aquí.

En primer lugar, según la ley de Boyle-Mariotte[43], el volumen de una masa específica de gas es inversamente proporcional a

[42] Vésase la calculadora online para las fórmulas de gases: http://www.webqc.org/ideal_gas_law.html .

[43] Por el irlandés Robert Boyle y el francés Edme Mariotte, estudiosos del siglo xvii, a los que se atribuye conjuntamente esta ley, formulada en 1662.

la presión que ejerce, si la temperatura se mantiene constante. Dicho de otro modo, si la temperatura no varía, se cumple que:

$$P_0 \cdot V_0 = P_1 \cdot V_1$$

Siendo $P_0 \cdot V_0$ la presión y volumen iniciales, y $P_1 \cdot V_1$ la presión y el volumen que describen el cambio de estado del gas. Así pues, en condiciones de masa y temperatura invariables, el producto de la presión por el volumen del gas es constante (*k*) en cualquiera de sus estados:

$$P \cdot V = k$$

Volviendo al ejemplo anterior del Barrett M98B, si toda la carga de pólvora se hubiese transformado en gas en el instante en que el proyectil ha dejado atrás la mitad del volumen del cañón, la presión del gas sería el doble de la calculada anteriormente para el volumen total:

$$P_1 \cdot V_1 = P_0 \cdot \frac{1}{2} V_1 \Rightarrow P_0 = 2 \cdot P_1$$

Siendo $P_1$ la presión para el volumen total del M98B y $P_0$ la presión para la mitad de su volumen.

En segundo lugar, de acuerdo con la 1ª ley de Gay-Lussac[44], el volumen de un gas a presión constante es función de su temperatura de acuerdo con un coeficiente de dilatación (α) según la fórmula:

$$V_t = V_0 \cdot (1 + \alpha \cdot t)$$

Siendo $V_0$ el volumen inicial del gas, $V_t$ el volumen resultante del cambio de temperatura y t la temperatura del gas. La 2ª ley de Gay-Lussac, por su parte, establece que la presión de un gas

[44] Por el físico francés Joseph Louis Gay-Lussac, que la formuló en 1809.

a volumen constante es también función de su temperatura de acuerdo con un coeficiente de dilatación (β) según la fórmula:

$$P_t = P_0 \cdot (1 + \beta \cdot t)$$

Medidos experimentalmente, los coeficientes α y β tienen el mismo valor:

$$\alpha = \beta = \frac{1}{273{,}16}$$

La igualdad de este número con el que hemos presentado más arriba como factor de conversión de grados Celsius a Kelvin no es casual, sino que deriva de estos principios. La temperatura de -273,16ºC ó 0ºK es el *cero absoluto*, concebido como ese estado del gas en el que el movimiento de las moléculas es nulo y, por tanto, no hay choques intermoleculares ni rebotes contra las paredes del recipiente, que es lo mismo que decir que un gas en semejante estado carece de presión y de temperatura. Ahora bien, si:

$$P_t = 0 \Rightarrow P_0 \cdot (1 + \beta \cdot t) = 0$$

Luego:

$$1 + \beta \cdot t = 0 \Rightarrow 1 + \frac{t}{273{,}16} = 0 \Rightarrow t = -273{,}16$$

Finalmente, la ley de Dalton[45] nos dice que la presión ejercida por una mezcla de gases es igual a la suma de las presiones parciales, ejercidas por cada uno de ellos, en el mismo recipiente:

$$P_{total} = P_1 + P_2 + P_3 + P_4 \ldots$$

[45] Por el científico inglés John Dalton, que la formuló en 1803.

Resumiendo todo lo anterior, lo que este conjunto de leyes nos muestra es que los gases ideales experimentan tres tipos de transformaciones distintas, dependiendo de qué parámetro permanezca invariable:

1. A volumen constante, las variaciones de temperatura desencadenarán cambios de presión, y vice versa. Se denominan **transformaciones isócoras**.

2. A presión constante, las variaciones de temperatura desencadenarán cambios de volumen, y vice versa. Se denominan **transformaciones isobáricas**.

3. A temperatura constante, las variaciones de presión desencadenarán cambios de volumen, y vice versa. Se denominan **transformaciones isotermas**.
4. Y todavía puede considerarse un cuarto tipo de transformación cuando se supone que no hay intercambio de calor entre el sistema del que forma parte el gas y el exterior, esto es, cuando los cambios del gas se dan en un sistema supuestamente autocontenido. Éstas se denominan **transformaciones adiabáticas**.

### 2.2.5.g. Presión según el modelo del gas real

El "gas perfecto" o "ideal" es un modelo teórico que consiste en imaginar un grupo de partículas de movimiento aleatorio que no interactúan entre sí y que, cuando colisionan, lo hacen de un modo perfectamente elástico. Es un concepto útil para poder llegar a una ecuación simplificada del comportamiento del gas, pero ignora tres importantes realidades:

1. El volumen de las propias moléculas.

2. Las poderosas fuerzas intermoleculares de atracción o repulsión entre moléculas próximas del gas.

3. Los efectos de las colisiones no elásticas de las partículas del gas.

En un gas real, por el contrario:

1. El volumen de las moléculas no es nulo y, por tanto, el volumen intermolecular, esto es, aquél donde se producen realmente las interacciones moleculares de las que derivan las presiones, es algo menor que el volumen total ocupado por el gas. Siendo menor el volumen real, las interacciones de las moléculas son más numerosas por unidad de tiempo y, por tanto, también es mayor la presión.

2. Las moléculas del gas experimentan entre ellas fuerzas de atracción, que resultan en una menor acción contra las paredes del contenedor, esto es, menor presión, y sufren también fuerzas de repulsión, que incrementan la acción contra las paredes del contenedor o, dicho de otro modo, la presión.

3. Los choques entre moléculas no son perfectamente elásticos, por lo que la interacción molecular y la interacción con las paredes del contenedor no es perfectamente homogénea.

La ecuación que tiene en cuenta la primera de las condiciones es la de Abel-Nobel. La que factoriza las dos primeras condiciones es la de van der Waals[46], también llamada *ecuación de estado de los gases reales*. Empezaremos por esta última, cuya expresión más común es la siguiente:

[46] Por el físico holandés que la formuló en 1873, Johannes Diderik van der Waals.

$$[P + \frac{(n^2 \cdot a)}{V^2}] \cdot [V - (n \cdot b)] = n \cdot R \cdot T$$

Donde:

P = presión del gas;
V = volumen total del recipiente que contiene al gas;
n = número de moles del gas;
a = medida de atracción entre las partículas del gas, específica de cada gas;
b = parámetro característico de cada gas, su covolumen;
R = constante universal de los gases perfectos, cuyos valores hemos especificado más arriba;
T = temperatura absoluta (en grados Kelvin).

Al despejar la presión (*P*), la expresión de la fórmula se convierte en:

$$P = [\frac{n \cdot R \cdot T}{V-(n \cdot b)}] - [\frac{n^2 \cdot a}{V^2}]$$

Los valores de los parámetros a y b para los gases resultantes de la deflagración los damos en la tabla que sigue[47]:

| | a (**L$^2$·bar/mol$^2$**) | b (**L/mol**) |
|---|---|---|
| Monóxido de carbono (CO) | 1,505 | 0,03985 |
| Dióxido de carbono ($CO_2$) | 3,640 | 0,04267 |

[47] Los datos a continuación están extraídos de la siguiente página: http://en.wikipedia.org/wiki/Van_der_Waals_constants_%28data_page%29 . Vésase también http://www.vaxasoftware.com/doc_edu/qui/vanderwaals_esp.pdf , así como el utilísimo recurso a todos los niveles de http://www.vaxasoftware.com/doc_edu/qui.html .

| | | |
|---|---|---|
| Hidrógeno ($H_2$) | 0,2476 | 0,02661 |
| Nitrógeno ($N_2$) | 1,408 | 0,03913 |
| Agua ($H_2O$) | 5,536 | 0,03049 |
| | | |

Calculando los valores de *a* y *b* en función de las proporciones de estos gases en el compuesto de deflagración a fin de no entrar en mayores complicaciones, sus valores resultan, respectivamente, **2,845638 $L^2$·bar/mol$^2$** y **0,0370388 L/mol**. El parámetro *a* se da también en otras unidades, a veces preferidas por los calculadores online de la ecuación de van der Waals. Las equivalencias son:

$$1\ L^2\cdot bar/mol^2 = 0{,}1\ J\cdot m^3/mol^2 = 0{,}1\ m^6\cdot Pa/mol^2.$$

Por su parte, el parámetro *b* se prefiere a veces en unidades de $m^3$/mol, lo que implica que:

$$1\ L/mol = 0{,}001\ m^3/mol.$$

El concepto de *covolumen* requiere, sin embargo, cierta explicación adicional. Un modo de concebirlo es como el volumen mínimo en el que puede comprimirse la masa de un gas específico. De acuerdo con el modelo de los gases reales, este volumen mínimo de compresión o *covolumen* debe restarse del volumen total del recipiente donde interactúan las partículas del gas porque, en realidad, no forma parte del espacio libre de interacción molecular: es, por así decirlo, el espacio ocupado por los cuerpos de las moléculas interactuantes. Para calcular ese "espacio corporal" por oposición al "espacio libre de interacción", imaginemos las partículas como esferas cuyos centros, al estar juntas, una contra otra, quedan separados por un diámetro de colisión que es la suma de los radios de cada par de partículas.

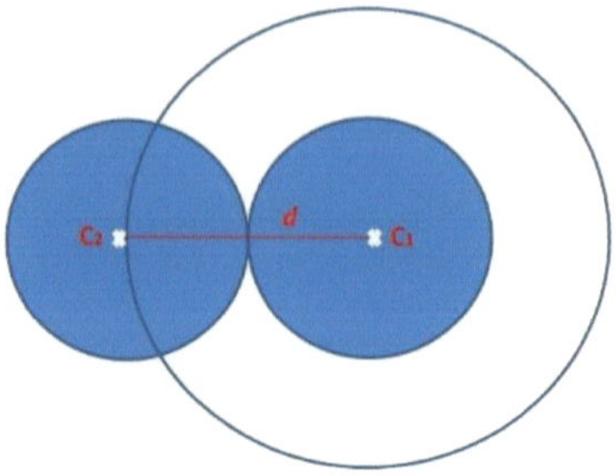


La esfera resultante de cada par de partículas tiene, por tanto, un volumen igual a:

$$\frac{4 \cdot \pi \cdot d^3}{3}$$

siendo *d* el diámetro medio de colisión entre partículas. Puesto que, como hemos visto más arriba, el número de partículas de un mol de cualquier gas es una constante universal denominada *número de Avogadro* ($N_A$) e igual a $6{,}023 \cdot 10^{23}$, deducimos que el *covolumen* de un mol de gas será igual al número de parejas de partículas ($N_A/2$) multiplicado por el volumen de cada pareja, esto es:

$$b = \frac{N_A}{2} \cdot \frac{4 \cdot \pi \cdot d^3}{3}$$

En el caso del hidrógeno ($H_2$), por ejemplo, cuya molécula está formada por dos átomos iguales, el diámetro de colisión sería dos veces el radio de van der Waals para este elemento, cuyo valor viene dado en las tablas al efecto[48]. Si aceptamos que el radio de van der Waals para el hidrógeno ($r_wH_2$) es 1,2 Å, el covolumen de este gas será 0,0218 L/mol, que con un cierto

[48] Véase http://periodictable.com/Properties/A/VanDerWaalsRadius.v.html o http://www.webelements.com/periodicity/van_der_waals_radius/ , por poner sólo un par de ejemplos. El problema es que, en ocasiones, los valores difieren de una tabla a otra.

factor de corrección aplicado por van der Waals resulta en los 0,02661 L/mol de la tabla anterior.

Å es el símbolo del Angstrom, una unidad de longitud igual a la diez mil millonésima parte de un metro, por tanto:

1 Å = $10^{-10}$ metros (m)
1 Å = $10^{-9}$ decímetros (dm)
1 Å = $10^{-8}$ centímetros (cm)
1 Å = $10^{-7}$ milímetros (mm)
1 Å = $10^{-4}$ micrómetros, micrones o micras (μm)
1 Å = 0,1 nanómetros (nm)
1 Å = 100 picómetros (pm)

Resumiendo: de los 22,4 litros que ocupa un mol de este gas en condiciones normales, sus partículas llenan 0,02661 litros (esto es: el 0,11%) por sí mismas. El espacio libre para su interacción, por tanto, es:

$$22,4 - 0,02661 = 22,37339 \text{ L}$$

Y, puesto que el volumen (*V*), en este modelo, es menor que en el de los gases perfectos, a igualdad de temperatura la presión tendrá que ser algo mayor.

Si ahora aplicamos la fórmula de van der Waals a la presión del Barrett M98B que más arriba hemos calculado según el modelo de los gases perfectos, el resultado final es de 1.824,27 kgf/cm$^2$, o bien 25.947,22 psi. Ello supone una nada desdeñable diferencia de cerca de 300 kgf/cm$^2$ más de presión que los computados con anterioridad.

¿Cuál sería, sin embargo, la presión media del Barrett M98B con su munición del .338 LM, su proyectil de 250 grains y su carga de 92,5 grains de propelente? Si usamos la fórmula expuesta más arriba—

$$P_m = \frac{v \cdot m}{t \cdot A}$$

—tenemos:

$$P_m = \frac{899{,}69 \cdot 0{,}0162}{0{,}003 \cdot A} = 4.858{,}326 \text{ N/A} = \frac{495{,}75\ kgf}{0{,}5781832056\ cm^2}$$
$$= 857{,}55 \text{ kgf/cm}^2$$

Donde:

899,69 m/s = velocidad en boca de cañón, dato aportado por el fabricante;
0,0162 kg = masa del proyectil = 250gr/15.430;
0,003s = estimación de la duración del proceso de aceleración del proyectil;
4.858,326 N = el resultado de multiplicar *kg* por *m/s* y dividirlos por *s* nos da $kg{\cdot}m/s^2$, o lo que es lo mismo Newtons;
495,75 kgf => puesto que 1 kgf = 9,8 N;
A = área de la base del proyectil = 0,5781832056 $cm^2$.

La pregunta es ahora, ¿cómo puede ser que la presión final calculada según la ecuación de van der Waals sea superior a la presión media, cuando hemos visto que la presión ejercida por los gases de deflagración tiende a disminuir a medida que el proyectil avanza por el cañón abriendo espacio, desde un pico de presión inicial?

La respuesta es que el Barrett M98B de nuestro ejemplo no es un sistema cerrado. De los 22.570 J prometidos por sus 92,5 grains de propelente[49], la energía cinética en la boca de fuego es sólo de 6.853 J, lo que representa una eficiencia de 30,36%.

---

[49] Para una estimación de 244J de energía por grain.

Si aplicamos este tanto por ciento a los 1.824,27 $kgf/cm^2$ resultantes de la ecuación de van der Waals, obtenemos un valor de 553,84 $kgf/cm^2$, inferior al de la presión media calculada. Esta última, por otra parte, representa el 47% del valor de van der Waals.

### 2.2.5.h. Presión según el modelo de la ecuación de estado de Abel-Nobel

Finalmente, citaremos la ecuación de Abel-Nobel, que no tiene en cuenta tantos factores como la de van der Waals pero que se usa con frecuencia en cálculos balísticos. Puede expresarse así:

$$P = \frac{n \cdot R \cdot T}{V - (n \cdot b)}$$

Donde:

P = presión del gas;
V = volumen total del recipiente que contiene al gas;
n = número de moles del gas;
b = covolumen del gas;
R = constante universal de los gases perfectos, cuyos valores hemos especificado más arriba;
T = temperatura absoluta (en grados Kelvin).

Aplicado a la presión del Barrett M98B el modelo de Abel-Nobel, obtenemos ahora una presión de 1.917,45 $kgf/cm^2$, o bien 27.272,54 psi.

En realidad, tanto el de los *gases perfectos* como los de los *gases reales* son modelos aproximativos al comportamiento verdadero de los gases. Lo ilustran de un modo elegante y relativamente simple, pero no lo describen con absoluta exactitud. Tal como los hemos planteado, son modelos isotermos y adiabáticos, esto es, hemos calculado la presión suponiendo que la temperatura no sufre variaciones en los tres milisegundos del proceso y que el contexto donde éste tiene lugar es un sistema cerrado, sin pérdidas de calor hacia el exterior. Por todo ello estos modelos son un punto de partida para comprender el verdadero proceso de la deflagración, no de llegada. No queda más remedio que ir modificándolo por medio de la incorporación de todos esos factores que hemos ignorado a efectos de simpleza.

Las matemáticas para describir el comportamiento auténtico de los gases de deflagración son de un nivel y complicación muy superiores. Para quien sea capaz de seguirlas, recomendamos el excelente estudio de Donald E. Carlucci y Sidney S. Jacobson *Ballistics: Theory and Design of Guns and Ammunition*:

### 3. Resumen

Para terminar este capítulo, recapitulemos rápida y esquemáticamente lo que hemos aprendido hasta aquí de gases y presiones, más algún concepto nuevo derivado de todo lo anterior:

1. Una vez que el fulminante contenido en el pistón ha iniciado —esto es, ha desencadenado la reacción de—

la carga de propelente en la vaina[50], los gases generados por la deflagración provocarán una *presión inicial* en el interior del cartucho asentado en la recámara del arma.

2. Cuanto mayor sea la densidad del propelente, menos espacio tendrán los gases para expandirse en el interior de la vaina y antes ejercerán presión sobre la base del proyectil.

3. Cuanto más pesado sea el proyectil, más profundamente esté asentado en la vaina y más tensamente esté "crimpado", más presión se necesitará para empezar a moverlo proyectándolo a través del cañón.

4. Suciedad, erosiones e irregularidades en la recámara y el cañón pueden generar presiones extra no deseadas.

5. Una vez el proyectil empiece a desplazarse a lo largo del cañón, irá abriendo un espacio que los gases ocuparán de acuerdo con un ritmo de expansión determinado por la velocidad de deflagración del propelente.

6. Una mayor *ratio volumétrica* y, por tanto, una mayor longitud del cañón jugará en principio a favor de la velocidad del proyectil.

7. El momento y el punto en que se produzca el *pico de presión* o *presión máxima* dependerá también de la naturaleza y configuración del propelente: con propelentes rápidos ocurrirá más cerca de la recámara; con propelentes lentos, algo más alejado de ella hacia la boca del cañón.

---

[50] Este proceso lo veremos más detalladamente en el capítulo a continuación.

8. Este *pico de presión* provoca gran parte de la aceleración del proyectil y, a la vez, supone el mayor peligro para el arma, si se sobrepasan los límites de resistencia del cañón.

9. Tras el *pico de presión*, ésta descenderá hasta un nivel determinado por varios factores, pero sobre todo por la velocidad a la que los gases puedan ocupar el volumen del cañón dejado atrás por la bala.

10. Cuanto mayor sea el área de la base del proyectil, más impulso efectivo recibirá.

11. Cuanto mayor sea la presión media y cuanto mayor sea el lapso de tiempo durante el cual ésta opere como fuerza de aceleración sobre la base del proyectil, más velocidad y energía tendrá éste en boca de cañón.

12. En general, el porcentaje de velocidad en boca de cañón está en una relación de 1:2 con el de la presión máxima: un incremento del 3% de velocidad, requerirá un incremento del 6% de presión máxima[51].

13. También en términos muy generales, el porcentaje de la carga de propelente está en una relación de 1:8 con el de la presión máxima: un incremento del 5% de carga de propelente provocará un 40% más de presión máxima[52].

14. De lo anterior se deriva, que el porcentaje de la carga de propelente está en una relación de 1:4 con el de la velocidad en boca de cañón: un incremento del 5% de carga de propelente generará un 20% más de velocidad, si el resto de condiciones no varían.

---

[51] R. A. Rinker, *Understanding Firearm Ballistics*, p. 55.
[52] Ibíd., p. 64.

15. Las presiones máximas permisibles para cada calibre se han medido empíricamente a fin de elaborar listas y métodos de computación[53] que determinen las cargas de propelente recomendables para cada configuración de cartucho, dejando un sensible margen de seguridad.

[53] Véanse, por ejemplo, las webs http://www.handloads.com/misc/saami.htm y http://www.lasc.us/SAAMIMaxPressure.htm .

## 4. Eventos históricos de importancia en la evolución de propelentes

| | |
|---|---|
| 220 d.C. | Según algunos autores, alquimistas chinos crean accidentalmente pólvora negra. |
| s. ix, mediados | Primera referencia a la pólvora en un tratado taoísta chino. |
| 1040 | Primeras fórmulas conocidas de la pólvora en un tratado militar chino. |
| 1132 | Los soldados chinos usan "lanzas de fuego" —unos primitivos lanzallamas— contra los yurchen. |
| 1214 | Genghis Khan organiza una unidad de artilleros chinos que formarán parte del primer ejército Mongol en la invasión de Transoxania. La pólvora negra podría haber llegado a Occidente con esta invasión. |
| c. 1260 | Primera referencia europea a la pólvora negra en la obra de Roger Bacon *Epistola de Secretis Operibus Artis et Naturae, et de Nullitate Magiae* (*Carta acerca de las Operaciones Secretas del Arte y la Naturaleza, y sobre la Vanidad de la Magia*). |
| c. 1280 | Primera referencia europea al uso militar de la pólvora negra en el *Liber Ignium ad Comburendos Hostes* (*Libro del Fuego para la Quema del Enemigo*), atribuido a Marcus Graecos. |
| 1247 a 1311 | Para algunos autores, el primer uso militar de la pólvora negra ocurre en España entre estas décadas. |
| 1325 | El manuscrito *De Officiis Regum*, de Walter de Millemete, contiene ilustraciones de un hombre aplicando llama al oído de un arma |

| | |
|---|---|
| | de forma abotellada para el disparo de una flecha. |
| 1326 | La República de Venecia encarga balas de hierro y cañones de metal para la defensa de sus castillos y aldeas. |
| 1331 | Asedio de Cividale. Algunos autores proponen este acontecimiento como el que inaugura el uso militar de la pólvora negra. |
| 1338 | Se proporcionan cañones y pólvora a los puertos de Harfleur y l'Heure para su defensa contra la invasión de Eduardo III. |
| 1346 | Batalla de Crécy. El rey inglés Eduardo III usa artillería contra los franceses. |
| s. xv, 1ª mitad | Se mejora el método de producción de la pólvora negra y se pasa de la *serpentina* a la *granulada*, haciéndola más segura y eficaz. |
| 1845 | El suizo Christian Friedrich Shönbein sintetiza la nitrocelulosa sumergiendo fibras de algodón en una combinación de ácido nítrico y ácido sulfúrico. |
| 1846 | El italiano Ascanio Sobrero descubre la nitroglicerina. Originalmente la bautiza como *piroglicerina*. |
| 1850s | El capitán Thomas J. Rodman crea un sistema para medir las presiones generadas en el interior de los grandes cañones de artillería. |
| 1862 | Thomas J. Rodman y Lammot Du Pont introducen la *pólvora mamut* (*Mammoth powder*) para uso en artillería durante la Guerra Civil americana. |
| 1863 | El capitán de artillería prusiano Johann F. E. Schultze patenta un propelente para armas ligeras hecho de madera nitrada impregnada de salitre. |
| 1867 | Alfred Nobel patenta la dinamita. |

| | |
|---|---|
| 1871 | El químico austriaco Frederick Volkmann patenta el *Collodin*, una pólvora sin humo estable para armas deportivas que el gobierno austriaco ignorará. |
| 1875 | Lammot Du Pont introduce la pólvora hexagonal perforada, fruto de las investigaciones de Rodman en los años 50, para uso en artillería. |
| 1880s | En Alemania y Austria se desarrolla y se empieza a usar con fines militares la *ammonpulver*, o pólvora de amonio, con un 85% de nitrato de amonio y un 15% de carbón. |
| 1882 | Especialistas alemanes crean la *pólvora marrón prismática* con una forma similar a la hexagonal de Du Pont.<br>En Inglaterra, la Explosives Company desarrolla la *pólvora EC* a partir de nitrocelulosa mezclada con nitratos de potasio y de bario, más colorantes y pequeñas cantidades de otros materiales orgánicos. |
| 1884 | El francés Paul Vieille crea la *Poudre B* (*pólvora blanca*) monobásica estabilizando la nitrocelulosa. |
| 1885 | Gäns von Hamburg patenta una pólvora sin azufre, hecha de 40-45% de nitrato potásico, 35-38% de nitrato amónico y 14-22% de carbón, usada bajo el nombre de *amidpulver*. |
| 1886 | Francia produce el primer rifle para uso de la la nueva pólvora sin humo de Vieille, el Lebel Modelo 1886. |
| 1887-8 | Alfred Nobel desarrolla la *balistita*, un propelente dibásico a partir de nitrocelulosa y nitroglicerina. |

| | |
|---|---|
| 1889 | Inglaterra desarrolla su propia pólvora dibásica, la *cordita*, a partir de nitrocelulosa insoluble incorporada a la nitroglicerina mediante acetona.<br>El ejército suizo crea el primer cartucho diseñado desde el origen para la pólvora sin humo, el 7,5 x 55 mm Schmidt-Rubin. |
| 1890 | El ejército italiano adapta sus rifles Vetterli-Vitali Modelo 1870/87 para uso de pólvora dibásica. |
| 1891 | Basándose en la fórmula de Vieille, el químico ruso Dimitri Mendelief desarrolla el *pyro-collodion*.<br>En EEUU Charles E. Munroe crea la *indurita* a partir de un coloide de nitrocelulosa y nitrobenceno. |
| 1894 | Surge el primer rifle de palanca para la pólvora sin humo: el Winchester Modelo 94, en calibre .30-30. |
| 1897 | El teniente John B. Bernadou, de la Marina americana, crea la *pyrocelulosa* a partir de un coloide de nitrocelulosa al 12,60% de nitrógeno, éter y alcohol. |
| 1914 | Las industrias Du Pont en EEUU introducen la serie de pólvoras monobásicas IMR (Improved Military Rifle). |
| 1930s | Desarrollo de las *pólvoras tribásicas* a partir de nitrocelulosa, nitroglicerina y nitroguanidina. |
| 1933 | Fred Olsen crea la pólvora esferoidal. |

# CAPÍTULO 4: INICIADORES

## *El cartucho y sus componentes (2): Mecanismos y compuestos iniciadores*

### 1. Breve historia de su desarrollo

Al principio fue la pólvora, en efecto, pero la pólvora no arde, deflagra, detona por sí misma.... y, cuando lo hace, es porque tienen lugar procesos que escapan al control del ser humano. Para desencadenar de forma controlada la energía química contenida en la pólvora hace falta un mecanismo que la inicie y cuya expresión última no es ni más ni menos que *la chispa.* Toda la historia de los mecanismos iniciadores trata de responder a esta cuestión aparentemente sencilla: ¿cómo llevar la chispa al propelente de la manera más segura, inmediata y eficaz posible? Y —no podía ocurrir de otro modo— el ser humano ha respondido a ella según las luces y los medios a su disposición en cada etapa del progreso.

La forma más elemental era, obviamente, acercar el fuego al propelente mediante cualquier portador útil de la llama: una ramita ardiendo, un hierro al rojo, el cabo incandescente de una cuerda convenientemente tratada a fin de mantener vivas por tiempo indefinido las pequeñas brasas... Esto era factible en las incipientes piezas de artillería, pero hacía muy complicado el uso de las armas portátiles, que tenían que ser sostenidas, apuntadas e iniciadas externamente al mismo tiempo por el tirador.

El siguiente paso no se hizo esperar porque, al fin y al cabo, la idea estaba ya contenida en el anterior y consistía simplemente en incorporar el elemento portador de la llama a la propia arma y hacerlo arder justo allí, encajado en el pequeño agujero —*oído* (*flash hole*)— que conectaba la cámara del cañón con el exterior. De los diferentes portadores de la llama usados hasta el momento, el más adecuado para esta función era la cuerda iniciadora, la *mecha* (*wick, match*). Empapada en una solución de nitrato potásico y dejada luego a secar, esta cuerda se consumía a razón de unos 2,5 cm por minuto hasta alcanzar el propelente, de ahí el nombre de *mecha retardada* (*slow match*). De nuevo, este sistema no representaba un problema insuperable para la artillería pesada, los cañones de la época dirigidos contra blancos estáticos como podían ser las murallas de un castillo o de una ciudad, pero hacía el uso de las armas portables extraordinariamente engorroso, así como incierto su resultado.

El tiempo del disparo se redujo en estas últimas de forma notable cuando se consiguió elaborar un mecanismo que tradujese la intencionalidad del tirador en una acción de la mecha. Este simple mecanismo consistió en un gatillo en la base de la estructura sustentadora del cañón que, accionado, liberaba la palanca curvada —el *serpentín* (*serpentine*)— a la que, en este sistema, se sujetaba la mecha. Ello hacía caer el cabo incandescente sobre una pequeña plataforma —la *cazoleta* (*flash pan, priming pan*)— en el extremo posterior derecho del cañón que contenía una exigua cantidad de pólvora iniciadora. Esta pólvora se encendía, lanzaba —en el mejor de los casos— un chispazo a través del oído y prendía el propelente. Este sistema, conocido como *llave de mecha* (*match-lock*), se empleó en armas ligeras tanto largas como cortas y está documentado en Europa desde la segunda mitad del siglo xv. El primer revólver, atribuido al periodo de Enrique VIII de Inglaterra (que reinó de 1509 a 1547) y actualmente depositado en la Torre de Londres, tenía cuatro recámaras giratorias, cada una con su propia cazoleta y, aunque el mecanismo iniciador no se ha conservado, todo parece indicar que se trataba de una llave de mecha[54].

[54] B. J. Heard, *Handbook of Firearm and Ballistics*, p. 3.

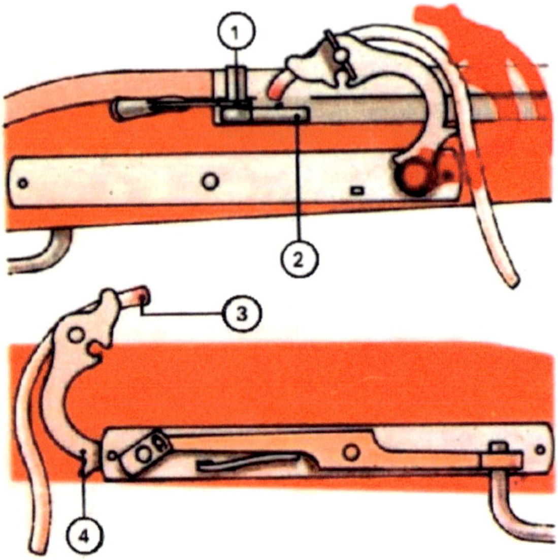


*Anverso y reverso del mecanismo de la* llave de mecha*: (1) cubierta levantada de la cazoleta; (2) cazoleta; (3) mecha; (4) serpentín*

Los problemas que conllevaba este sistema no son difíciles de imaginar: el tirador debía ocuparse en mantener prendida la mecha durante todo el lapso de sus operaciones bélicas; un golpe de viento podía hacer volar la pólvora iniciadora y este problema no se resolvió hasta la aparición de cazoletas con tapa, de las que, por cierto, disponía ya el revólver de la Torre de Londres; el mecanismo era inservible en condiciones de lluvia o de humedad extrema; el oído se obturaba con facilidad, impidiendo la transmisión de la chispa; la mecha delataba al hombre armado por la noche con su incandescencia y durante el día por su fuerte olor; el lapso entre el momento de percusión y el de ignición era todavía demasiado largo, y la secuencia entre disparos resultaba lenta porque había que recargar el arma de manera que la mecha ni se apagara, ni prendiese accidentalmente la pólvora. Sin embargo, los avances respecto del sistema anterior quedan patentes también: ahora el tirador determinaba el momento del disparo accionando el gatillo y el lapso entre percusión e ignición se había reducido de minutos a segundos.

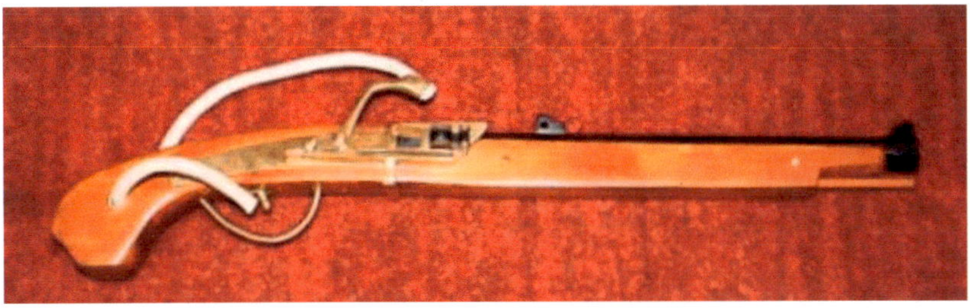

*Pistola japonesa Tanzutsu de 1750 con llave de mecha, ánima lisa y en calibre .41. Se trata de una magnífica réplica realizada por la casa ARSA, especializada en este tipo de trabajos históricos de avancarga*

El siguiente paso distintivo en el desarrollo de los mecanismos iniciadores lo representa la *llave de rueda* (*wheel-lock*), llamada así porque una rueda de acero con forma de sierra (*striker wheel*), accionada por un muelle previamente tensado, gira contra una piedra de pirita o pedernal para arrancarle chispas que caerán sobre la cazoleta. Más en detalle: primero se hacía descender sobre la cazoleta el brazo (*cock*, *doghead*) que sujetaba la pirita entre dos mordazas (*clamps*, *jaws*), se levantaba la tapa de la cazoleta (*pan cover*) y luego se accionaba el gatillo, que hacía girar la rueda contra la piedra provocando chispas por fricción; éstas llovían sobre la pólvora iniciadora activándola, de manera que transmitiese la llama a través del oído hasta la cámara del cañón donde reposaba el propelente a fin de encenderlo.

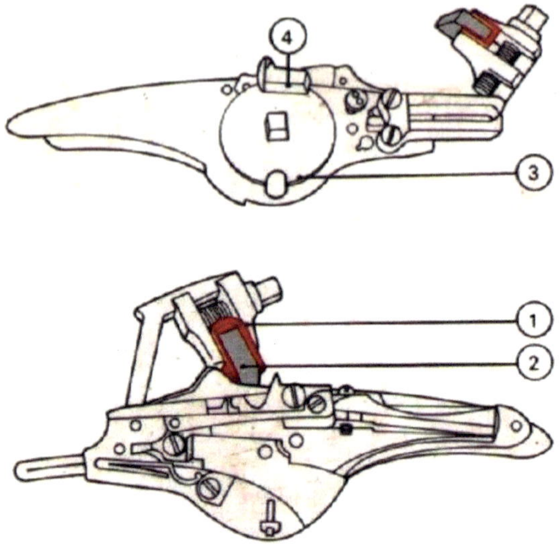


*Anverso y reverso del mecanismo de la* llave de rueda*: (1) mordazas; (2) pedernal; (3) rueda); (4) cazoleta*

Con este sistema, pues, la chispa que prende la pólvora iniciadora se convierte por primera vez en un resultado endógeno de la propia arma, que gana así en autonomía. Armas cortas perfectamente preparadas para el disparo pueden llevarse a partir de ahora escondidas entre el ropaje y ello preocupa a las autoridades hasta el punto de emitir edictos contra estos peligrosos artefactos "modernos"[55] que se hallan entre los primeros reglamentos para limitación del uso de las armas de fuego.

La llave de rueda aparece a principios del siglo xvi y su uso se solapa con el de la llave de mecha. El suyo es un mecanismo complejo, caro, delicado, que halló poco favor fuera del continente. Algunos atribuyen su invención a Johann Kiefuss

[55] J. Kelly, *Gunpowder*, pp. 76-7.

(o Kühfuss) de Nüremberg en 1517[56]; otros, como Kelly[57], a Leonardo Da Vinci hacia el 1500; y otros finalmente, más eclécticos, atribuyen la invención del concepto a Leonardo —según lo prueban los bocetos de sus manuscritos— y la puesta en práctica del invento al relojero germano Kiefuss[58]. Con la llave de rueda se ganó en autonomía, portabilidad, ocultabilidad (ni el fuerte olor de la mecha durante el día, ni su incandescencia en la noche delataban ya al hombre armado) y una menor vulnerabilidad del sistema a las inclemencias del tiempo; pero el lapso entre percusión e ignición seguía siendo largo y la secuencia de disparos, todavía demasiado lenta: además de las operaciones típicas de recarga del mosquete o la pistola había que rearmar el mecanismo introduciendo una llave y "dándole cuerda", muy al estilo de un reloj, hasta que el muelle recuperaba la tensión suficiente para hacer girar de nuevo la rueda.

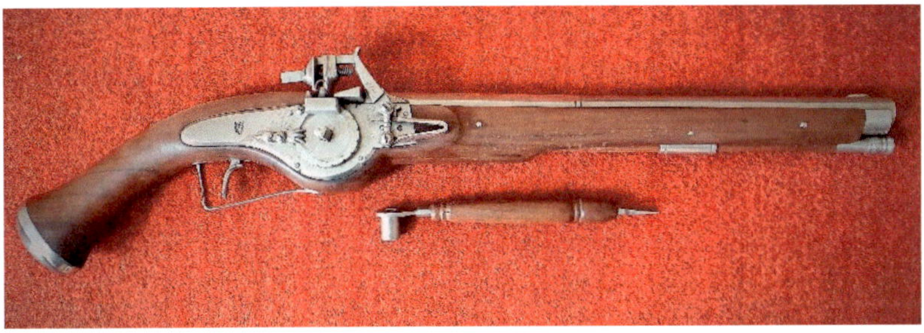

*Réplica de una pistola de rueda alemana de 1632 realizada por el artista argentino Oswaldo Gatto. Dispara calibre .58 y tiene ánima lisa. Debajo del arma se observa el instrumento de accionamiento de la rueda*

56 B. J. Heard, *Handbook of Firearm and Ballistics*, p. 4.
57 J. Kelly, *Gunpowder*, p. 76.
58 D. Westwood, *Rifles. An Illustrated History of their Impact*, p. 10.

Un siglo después, a principios del xvii, acabó de perfeccionarse el sistema que simplificaba notablemente el rearme del mecanismo iniciador reduciéndolo —aparte de la acción inexcusable de nutrir de pólvora iniciadora (*cebar*) la cazoleta— a una única y simple operación: amartillarlo, esto es, tensionar el martillo de modo que el disparador estuviese de nuevo en posición de accionarlo. Se trata de la *llave de pedernal*[59] (*flint-lock*) desarrollada por un cortesano francés, Marin le Bourgeoys, a partir de diseños anteriores —el chenapán (snaphance o snaphaunce), el miguelete, etc.— que contaban ya con algo más de medio siglo de antigüedad. En su forma más simple, la llave de pedernal consiste en un martillo que transporta un pedazo de sílex (*flint*) de bordes afilados entre dos mordazas tensadas por un tornillo; al presionar el disparador, ocurren dos cosas: el martillo cae hacia la cazoleta y la cazoleta se abre de manera que el mismo elemento que le servía de tapadera —el *rastrillo* (*frizzen*, *battery*)— ofrece ahora una superficie de metal pulido al descenso del sílex; la fricción de la piedra y el metal genera chispas que caen en la cazoleta sobre la pólvora iniciadora, que a su vez llamea a través del oído para prender el propelente.

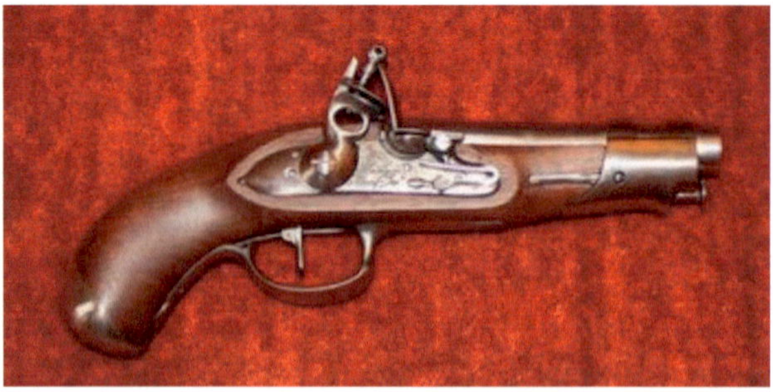

*Réplica de la Casa Pedersoli del modelo francés de 1788 AN IX DE GENDARMERIE. Dispara calibre .60 y tiene, como las anteriores, ánima lisa.*

[59] También llamada ocasionalmente *de sílex*, *de eslabón* o *de chispa*.

Frente a la llave de rueda, la de pedernal significaba menores costes de fabricación, un dispositivo más robusto y mayor facilidad de uso. Un tirador entrenado podía disparar con el nuevo mecanismo a razón de cuatro veces por minuto[60], pero seguía existiendo un lapso de segundos entre la percusión y la ignición que había que hacer entrar en la ecuación del disparo, especialmente contra blancos móviles. El sistema suponía un avance notable, sin embargo, y resultó lo bastante eficaz como para imperar en la escena bélica y privada durante los dos siglos siguientes.

La diferencia entre todos estos mecanismos está, como hemos visto, en el modo de generar el fuego que active la mezcla iniciadora. Sin embargo, ésta no varía y no es otra que la misma pólvora negra que sirve de propelente, aunque por lo general en una granulación más fina y más receptiva, por tanto, ya sea a la brasa aportada por la mecha o a la chispa generada por fricción. A principios del xix las cosas cambian: el descubrimiento de substancias químicas capaces de detonar por fricción o percusión alterará por completo la naturaleza de los mecanismos iniciadores[61].

Propiamente hablando, más que descubrir esas substancias, lo que ocurre a principios del siglo xix es que se resuelve su aplicación práctica en el contexto armamentístico. Las substancias en sí —el fulminato de oro, de plata, de platino, de

[60] M. Bussard, *Ammo Encyclopedia*, p. 67.

[61] Véase la interesante serie en Youtube sobre la evolución de los sistemas de avancarga compuesta por los siguientes vídeos de entre 4 y 7 minutos cada uno:
Parte 1 (https://www.youtube.com/watch?v=TBHSuDGvOrI);
Parte 2 (https://www.youtube.com/watch?v=nBcTjoDJzhk);
Parte 3 (https://www.youtube.com/watch?v=TfJkAU6ptOk);
Parte 4 (https://www.youtube.com/watch?v=ydywmvx8oOU);
Parte 5 (https://www.youtube.com/watch?v=4k-Lm30-nAw);
Parte 6 (https://www.youtube.com/watch?v=4hDiqklT12A);
y Parte 7 (https://www.youtube.com/watch?v=oUBtrpj01Y0).

mercurio...— venían siendo estudiadas por los químicos y alquimistas desde dos siglos antes y concretamente el último de ellos había sido preparado ya a mediados del xvii por Johann Kunkel, el descubridor del fósforo. En 1800 el químico británico Edward Ch. Howard presentó en la Royal Society el fulminato de mercurio como invento suyo y las propiedades de esta substancia no pasaron desapercibidas para el escocés Alexander J. Forsyth, que además de clérigo presbiteriano era un empedernido cazador. Molesto por las presas que el disparo retardado del mosquete de pedernal le hacía perder, Forsyth investigaba las posibilidades del disparo de ignición inmediata generada por percusión. El fulminato de mercurio era la respuesta y Forsyth lo aplicó creando hacia 1807 un mecanismo que consistía en un depósito similar a un frasco de perfume[62] al que se hacía pivotar de manera que una bolita de fulminante cayese junto al oído del arma por el interior del depósito; el gatillo hacía descender el martillo sobre el percutor saliente del "frasco de perfume" que, a su vez, detonaba la substancia iniciadora.

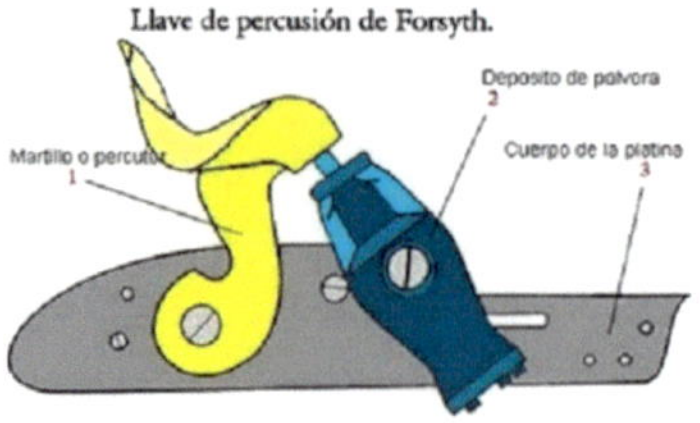


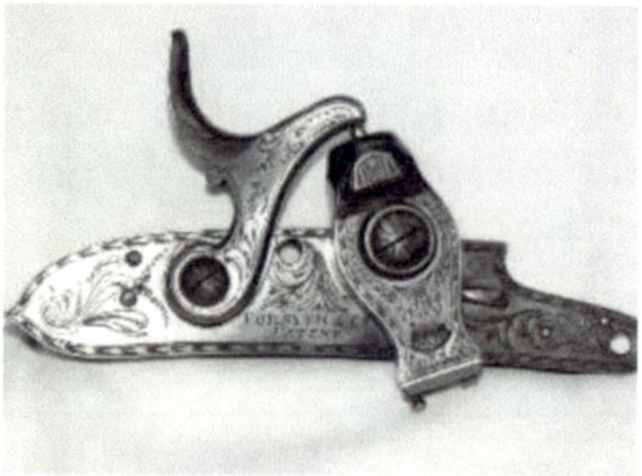

*Llave de "frasco de perfume" o de "píldora" inventado por Forsyth*

[62] De ahí el nombre de *scent bottle lock* o "llave de frasco de perfume" en traducción literal. A este invento se le denomina también "llave de píldora" o *pill lock* por las pequeñas bolitas que "el frasco de perfume" dejaba caer dosificadamente en la cazoleta interna del mecanismo.

Pero la auténtica revolución en los mecanismos iniciadores prometida por el fulminato de mercurio llegó algo más tarde, en la segunda década del xix, cuando una serie de inventores —François Prélat y Jean Lepage en Francia; Peter Hawker, Joseph Manton y Joseph Egg en Inglaterra; y Joshua Shaw en Norteamérica...— crearon el pistón de percusión (*percussion lock*). Shaw intentó patentar su pistón en 1814, en los EEUU; pero la patente le fue rechazada por razones administrativas. Su pistón era originalmente de hierro y concebido de modo que pudiera reutilizarse, pero la idea no funcionó: en 1815 se pasó al peltre (una aleación de zinc, plomo y estaño) y un año después al cobre[63].

En su expresión más elemental y definitiva, el sistema de percusión consistía en una pequeña cápsula de metal (*cap*) a modo de cilindro cerrado por uno de sus lados que, por la cara interna de su base, contenía una porción del nuevo fulminante fijado con papel de estaño y sellado con laca. La cápsula se colocaba sobre un tubo saliente enroscado a la recámara del arma —la *chimenea* (*cone, nipple*)—, capaz de transferir la chispa directamente al propelente en cuanto el martillo (*hammer*), accionado por el disparador, cayera sobre el pistón.

*Vista interior (izquierda) y externa posterior (derecha) de un pistón de avancarga actual, no disparado*

[63] D. Westwood, *Rifles. An Illustrated History of their Impact*, p. 67.

 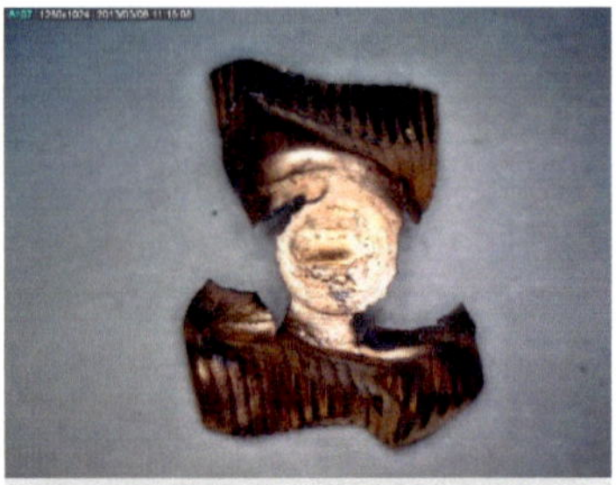

*Vista interior (izquierda) y externa posterior (derecha) de un pistón de avancarga actual tras ser disparado con un revólver Lemat*

El nuevo sistema iniciador, el mecanismo de percusión, constituía un avance que haría posibles dos desarrollos ulteriores: en primer lugar, de forma casi inmediata volvía perfectamente viables las armas de repetición; en segundo lugar, abría el paso al cartucho como unidad integrada.

En Europa, el primer ejército en adoptar el pistón de percusión fue el austriaco en 1840. Lo siguieron el francés en 1842 y el de Gran Bretaña en 1842[64]. En los Estados Unidos, Joshua Shaw introdujo su cápsula de percusión en 1814 con fulminato de mercurio como substancia iniciadora, pero en 1818 lo substituyó por una mezcla de fulminato de mercurio, clorato potásico, azufre y carbón, dada la inestabilidad de la materia original[65]. El pistón de Shaw alcanzó el mercado hacia 1821, el ejército lo adoptó al comienzo de la guerra contra Méjico en 1846[66] y cinco años después apareció el revólver que llevaría a su esplendor la era del pistolero, el Colt modelo Navy 1851.

En efecto, con el nuevo sistema de percusión, un revólver ya no era el precario y complicado artilugio de otras épocas con una cazoleta externa por recámara, sino una herramienta elegante

[64] Ibíd, p. 70.
[65] B. J. Heard, *Handbook of Firearm and Ballistics*, p. 87.
[66] M. Bussard, *Ammo Encyclopedia*, p. 45.

en su sencillez, con un tambor giratorio que podía instalarse y desinstalarse en la estructura básica del arma de forma rápida y que contaba con seis o más recámaras[67], cada una con su pequeña chimenea para alojamiento del pistón por el lado del martillo. El revólver podía portarse perfectamente preparado para media docena de tiros seguidos y rearmarse con prontitud, una vez agotadas las balas, cambiando el tambor usado por otro ya cargado de antemano y que formaba parte del equipamiento del pistolero.

Era un paso de gigante respecto de mecanismos iniciadores anteriores, pero el sistema en su conjunto adolecía de un problema que conllevaba un riesgo nada desdeñable: el del *tiro simpático* o *por contagio*. Al fin y al cabo, el revólver de percusión seguía siendo un arma de avancarga, esto es, la pólvora negra y las balas de plomo con sus respectivos calepinos se introducían en cada una de las recámaras del tambor por sus aberturas frontales, estaban en contacto directo con las paredes internas del tambor y era factible que diminutas partículas de propelente quedasen desperdigadas por todo el espacio de las recámaras. Al disparar, una pizca de pólvora encendida podía llegar a rebotar en la estructura por la parte de la brecha del tambor y penetrar en la recámara contigua prendiendo ahí la pólvora y provocando otro disparo. Esta segunda recámara no estaba alineada, obviamente, con el cañón, con lo que la bala salía mordiendo la estructura, escupiendo pavesas de pólvora no acabada de quemar y con peligro de contagiar el disparo todavía a otras recámaras. Pero era en el revólver-rifle donde este proceso tenía las peores consecuencias, porque en este caso la mano izquierda del tirador estaba justo delante del tambor, sosteniendo la base del cañón, y las balas disparadas por contagio podían destrozarle la muñeca, la mano o arrancarle algún dedo.

---

[67] El LeMat tenía hasta diez.

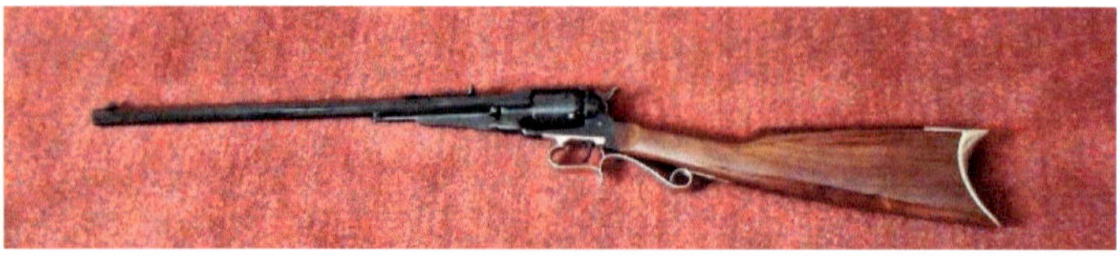

*Revólver-rifle Colt en réplica de la casa Uberti*

Una curiosa variante del sistema de percusión fue la cinta Maynard (*Maynard tape*), inventada por el dentista norteamericano Edward Maynard. La cinta consistía en una tira de papel en la que, a intervalos regulares, se pegaban bolitas de fulminante que posteriormente se cubrían con otra tira de papel. La cinta se enrollaba y se introducía en el depósito (*primer magazine*) de una llave de percusión especialmente diseñada para ella, desde donde se la hacía rodar sobre la chimenea del arma.

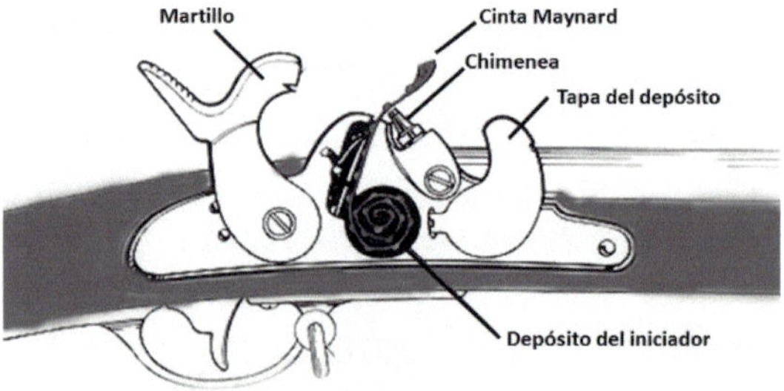


*Cinta Maynard*

Una vez colocadas en el cono de la chimenea y bajo el impacto del martillo, las bolitas de fulminante atrapadas entre las dos tiras de papel tenían el mismo efecto que los pistones de percusión, con la ventaja de la rapidez en substituir la usada por la siguiente para cada nuevo disparo. A partir de 1845, diversos mosquetes de percusión de la época fueron dotados de este mecanismo iniciador, pero con el tiempo se comprobó que la cinta Maynard no era lo bastante operativa en las condiciones de humedad y de suciedad típicas de los campos de batalla.

Paralelamente al desarrollo de las repetidoras por percusión, empezaron en Europa los primeros intentos de integrar la cápsula percutora en la unidad funcional que acabaría por convertirse en el cartucho metálico moderno. Haremos alusión a cuatro únicos modelos representativos que se diferencian entre sí por el lugar, en el cartucho, donde sitúan la mezcla iniciadora y por el modo de percutirla: los sistemas de Pauly, Lefaucheux, Dreyse y Flobert.

Al suizo **Jean Samuel Pauly** se le atribuye haber creado el primer cartucho integrado en 1808. La base del cartucho era de cobre y tenía en el centro una pequeña oquedad rellena de clorato potásico capaz de comunicar su detonación al propelente contenido en una vaina cilíndrica de papel. El fulminante se activaba por medio de la aguja percutora del arma, accionada por el gatillo. Este diseño de *fuego central*, aunque formulado por Pauly entonces de un modo todavía muy primario —y muy precario—, es el que acabaría por imponerse en la cartuchería moderna.

El francés **Casimir Lefaucheux** patentó en 1832 el cartucho que lleva su nombre y que, alternativamente, se denomina también *de espiga*. Aquí una vaina cilíndrica de cartón (posteriormente metálica) tiene por base una estructura de latón con una *espiga* o *aguja* saliente por uno de sus lados. El cartucho se cargaba debidamente orientado, de modo que la aguja quedase debajo del martillo, sobresaliendo de la recámara a través de un pequeño corte en la parte superior de la misma. Al percutir la espiga, ésta activaba el pistón sobre el que reposaba en la base del cartucho, que a su vez encendía la pólvora negra contenida en la vaina. A diferencia del arma de

Pauly, la de Lefaucheux no requería aguja percutora, ya que ésta venía integrada en la munición, con el peligro que ello suponía en caso de que el cartucho cayese al suelo por el lado de la espiga o recibiese un golpe involuntario. Este sistema, presentado en la Gran Exhibición de Londres en 1851, fue sobre todo popular en Europa entre los años 1890 y 1910, y desapareció en la década de los 40[68].

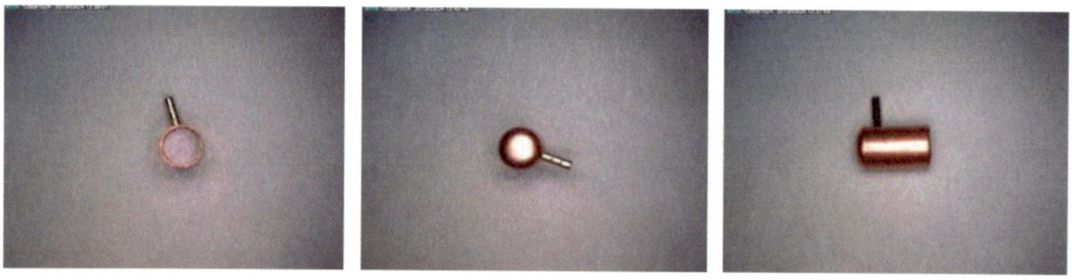

*De izquierda a derecha, vistas interna, externa posterior y lateral de un pistón Lefaucheux. La espiga del pistón emerge radialmente del cartucho según se puede apreciar en la imagen inferior*

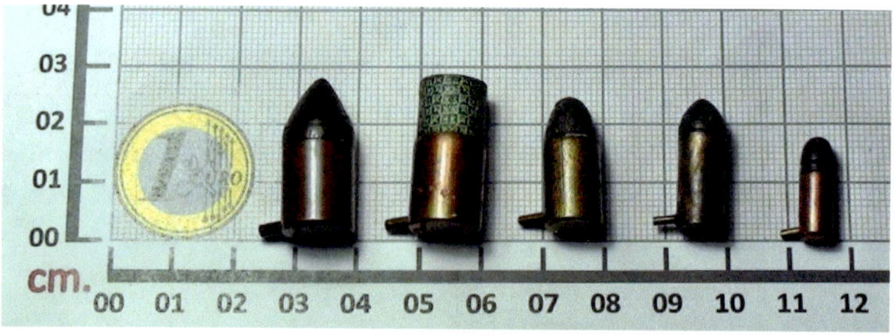


*Cartuchos Lefaucheux de diversos calibres con la espiga del pistón emergiendo a la izquierda de la imagen*

El alemán **Johann Nikolaus von Dreyse**, que había trabajado con Pauli en París al principio de su carrera, entre 1809 y 1814, diseñó en la década de los 30 el primer rifle de cerrojo y la munición requerida para alimentarlo. El cartucho de Dreyse

---

[68] B. J. Heard, *Handbook of Firearm and Ballistics*, p. 7.

consistía en una bala de plomo ligeramente ovoide en cuya base se colocaba un taco con el pistón de percusión orientado hacia la carga de pólvora negra y todo ello contenido, a modo de cilindro, en una envoltura de papel con un disco acartonado por base. La substancia iniciadora del pistón era un compuesto de clorato potásico y sulfuro de antimonio[69]. La aguja percutora del rifle de Dreyse tenía que penetrar en el cartucho a través del disco de la base y de la carga de pólvora negra para percutir el pistón en el asiento del proyectil. La idea era que, de este modo, la ignición del propelente resultaba mucho más completa. Sea como fuere, la aguja percutora sufría con este sistema los efectos de la reiterada combustión. Presentado al ejército prusiano en 1836, el rifle de Dreyse[70] fue adoptado en 1841 y se mantuvo en servicio hasta el comienzo de la década de 1870.

En 1846 el francés **Louis Nicolas Flobert** creó un cartucho sin propelente, pensado para el tiro "en salón", que ha sobrevivido hasta nuestros días. Consistía en un pequeño cilindro de cobre con base algo más ancha que el cuerpo, cuyo reborde hueco contenía en toda su circunferencia la substancia iniciadora —fulminato de mercurio, en este caso— fijada por un disco de papel. Cuando el martillo del arma golpeaba la pestaña del cartucho, activaba el fulminante, que detonaba con fuerza suficiente para disparar la bala encajada en la boca de la vaina sin necesidad de propelente. La invención de Flobert fue el origen de lo que hoy se conoce como *fuego anular*.

---

[69] B. J. Heard, *Handbook of Firearm and Ballistics*, p. 87.

[70] Bautizado primero como *leichtes Perkussionsgewehr Model 1841* (lit., "arma ligera de percusión") para velar el secreto de su nueva tecnología y posteriormente *Zündnadelgewehr M 1841* (lit., "arma de aguja de ignición").

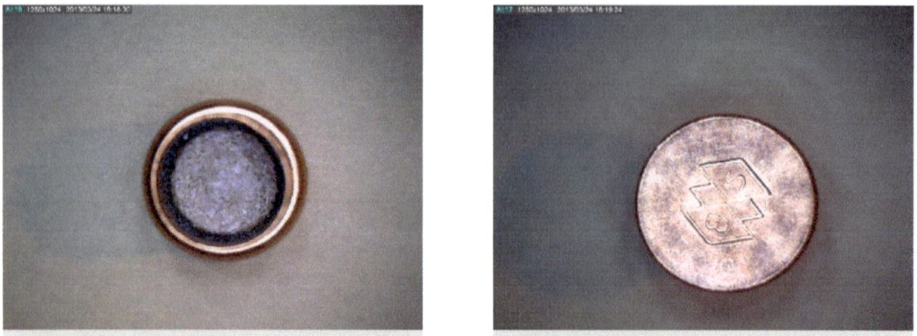

*Vista interior (izquierda) y externa posterior (derecha) de un cartucho de fuego anular Flobert de 6 mm, no disparado*

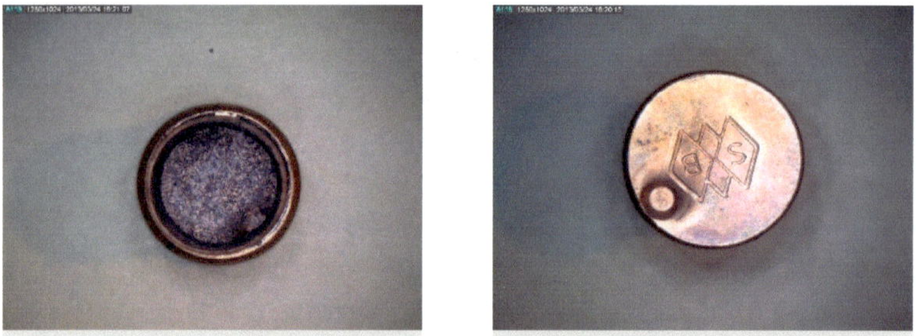

*Vista interior (izquierda) y externa posterior (derecha) de un cartucho de fuego anular Flobert de 6 mm disparado*

## 2. Transición a la era moderna

De los cuatro sistemas de percusión integrada en el cartucho que hemos examinado, el de Pauli era un diseño en la direción correcta, pero todavía demasiado embrionario. El de Lefaucheux era de producción cara, de manejo engorroso, de constitución delicada y de efectos potencialmente peligrosos. El de Dreyse era viable sólo con munición "blanda" que la aguja percutora pudiese atravesar y resultaba, en última instancia, anacrónico cuando ya era evidente que la evolución se movía hacia la cartuchería metálica. Fue el de Flobert el que marcó el siguiente paso a seguir.

Basándose en el diseño de percusión anular del armero francés, la casa Smith & Wesson de los EEUU produjo en 1856 el primer cartucho metálico norteamericano, el .22 Short, para un revólver de bisagra que salió al mercado al año siguiente, el Smith & Wesson Modelo 1. Con el mismo tipo de mecanismo iniciador del cartucho de Flobert, el .22 Short (o .22 Corto) llevaba una carga de 4 grains de pólvora negra para propulsar una bala de 29 grains y cerca de 0,22 pulgadas (5,58 mm) de diámetro. Sería el origen del linaje del calibre .22 de fuego anular —.22 Long (1871), .22 Long Rifle (1887), .22 Winchester Rimfire (1890), .22 Winchester Magnum (1959) y .22 Stinger (1977)— que ha perdurado hasta nuestros días.

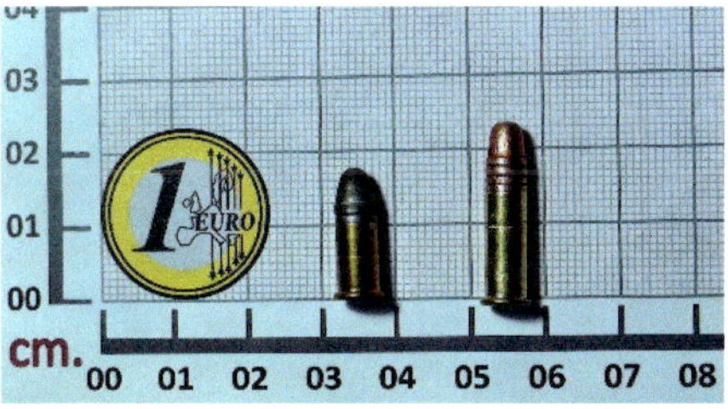


*Cartucho del .22 Short (izquierda) y del .22 LR (derecha)*

El mecanismo iniciador de fuego anular (*rimfire*) no quedó restringido al calibre .22 en los primeros años de su desarrollo. Calibres de entre 14 y 15 mm —el .56 Spencer y el .58 Miller— e incluso superiores se produjeron con este sistema.

*Cartucho del calibre .41 Swiss, clásica munición del rifle suizo Vetterli*

*Obsérvese el grosor de la pestaña del .41 Swiss de fuego anular*

El Henry de 1860, el rifle de palanca antecesor de los Winchester, se alimentaba también originalmente con munición de percusión anular y grueso calibre: el .44 Rimfire, hoy obsoleto. En efecto, este cartucho era capaz de propulsar una bala de 210 grains, mediante una carga de 20 grains de pólvora negra, a una velocidad de 383 m/s en boca de cañón. El Henry tenía un depósito tubular debajo del cañón en el que cabían 15 de estos cartuchos; con uno en la recámara, podía dispararse 16 veces seguidas antes de recargar. De ahí la publicidad —sin duda un tanto exagerada— que lo acompañaba: "El rifle que usted carga en domingo y dispara toda la semana"[71].

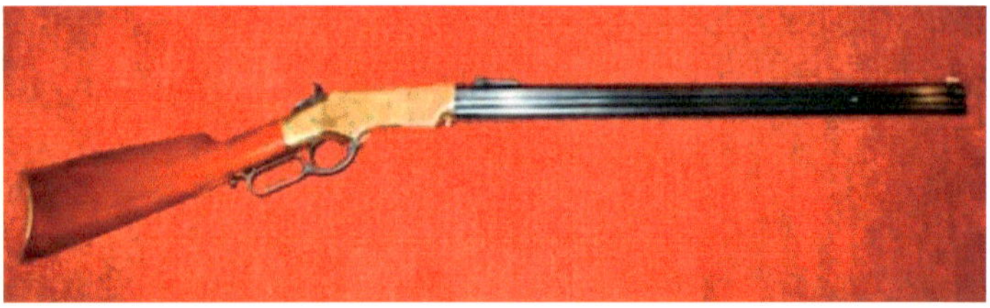

*Rifle Henry en calibre .44-40, réplica de Uberti*

Pero la percusión anular, por su propia naturaleza, requería que la base del cartucho fuese lo bastante fina como para que el golpe del martillo del arma en la pestaña activase la mezcla iniciadora. Esto limitaba considerablemente las presiones que la vaina podía resistir y, por tanto, la velocidad y energía cinética que cabía transmitir al proyectil. Si se reforzaba la vaina a fin de que aguantase presiones superiores, había que incrementar la fuerza del golpe del martillo, lo que a su vez aumentaba la resistencia del gatillo hasta hacer el arma inmanejable. Si se aumentaba la carga de fulminante en los cartuchos de grueso calibre, la detonación podía dilatar la base

[71] H. Herring, *Famous Firearms of the Old West*, p. 75.

de la vaina en los revólveres con demasiado huelgo entre el tambor y la armazón, atascando la rotación del tambor[72]. Por otra parte, la percusión anular no era —ni es[73]— inmune al problema del fuego por contagio en los revólveres, en los que resultaba bien posible que el acto de disparar llevase a una compresión de la pestaña del cartucho adyacente, entre el armazón del arma y el tambor, provocando un segundo disparo.

Las limitaciones inherentes al sistema de fuego anular no se resolvieron hasta el retorno al concepto de Pauly pero con los dos diseños que constituyen el mecanismo de fuego central (*center fire*) moderno: el Berdan y el Boxer. El coronel Hiram Berdan en EEUU (patente 53.388 de Marzo de 1866)[74] y el coronel Edward M. Boxer en Inglaterra (patente de Octubre del mismo año)[75] convergieron en una idea similar, la de un pistón empotrado en el centro de la base o *culote* del cartucho, activado por la aguja percutora del arma y capaz de transmitir la llama a la masa de propelente contenida en la vaina. Era la vieja idea de Pauli, mejorada por el americano George W. Morse para la cartuchería enteramente metálica según una patente de 1856[76] y que alcanzó su formato definitivo con los dos coroneles.

---

[72] C. R. James, *The ABCs of Reloading*, p. 22.
[73] Cf. V. J. M. Di Maio, *Gunshot Wounds*, p. 286.
[74] Cf. https://patents.google.com/patent/US53388?oq=53388+berdan.
[75] La patente americana, nº 91.818 (https://patents.google.com/patent/US91818?oq=91818+boxer), es tres años posterior.
[76] Cf. https://patents.google.com/patent/US15996?oq=15996+morse.

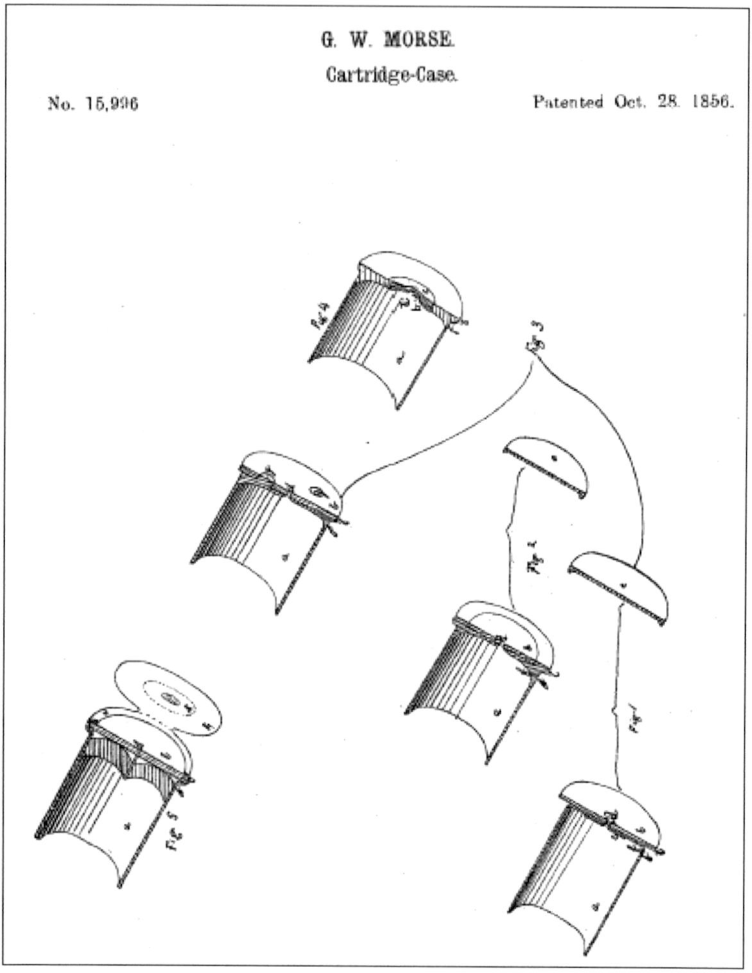


*Especificaciones técnicas: patente de Morse*

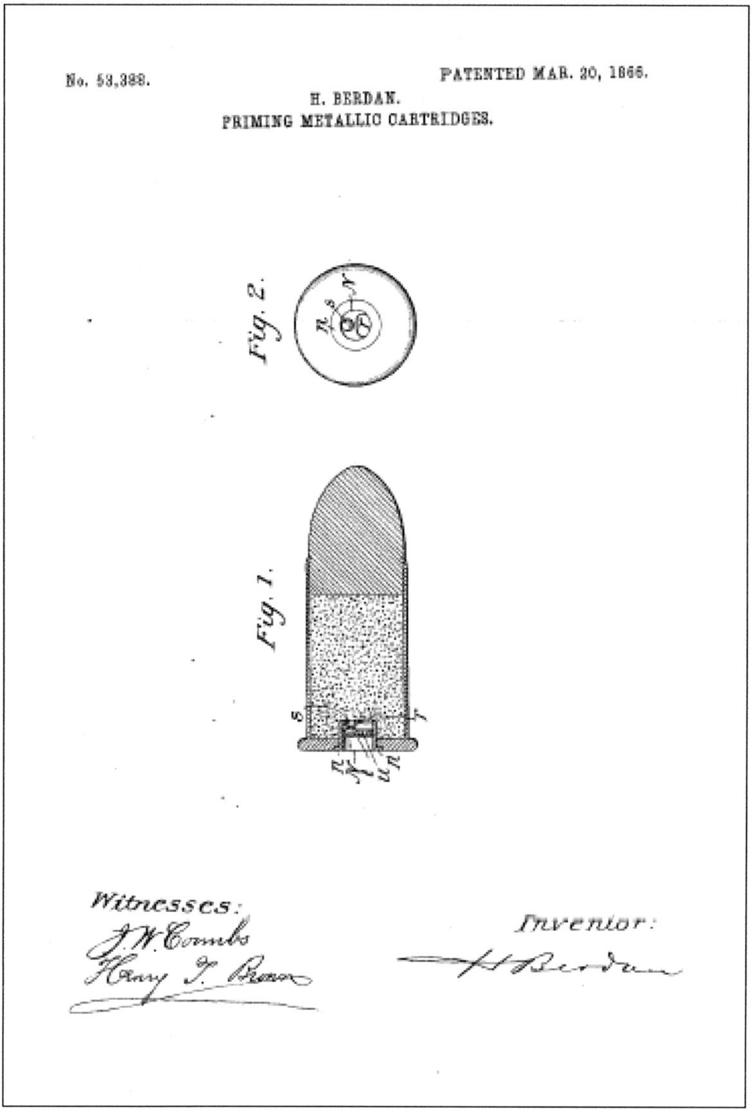


*Especificaciones técnicas: patente de Berdan*

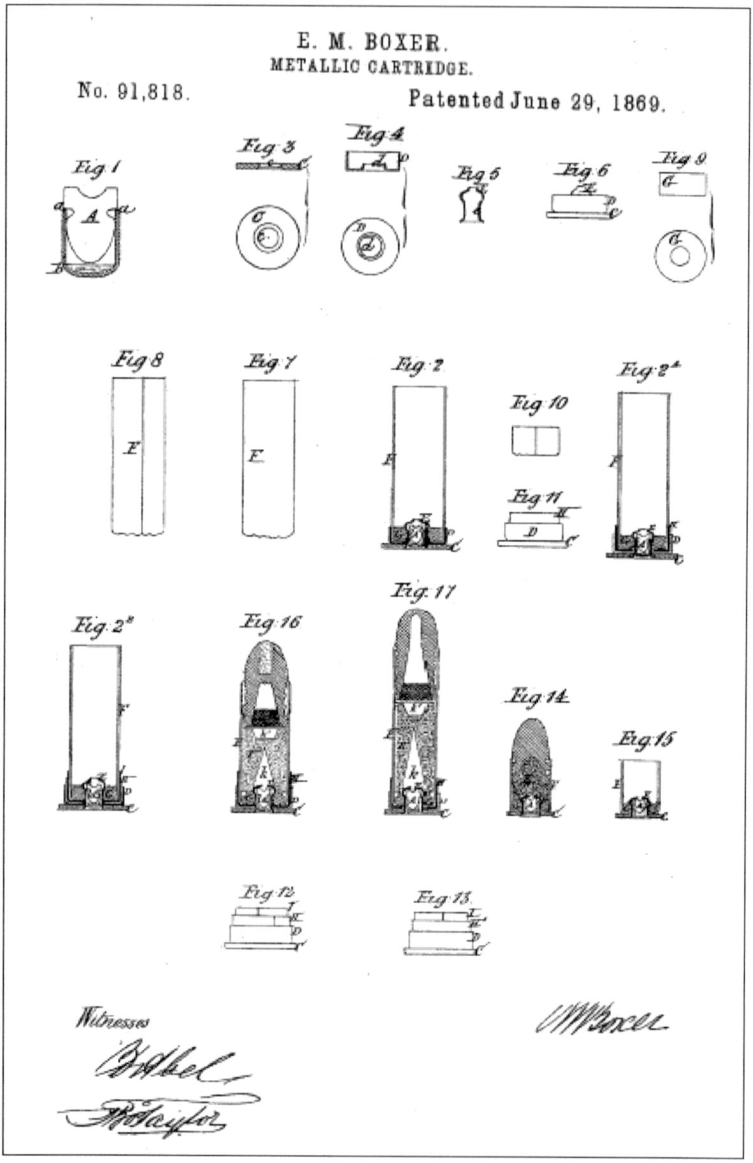


*Especificaciones técnicas: patente americana de Boxer*

El fuego central permite, entre otras cosas, que la pared fina y deformable donde impacta la aguja —la base del pistón— no condicione de ningún modo el grosor y resistencia del culote de la vaina. La diferencia esencial entre ambos sistemas, sin embargo, reside en que el pistón Boxer es una estructura completa en sí misma que incluye la pieza denominada *yunque* (*anvil*), donde tiene lugar la compresión del fulminante contra la aguja percutora, mientras que en el sistema Berdan el yunque es un elemento externo al pistón y forma parte de la vaina. Paradójicamente, el Berdan tuvo en sus comienzos más difusión en Europa; el Boxer es hegemónico en Norteamérica.

## 3. Mecanismos iniciadores actuales

Los mecanismos iniciadores vigentes para armas ligeras son fundamentalmente cuatro, el de *fuego anular* y tres de fuego central: *Boxer*, *Berdan* y el sistema *battery cup* empleado en el cartucho de escopeta, cuyo examen requiere un trabajo aparte.

### 3.1. Fuego anular

Hemos visto ya que el fulminante ocupa, en este sistema, el interior de la pestaña hueca del cartucho en toda su circunferencia. Se introduce ahí, durante el proceso de fabricación, mediante la aplicación combinada de presión hidráulica y fuerza centrífuga, con el compuesto iniciador todavía húmedo para evitar accidentes. Al compuesto se le añade cristal triturado de modo que genere fricción añadida cuando la aguja percutora golpee la pestaña aplastando el fulminante entre los dos lados del reborde de metal, a fin de activarlo. Para que la percusión sea efectiva, la base del cartucho debe ser de metal fino y deformable, lo que limita las presiones que un cartucho *rimfire* puede soportar a los 1.828

kgf/cm$^2$ (26.000 psi) aproximadamente[77], que viene a ser algo menos de la mitad de lo que resiste un cartucho de fuego central (sobre los 4.500 kgf/cm$^2$ o 64.000 psi).

En relación a su mecanismo iniciador, los cartuchos de fuego anular actuales se fabrican fundamentalmente en dos formatos, determinados por el diámetro de la pestaña iniciadora, que a su vez condiciona la cantidad de fulminante alojado en ella: estándar y mágnum. El primero, con un diámetro de 6,98 mm (0,275"), tiene lugar en calibres como el .17 Mach 2 (o .17 HM2), .22 Short, .22 Long y .22 LR. El segundo, con un diámetro de 7,39 mm (0,291"), es el empleado por calibres como el .17 HMR, .22 WRF y .22 WMR.

Entre las ventajas del fuego anular están los bajos costes de producción. Entre los inconvenientes, su bajo poder de ignición, su escasa tolerancia a las presiones, las dificultades que conlleva para lograr consistencia en los disparos y el hallarse integrado en una vaina que no es recargable. En efecto, cuando las cargas tanto de propelente (entre 65 y 95 mg) como de fulminante (alrededor de los 20 mg) son tan bajas cualquier pequeña variación en el equilibrio entre las dos tiene inmediatas consecuencias balísticas en el comportamiento del proyectil.

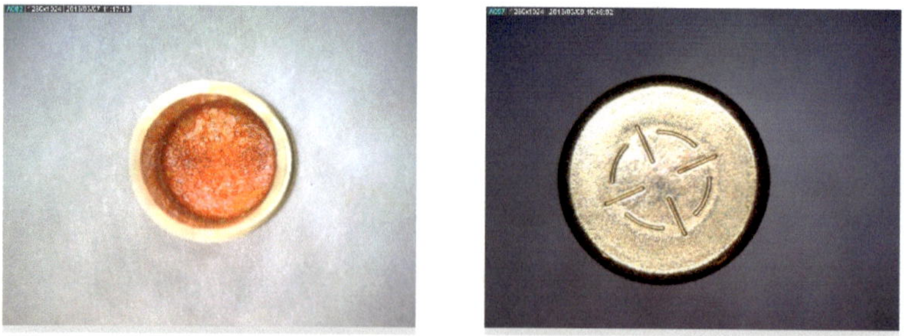

*Vista interior (izquierda) y externa posterior (derecha) de un cartucho de fuego anular .22 LR no disparado*

[77] M. Bussard, *Ammo Encyclopedia*, p. 188.

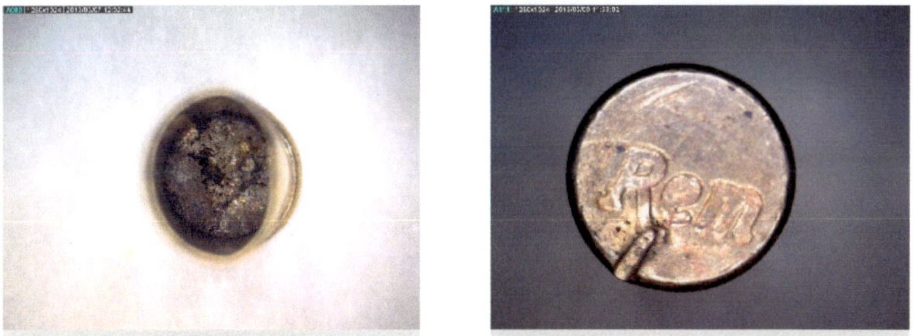


*Vista interior (izquierda) y externa posterior (derecha) de un cartucho de fuego anular .22 LR disparado*

## 3.2. Fuego central

### 3.2.1. Sistema Boxer

El mecanismo iniciador Boxer consiste, como ya hemos avanzado, en un pistón totalmente integrado: una cápsula cilíndrica contiene el fulminante, fijado contra la cara interna de la base del cilindro por una pequeña lámina protectora, que a su vez queda asegurada por el yunque. El yunque es una pieza de latón algo más duro que la pared externa del pistón donde impacta la aguja percutora y que, desde la boca de la vaina, se ve como una estructura bilobulada o trilobulada. La aguja percutora aplasta contra él el fulminante. Éste, una vez activado, arroja chispas y gas a altísimas temperaturas (entorno a los 2.000ºC[78]) a través de un agujero central —*oído*— de 1,5 mm de diámetro que comunica con el interior de la vaina, donde se halla el propelente.

[78] B. J. Heard, *Handbook of Firearm and Ballistics*, p. 102.

*Vista interior (izquierda) y externa posterior (derecha) de un cartucho de fuego central Boxer de calibre 9 mm PB no disparado*

*Vista interior (izquierda) y externa posterior (derecha) de un cartucho de fuego central Boxer de calibre .40S&W disparado*

Al ser una estructura completa en sí msma, el pistón Boxer puede insertarse y extraerse con facilidad de las vainas destinadas a su uso y que no tienen sino un alojamiento sencillo en la base o culote para el encaje del pistón con un agujero central u *oído* por donde se transmite la llama efecto de la detonación. Es, por tanto, el pistón preferido en las operaciones de recarga. No obstante, Bussard advierte de las inconsistencias en el disparo a las que pueden llevar los pistones de recarga. Escribe este autor:

> *Algunos tiradores de competición se han dado cuenta de que la munición match de fábrica, para rifle y para pistola, es más consistente que sus*

*mejores cartuchos de recarga. Una de las razones principales para ello parece ser el pistón, lo que deja perplejos a los tiradores, que aparentemente usan los mismos pistones que las fábricas. La respuesta es simple. Las vainas de los cartuchos de fábrica se empistonan con el fulminante todavía húmedo, permitiendo así que éste se seque de manera uniforme alrededor del yunque. Puesto que los pistones para recarga deben transportarse secos, se consigue que se mantengan inertes asentando los yunques a distancia del compuesto iniciador. Al encajar el pistón de recarga en la base del cartucho, el yunque se comprime aproximándose al fulminante seco, que nunca proporcionará la consistencia de uno instalado en estado todavía húmedo*[79].

Este pistón Boxer se da en una serie de tamaños y formatos que dependen del tipo de arma y calibre al que está destinado, así como de la carga de propelente que el fulminante deba iniciar. El tamaño "pequeño" (*small*) tiene un diámetro de 4,44 mm (0,175") y aparece en formato *small pistol* (para munición de arma corta hasta calibre .40 S&W) y *small rifle* (para munición de rifle desde el calibre .17 Rem hasta el .30 Carbine). El tamaño "grande" (*large*) tiene un diámetro de 5,33 mm (0,210") y se encuentra en formato *large pistol* (para munición de arma corta de calibre superior al .40 S&W) y *large rifle* (para munición de rifle de calibre superior a los especificados). Existe todavía un tercer tamaño, con diámetro de 8,05 mm (0,317"), para el calibre .50 BMG fabricado por CCI. Además, los cuatro formatos existen en versiones *magnum* y *match*, con mezclas iniciadoras más potentes y de mayor duración para poder

[79] M. Bussard, *Ammo Encyclopedia*, p. 179.

encender de un modo más consistente y definitivo cargas de propelente más masivas y más lentas.

La diferencia entre los formatos *pistol* y *rifle* no está en el tamaño, como hemos visto, sino en otros factores:

1. En el caso de los pistones de rifle, la cápsula es algo más alta, a fin de acoplarse a los alojamientos más profundos de las vainas de los cartuchos de este tipo de armas.

2. La base del pistón del cartucho de rifle es más gruesa, puesto que también es más fuerte el impacto de la aguja percutora de un rifle:

    a. 0,39 mm (0,0157") de espesor para *small pistol*, pero 0,64 mm (0,0252") para *small rifle*;

    b. 0,43 mm (0,0169") para *large pistol*, pero 0,64 mm (0,0252") para *large rifle*.

3. Y, finalmente, la carga media de fulminante varía de unos formatos a otros:

    a. 21,7 mg para *small pistol*; 25 mg para *small pistol magnum* y 21,7 mg para *small rifle*;

    b. 28,8 mg para *large pistol*; 31 mg para *large pistol magnum*; 37,3 mg para *large rifle* y 40 mg para *large rifle magnum*[80].

Todo ello hace que, a pesar de tener un mismo diámetro, los pistones *small pistol* y *large pistol* no sean intercambiables con sus correspondientes *small rifle* y *large rifle*.

---

[80] Cf. M. Bussard, *Ammo Encyclopedia*, p. 148.

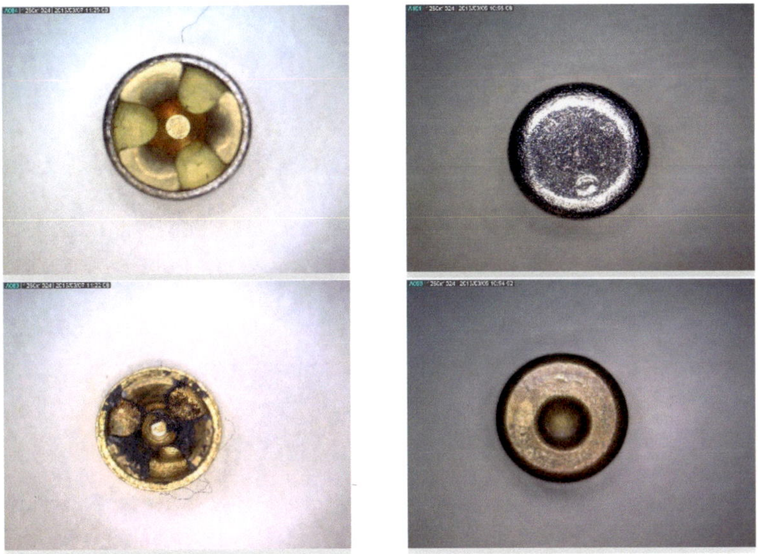

*De izquierda a derecha y de arriba abajo, vista interior de un pistón Boxer* large pistol *no disparado, externa no disparado, interna disparado y externa disparado*

### 3.2.2. Sistema Berdan

El pistón Berdan es más simple que el anterior. Consiste en una cápsula con fulminante fijado en la cara interior de su base por medio de papel de aluminio y laca, que se instala en la depresión central del culote del cartucho. La vaina tiene que ser compatible con este sistema, puesto que la mayor complejidad en este caso se da en el lugar de encaje del pistón, que cuenta con una estructura proyectada por la vaina a modo de tetilla —el yunque— y dos o más agujeros para la transmisión de la llama generada por la detonación de la mezcla iniciadora.

Este sistema plantea mayores dificultades para la recarga, por lo que ha desaparecido de amplios sectores del mercado, sobre todo en EEUU. Sin embargo, los menores costes de producción del pistón —no de la vaina, que es más compleja pero reutilizable— lo hacen atractivo para la cartuchería de algunos ejércitos. La munición militar rusa, por ejemplo, usa pistón Berdan.

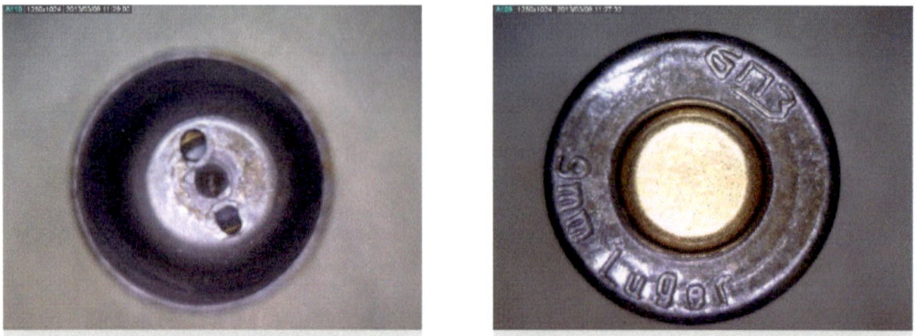


*Vista interior (izquierda) y externa posterior (derecha) de un cartucho de fuego central Berdan de calibre 9 mm PB, de la casa rusa Barnaul, no disparado*

*Vista interior (izquierda) y externa posterior (derecha) de un cartucho de fuego central Berdan de calibre 9 mm PB, de la casa rusa Barnaul, disparado*

Al igual que en el caso del Boxer, el mecanismo iniciador Berdan se da en diferentes formatos y tamaños:

1. *Small pistol*: 4,49 mm (0,177") de diámetro; 0,39 mm (0,0157") de grosor de la base y una carga media de 21,2 mg de fulminante.

2. *Large Pistol*: 5,08 mm (0,2") de diámetro; 0,43 mm (0,0169") de grosor y una carga de 28,8 mg.

3. *Large rifle*: 5,49 mm (0,2165") de diámetro; 0,77 mm (0,0303") de grosor y una carga de 39 mg[81].

## 3.3. Mezclas iniciadoras

### 3.3.1. Tipos

Como hemos visto en apartados anteriores, los fulminantes originales se basaban principalmente en dos substancias, el fulminato de mercurio ($Hg(CNO)_2$) y el clorato potásico ($KClO_3$), actuando en solitario o en diversos tipos de combinaciones. En el primero de los casos, ambos resultaban inestables e impredecibles. Sus combinaciones, por otra parte, si bien aprovechaban las cualidades igníferas de los dos detonantes en formulaciones más estables y manejables, fueron revelándose problemáticas con el paso del tiempo.

Por ejemplo, con la introducción de la cartuchería metálica, se observó que el mercurio hacía quebradizas las vainas de latón al amalgamarse con el zinc de la aleación, lo que las volvía peligrosas para el disparo y, desde luego, inservibles para recarga[82]. Con el paso de la pólvora negra a la pólvora sin humo, que no deflagra con la facilidad de su predecesora, se percibió que el fulminato de mercurio perdía gran parte de su poder iniciador tras un cierto periodo de almacenaje.

El clorato potásico, por su lado, dejaba residuos de cloruro potásico tremendamente corrosivos en el cañón, que en el periodo de la pólvora negra eran hasta cierto punto cubiertos y neutralizados por los propios —y nada escasos— residuos del

[81] M. Bussard, *Ammo Encyclopedia*, p. 148.
[82] J. S. Wallace, *Chemical Analysis of Firearms, Ammunition, and Gunshot Residue*, p. 43.

propelente. Pero con el paso a las pólvoras modernas, mucho más limpias, el cloruro potásico residual resultó más agresivo, depositándose en las estrías del cañón y atrayendo allí la humedad exterior debido a su carácter higroscópico. Tratándose de una sal perfectamente soluble en agua, podía limpiarse del ánima del arma con un baño de este líquido, pero sólo a condición de que la eliminación del residuo fuese completa y el cañón quedase absolutamente seco.

Inconvenientes como éstos propiciaron la búsqueda de fulminantes libres de mercurio y no corrosivos. En la década de 1920 se desarrollaron en Alemania los compuestos a partir de estifnato de plomo ($C_6HN_3O_8Pb$), que recibirían el nombre general de "Sinoxyd". La idea fue adoptada algo más tarde por Winchester y Remington en EEUU y hoy en día se aplica a casi toda la munición deportiva y parte de la militar[83]. Hasta el año 2000, la mezcla iniciadora más común estaba constituida por estifnato de plomo, nitrato de bario, sulfuro antimónico y tetrazina. En ésta, el estifnato y la tetrazina actúan como explosivos, el nitrato de bario como oxidante y el sulfuro antimónico como combustible para prolongar la llama. Ahora bien, la acumulación de residuos de plomo en el aire, en las galerías de tiro, ha llevado a algunos fabricantes de munición a buscar soluciones alternativas, como el "Sintox" de Geco, un compuesto iniciador con base de zinc y titanio[84].

### 3.3.2. Categorías

En función de todo lo anterior, los compuestos iniciadores se encuadran en seis categorías fundamentales:

---

[83] M. Bussard, *Ammo Encyclopedia*, p. 150.
[84] B. J. Heard, *Handbook of Firearm and Ballistics*, p. 88-9.

1. Mercúricos y corrosivos: con base de mercurio y clorato potásico.

2. Mercúricos y no corrosivos: con base de mercurio, pero sin clorato potásico.

3. No mercúricos y corrosivos: con base de clorato potásico, pero sin mercurio.

4. No mercúricos y no corrosivos (NMNC): sin mercurio y sin clorato potásico; con base de estifnato de plomo, tipo Sinoxyd.

5. NMNC sin plomo: tipo Sintox.

6. Compuestos inusuales.

### 3.3.3. Componentes

Además de la base explosiva, otras substancias entran en la composición de las mezclas iniciadoras a fin de optimizar la reacción. Entre ellas destacamos:

1. **Potenciadores de la detonación**, como el tetrazeno, TNT, tiocianato de plomo y la pentrita.

2. **Combustibles sólidos para una mejor combustión**, como el siliciuro de calcio, sulfuro de antimonio, o aluminio y titanio en polvo.

3. **Oxidantes para potenciar la reacción**, como el nitrato de bario, dióxido de plomo, nitrato de plomo, clorato potásico, nitrato potásico y peróxido de zinc.

4. **Aglutinantes** para mantener unido el compuesto, como goma arábiga y gelatina.

5. **Friccionadores**, como cristal triturado y polvo de aluminio, para ampliar el efecto de la percusión.

6. **Fijadores**, como laca, papel y papel de alumino. La laca o barniz se emplea no sólo internamente para fijar el fulminante, sino también externamente para asegurar el pistón en el culote del cartucho e impermeabilizarlo.

## 4. Eventos históricos de importancia en la evolución de los mecanismos iniciadores[85]

| | |
|---|---|
| Mediados del s. XV | La llave de mecha aparece en Europa. |
| c. 1500 | Según unos autores, Leonardo Da Vinci inventa la llave de rueda. |
| 1509 - 1547 | Reinado de Enrique VIII en Inglaterra. El revólver de la Torre de Londres pertenece a este periodo. Enrique VIII equipa a gran parte de su caballería con armas de llave de mecha. |
| 1517 | Según otros autores, Johann Kiefuss inventa la llave de rueda este año. |
| c. 1530 | Carlos V introduce en España la llave de rueda después de haber sido coronado emperador del Sacro Imperio. |
| 1610 | Marin Le Bourgeoys fabrica la primera arma con llave de pedernal para el rey Luis XIII de Francia. |
| 1690 | Todo el ejército inglés es equipado con armas de llave de pedernal. |
| 2ª mitad del XVII | Johann Kunckel describe la reacción de nitrato de mercurio con alcohol para formar fulminato de mercurio. |
| 1788 | Claude Louis Berthollet descubre el clorato de potasio. |
| 1799 | Edward Charles Howard aisla el fulminato de mercurio. |
| 1800 | Edward Charles Howard presenta el fulminato de mercurio en la Royal Society. |

[85] Véase el ilustrativo y detallado esquema de los sistemas de fuego en la era de avancarga en la siguiente dirección: http://swarmrifle.com/the-gunpowder-age.html.

| | |
|---|---|
| 1807 | Alexander Forsyth patenta en Inglaterra el uso de substancias detonantes para ignición de la pólvora negra. |
| 1808 | Jean Samuel Pauly crea el primer cartucho integrado con un sistema iniciador de fuego central todavía embrionario. |
| 1814 | Joshua Shaw crea en los EEUU la cápsula de percusión. |
| 1818 | Joshua Shaw cambia el fulminato de mercurio de su cápsula de percusión por una mezcla de fulminato de mercurio, clorato potásico, azufre y carbón. |
| 1832 | Casimir Lefaucheux inventa el *cartucho de espiga*. |
| 1836 | El ejército inglés recibe sus primeros mosquetes de percusión. |
| | Dreyse presenta su rifle, el primero con sistema de cerrojo, y su nuevo cartucho al ejército prusiano. |
| 1838 | El ejército de Inglaterra adopta el sistema de percusión para todas sus nuevas armas de fuego. |
| 1840 | Francia adopta el sistema de percusión para sus nuevas armas de fuego militares. |
| 1841 | El ejército prusiano adopta el rifle de Dreyse. |
| 1842 | El ejército de los EEUU adopta el sistema de percusión para sus armas de fuego. |
| 1846 | El ejército americano adopta el sistema de percusión de Shaw. |
| | Louis Nicolas Flobert crea en Francia el cartucho de fuego anular y sin propelente que lleva su nombre. |
| 1851 | Sale al mercado el Colt Navy con sistema de percusión. |

| | |
|---|---|
| 1856 | En EEUU, Smith & Wesson produce el primer cartucho metálico norteamericano, en .22 Short, para un revólver de bisagra. George W. Morse patenta un sistema de fuego central para cartuchería enteramente metálica. |
| 1866 | El coronel Hiram Berdan en EEUU, en Marzo, y el coronel Edward M. Boxer en Inglaterra, en Octubre, patentan sus respectivos sistema de ignición por fuego central. |
| 1869 | Segunda patente de Berdan de su sistema de fuego central mejorado y patente americana de Boxer. |
| 1923 | Rathburg patenta un compuesto iniciador no mercúrico con base de estifnato de plomo. |

# CAPÍTULO 5: PROYECTIL

## *El cartucho y sus componentes (3): El proyectil*

### 1. Breve historia de su desarrollo

#### 1.1. Inicios

Si un amplio grupo de investigadores tiene razón y hay que hallar el ancestro de las armas de fuego en los primitivos lanzallamas —o *lanzas-llama*— chinos del siglo xii, es lógico pensar que el siguiente paso en el desarrollo de estos ingenios bélicos fue introducir en ellos fragmentos de cualquier material duro, cortante, cegador, etc., que la pólvora del cañón pudiese proyectar con fuerza suficientemente dañina. Para entonces, la pólvora habría evolucionado de la mezcla incendiaria original, con un bajo porcentaje de salitre (alrededor del 50%), a otra más explosiva con un porcentaje de salitre superior; mientras que el cañón, que en sus orígenes parece haber sido de bambú, se habría hecho de hierro a fin de soportar presiones superiores, consistentes con los nuevos requisitos bélicos [86] . En su transformación de portables a pesados, estos artefactos dieron lugar a los toscos cañones conocidos como *erupters* o "armas de erupción", sostenidos por una estructura de madera o transportados en carros de ruedas[87].

Un cañón de ánima lisa y avancarga, esto es, de superficie interior no estriada y que recibe la pólvora y el proyectil (o proyectiles) por separado a través de su abertura frontal, puede "escupir" casi de todo. Y el proyectil más inmediatamente accesible es la piedra, guijarros pulidos por vía natural o de

---

[86] Cf. K. Chase, *Firearms, A Global History to 1700*, pp. 31-2; J. Kelly, *Gunpowder*, p. 15 & R. Pauly, *Firearms. The Life Story of a Technology*, pp. 13-5.
[87] J. Kelly, ibíd. p. 15.

forma manual y de un diámetro algo inferior al de los nada modestos cañones de las armas portables primigenias. De hecho, el uso de la bola de hierro o de plomo no comienza en Europa hasta el siglo xiv[88]. Algunos autores sugieren incluso que esto no ocurre hasta mediados del xv[89], pero el encargo del rey Eduardo III a la Torre de Londres en 1346 de que le envíen armas a Francia junto con "arcones de almacenaje, perdigiones (*pellets*) grandes y pequeños de plomo, piezas de plomo para hacer perdigones, y barriles de pólvora, salitre y azufre"[90], indica que la bola de plomo municionaba las armas de fuego antes ya de que aquel siglo llegase a su mitad. Hacia el tiempo del rey Enrique VIII de Inglaterra (1509-1547), cada arma se vendía ya con el molde que permitía al usuario fabricarse las balas con plomo fundido[91]. Sea como fuere, una vez apareció, la bola metálica se mantuvo de forma incontestada como proyectil hegemónico durante cuatrocientos años, en la más moderada de las estimaciones.

La bola de plomo no tiene una configuración precisamente aerodinámica. Disparada desde un mosquete tradicional, encuentra cuatro veces más resistencia en el aire que los modernos proyectiles ojivales y pierde, por tanto, la mitad de su velocidad en los primeros 90 m de su trayectoria[92]. Por otra parte, el cañón liso de las viejas armas de avancarga no contribuía a darle una trayectoria estable. A fin de agilizar el proceso de carga del arma, algo fundamental para la supervivencia del soldado en medio del fragor de la batalla, se usaban bolas ligeramente subcalibradas que entraban de forma rápida y holgada en el cañón hasta su encaje, en el extremo posterior, contra la masa del propelente. Al dispararlas, sin

---

[88] J. S. Wallace, *Chemical Analysis of Firearms, Ammunition, and Gunshot Residue*, p. 19.
[89] M. Bussard, *Ammo Encyclopedia*, p. 95.
[90] D. Westwood, *Rifles. An Illustrated History of their Impact*, p. 4.
[91] Ibíd., pp. 19-20.
[92] J. Kelly, *Gunpowder*, p. 142.

embargo, éstas se deslizaban por todo el recorrido tubular del arma con corrientes de gas filtrándose por sus lados y generando minúsculos rebotes contra las paredes interiores del cañón, de manera que el último de ellos antes de emerger al exterior condicionaba en buena medida su trayectoria aérea.

Si bien estos proyectiles y estos cañones constituían unos sistemas balísticos notablemente imprecisos, a corta o a media distancia llegaban a ser arrasadores. La "caprichosa" trayectoria de la esfera de plomo podía compensarse con una carga múltiple de proyectiles, ya se tratase de tres o cuatro bolas del mismo calibre, correspondiente al cañón del arma, ya de una sola bola acompañada de un cierto número de postas. Durante la Revolución Americana se hizo habitual cargar en los mosquetes de la época las balas reglamentarias de calibre .69 (17,5 mm) ó .75 (19 mm) con un número de entre doce y quince gruesos perdigones del .30 (7 mm). El general George Washington acabó por convertirlo en práctica obligada y los franceses imitaron a los americanos en su expansión por el norte de África contra las elusivas guerrillas árabes[93].

Es fácil imaginar lo devastador de un disparo semejante en toda la distancia cubierta por esta docena y pico de proyectiles, mientras su cono de dispersión se mantuviese lo bastante homogéneo. A corta distancia, el blanco recibiría toda una serie de poderosos impactos de letalidad prácticamente asegurada; a distancia media, ya se tratase de un blanco móvil o estático, sería difícil no alcanzarlo con, al menos, uno o dos proyectiles.

La eficacia del disparo múltiple en las armas antiguas de ánima lisa pone en cuestión la tesis de Chase acerca del lento desarrollo de la tecnología armamentística en China respecto de Occidente, a pesar de que la pólvora y las armas de fuego se originasen en aquella cultura. Según este autor, las armas de

[93] J. G. Bilby, *Civil War Firearms*, pp. 17-20.

fuego primigenias eran poco eficaces en la lucha contra los escurridizos nómadas septentrionales, los mongoles, que constituyeron el principal problema militar del imperio chino. Para Chase la guerra de asedio y el énfasis en la infantería son los prerrequisitos del desarrollo de las armas de fuego; de ahí su más rápido avance en la Europa de los siglos xiv y posteriores[94]. Sin embargo, esta teoría parece tener en cuenta sólo la imprecisión del disparo simple de las armas de avancarga, un defecto de poca importancia, es cierto, cuando el tiro se efectúa con cañones contra enormes murallas, o bien con armas portables contra grandes masas de infantería en avance. Ahora bien, si el problema era una caballería rápida y dispersa, la tecnología armamentística china podría haber seguido una vía de desarrollo distinta, basada en densas líneas de fuego de armas capaces de potentes disparos múltiples. La hipótesis de Chase es sugestiva y elegante, pero otros factores tuvieron que intervenir en el escaso interés chino por el perfeccionamiento de sus originales inventos bélicos.

### 1.2. La era de transición

El camino hacia el proyectil tal como lo conocemos hoy vino determinado por dos importantes avances en el diseño de las armas de fuego. En primer lugar, el estriado de los cañones, que daría lugar al rifle. En segundo lugar, la transición de la avancarga a la retrocarga; un paso vacilante al principio y que en buena medida venía impuesto por las dificultades derivadas del estriado del cañón.

No está claro ni dónde, ni cuándo, ni cómo, ni gracias a quién surgió la idea de estriar el cañón de un arma de fuego. En cuanto al *quién*, unos atribuyen la invención al armero vienés Gaspard

---

[94] K. Chase, *Firearms, A Global History to 1700*, p. 65.

Kollner en el siglo xv; otros, a Augustus Kotter —o Kutler[95]— de Nüremberg en el año 1520. Esta segunda fecha es un tanto incongruente, dado que el espécimen más antiguo conocido podría ser un arma de bronce de la colección del emperador alemán Maximiliano I (1459 - 1519) que lleva la cota de armas usada por este monarca entre los años 1493 y 1508[96]; aunque según otro autor, el arsenal de Turín contaba ya con un arma de cañón estriado en 1476[97]. El *dónde* es, pues, probable que fuera Alemania o Austria... quizá Italia, si bien fue Europa central el área donde el rifle se hizo popular en sus comienzos. Además, la palabra "rifle" es de cuña germánica. Entre sus diversas acepciones originales, está la de "estría", "hacer surcos o estrías"; los términos *rifle*, *to rifle*, *rifling* (inglés) y *Riffel*, *riffeln* (alemán) conllevan ese significado.

El *cuándo*, por otra parte, tuvo que ser en la segunda mitad del xv. En lo que respecta al *cómo*, se ha sugerido la posibilidad de que fuera un invento accidental, una idea destinada en origen a dotar al cañón de unos pequeños surcos donde pudieran acumularse los residuos de las sucesivas descargas, a fin de facilitar la recarga y disparos subsiguientes del arma. El hallazgo de cañones con estriados rectos parece apoyar esta hipótesis[98]. Sin embargo, es plausible también que la idea derivase del intento de aplicar a los proyectiles de las armas de fuego el principio de estabilización por impulso giroscópico, conocido ya desde la era de la flecha, y que los cañones de estriado recto fuesen prototipos experimentales. Y cabe también la posibilidad, cómo no, de que se llegase al *rifle* paralelamente por ambas vías, la accidental y la deliberada.

---

[95] J. S. Wallace, *Chemical Analysis of Firearms, Ammunition, and Gunshot Residue*, p. 19.
[96] R. Pauly, *Firearms. The Life Story of a Technology*, p. 61.
[97] J. Kelly, *Gunpowder*, p. 144.
[98] Ibíd., p. 60.

Ya se llegase al rifle por cálculo o por casualidad, la mayor precisión de estas armas debió de parecer cosa de magia, allá por el siglo xvi, a las mentalidades supersticiosas de la época. Corrieron teorías, como la del nigromante Moretius, afirmando que quienes determinaban el vuelo de los proyectiles eran los espíritus del medio aéreo y que, puesto que los demonios no podían cabalgar balas que giraban sobre sí mismas, los proyectiles giroscópicos estaban libres de sus bribonas influencias.

Pero, al fin y al cabo, las balas son portadoras de muerte, así que su mayor precisión en esta fúnebre tarea ¿no era, por el contrario, cosa demoniaca?.

El Gremio de Tiradores de la ciudad alemana de Mainz decidió zanjar la cuestión en 1547. Se colocaron blancos a 200 yardas (180 m.), se dispararon veinte balas convencionales y otras veinte balas de plata, bendecidas tres veces y con una pequeña cruz inscrita en cada una de ellas. Las balas profanas ganaron la contienda. Estaba claro: la precisión del rifle era cosa de demonios.

Los diabólicos instrumentos quedaron prohibidos en la ciudad de Mainz[99].

Aparte de las dificultades de producción de cañones estriados con la tecnología de los siglos xv y xvi, el *rifle* de avancarga presentaba al usuario un problema que se volvía especialmente apremiante en el contexto de la acción bélica: una bala esférica ligeramente subcalibrada entraba con facilidad en el cañón liso

---

[99] Cf. M. Bussard, *Ammo Encyclopedia*, p. 68 & J. Kelly, *Gunpowder*, pp. 144-5.

de una pistola, arcabuz o mosquete, permitiendo una secuencia de fuego bastante decente, dado el armamento de la época. Pero la bola supercalibrada que requería el rifle, de modo que quedase atrapada por las estrías a fin de adquirir el impulso giroscópico deseado, sólo podía alcanzar el extremo interno del cañón a golpe de martillo.

Esto tenía tres esperables consecuencias: en primer lugar, el tiempo de carga se hacía eterno; en segundo lugar, cuando la bala reposaba por fin en su predestinado asiento contra el propelente se había deformado por completo; y en tercer lugar, las estrías del cañón sufrían un rápido desgaste ya que los proyectiles debían recorrerlas cada vez en doble sentido: durante la carga, antes de que el calor de la deflagración hubiese hecho el plomo más maleable, a martillazo limpio, y obviamente durante la descarga del disparo. De ahí que el rifle fuese con preferencia en sus orígenes un arma de caza, contexto en el que, cuando menos, el primero de los inconvenientes descritos —el más peligroso para vida del tirador— no tenía la misma relevancia.

El hecho de que el estriado de los cañones mejorase sensiblemente la precisión del disparo animó la búsqueda de soluciones al problema de la lentitud y dificultad de carga. Una de las primeras, ensayada ya en la Alemania renacentista, fue la de envolver la bala esférica algo subcalibrada en un parche lubricado que sería la pieza que permitiría el engarce con las estrías del cañón; sin embargo, la carga del arma no se agilizó mucho con ello, en especial cuando el cañón se hallaba sucio tras varios disparos y la grasa del parche formaba una pasta con el hollín residual[100].

La auténtica era de transición de la típica bola de avancarga al proyectil moderno comenzó en el siglo xix. Hasta entonces el

[100] R. Pauly, *Firearms. The Life Story of a Technology*, p. 62.

rifle había tenido una función honrosa pero meramente periférica, empleado sólo por grupos pequeños y especializados cuya desprotección, una vez efectuado el disparo, hacía necesario defenderlos con unidades de infantería dotadas del mosquete tradicional. Sin embargo, los rifles americanos —una evolución de los viejos Jäger[101] alemanes que habían migrado al Nuevo Continente con los colonos germanos— causaron no poca impresión en los británicos durante la Revolución de 1776, poniendo en el punto de mira y decimando desde la distancia a los oficiales enemigos. Maniobra ésta que pareció vil y poco "deportiva" a los ingleses[102] pero, al mismo tiempo, brutalmente eficaz.

Si el rifle debía lograr un mayor protagonismo bélico, superar su indefensión exigía agilizar la secuencia del disparo, esto es, acelerar la carga del arma, y dotarlo de bayoneta. El que nos interesa aquí es, sobre todo, el primero de estos problemas, cuya solución pasaba necesariamente por una de estas dos opciones, o bien por las dos conjuntamente: modificar el diseño del proyectil o cambiar drásticamente la manera de alimentar el arma.

Descartado el sistema de avancarga, la segunda de estas opciones presentaba un nuevo problema por sí misma: desarrollar un mecanismo de retrocarga lo bastante compacto y seguro para que los gases de la deflagración no se filtrasen al exterior a través de piezas imperfectamente ajustadas. A pesar de los intentos desde antiguo por producir un dispositivo de estas características, la tecnología de los siglos anteriores al xix simplemente no estaba a la altura. El mayor del ejército británico Patrick Ferguson logró, sin embargo, los mejores resultados hasta el momento en 1776 con un rifle de retrocarga basado en el diseño de 1721 del exiliado francés en Londres

---

[101] *Jäger* en alemán significa cazador, lo que evoca la estrecha relación del rifle con la caza en sus orígenes.

[102] A. Rose, *American Rifle. A Biography*, p. 57.

Isaac de la Chaumette. El rifle Ferguson tuvo su impacto en la Revolución Americana dando a los ingleses la victoria en la batalla de Brandywine[103]. Se dice que el propio Washington estuvo en el punto de mira del rifle del mayor Ferguson, pero que éste no efectuó el disparo porque le pareció impropio y poco caballeroso abatir a un oficial enemigo desde el ocultamiento en la distancia[104]. El estudioso David Westwood ha escrito elogiosamente sobre el rifle Ferguson:

> *Hay diversos puntos en el tiempo en que uno puede preguntarse si un arma específica habría podido cambiar el curso de la historia. De hecho, sólo hay un rifle con este potencial que venga a la mente y se trata del primerísimo de los diseños logrados: el rifle del coronel Ferguson de 1775. Si las tropas británicas hubiesen estado armadas con él, las Guerras Napoleónicas se habrían acortado y la guerra de 1812 quizá habría tenido una conclusión distinta*[105].

El sistema de retrocarga seguiría una evolución en América que llevaría, entre otros, al rifle Hall (1811), el Sharps (1848), la carabina de Gilbert Smith (1857) y el Springfield Model 1866 —todos ellos monotiro— y, por una vía en parte paralela, a los repetidores surgidos del rifle "Volcánico" (1848), esto es: el Henry (1860), el Spencer (1860), y el fértil linaje de los Winchester a partir de 1866, todos ellos accionados por palanca y con un depósito tubular debajo del cañón —o en la culata, en el caso del Spencer— para la munición.

En Europa, por su parte, el sistema de retrocarga evolucionaría a través del Pauly (Francia, 1812), el Dreyse (Prusia, 1836), el

---

[103] El 11 de Septiembre de 1777.

[104] Particularmente recomendable es el siguiente vídeo de Youtube sobre el rifle Ferguson: http://www.youtube.com/watch?v=jgf5FwjZYBo .

[105] D. Westwood, *Rifles. An Illustrated History of their Impact*, p. xi.

Snider-Enfield (Inglaterra, 1860), el Chassepot (Francia, 1866), el Vetterli (Suiza, 1867), el Albini-Braendlin (Bélgica, 1867) y el Martini-Henry (Inglaterra, 1869), entre otros, con predominio de la acción por cerrojo en lugar de palanca, siguiendo el diseño de Johann Nikolaus von Dreyse. Pero el problema de la retrocarga mencionado anteriormente —la filtración de gases al exterior por el imperfecto ajuste de las piezas del mecanismo— no acabaría de resolverse del todo hasta que se generalizase el uso de la cartuchería metálica y las nuevas vainas de latón contribuyesen a obturar la recámara al dilatarse durante la deflagración del disparo.

El rifle de avancarga no desapareció de la escena bélica, ni mucho menos, con los primeros y dudosos coleteos de la retrocarga, y ello obligó a buscar soluciones en el propio diseño del proyectil al gravísimo problema que suponía la dificultad de cargar un arma estriada por la boca del cañón. De las muchas y variadas respuestas dadas a este desafío, destacaremos las siguientes:

El **rifle oval**, también llamado **Brunswick biestriado de infantería**, fue presentado en 1831 en Brunswick por el mayor Berner, del regimiento alemán de los Brunswick Negros (*Schwarze Braunschweiger*), que aparentemente se inspiró en un diseño español de 1725[106]. El rifle de Berner tenía 39,64" (1006,85 mm) de cañón, de un calibre de 0,62" (15,75 mm). Su novedad consistía en tener dos únicas estrías de 0,54" (13,72 mm) de anchura a la altura de la cámara y durante un recorrido de 5,153" (130,89 mm); a partir de ese punto, las estrías se reducían a una anchura de 0,287" (7,29 mm), de forma ovalada. Los proyectiles que usaba este sistema eran originalmente de forma oval, pero luego se substituyeron por la simple esfera de plomo, disparada con cargas de pólvora de entre 67 y 84 grains.

---

[106] W. W. Greener, *The Gun and Its Development*, p. 629.

*Sección transversal del cañón del rifle oval (izquierda) y proyectil oval*

El sistema Brunswick fue perfeccionado —otros dirían "estropeado"— por el inspector de armas George Lovell en la Inglaterra de finales de los 1830 para su adopción por el ejército inglés. La "mejora" consistió en reforzar la parte media del proyectil —la bola de plomo característica— con una banda o cinturón del mismo metal. La idea era que la bala llegase hasta el extremo profundo del cañón encarrilada al estriado por la parte protuberante de la esfera, el cinturón, en lugar de hacerlo tropezando de estría en estría al forzarla al interior con baqueta y martillo, lo que dañaba tanto al rayado del cañón como al propio proyectil. La bala pesaba 557 grains, tenía un diámetro de 0,696" (17,68 mm) por la parte no reforzada y de 0,752" (19,10 mm) por la parte del cinturón, y se disparaba con una carga de 54,69 grains de pólvora. Los resultados no fueron ni mucho menos los esperados: el cinturón de metal a menudo se rompía o distorsionaba, la profundidad extra de las estrías contribuía a una mayor acumulación de residuos y la extravagante morfología de las balas desestabilizaba su trayectoria.

Fig. 67.

*Esbozo frontal del cañón Brunswick (arriba) y bala correspondiente (abajo)*

En Francia, ya en 1828, el capitán **Delvigne** desarrollaba su propio sistema. Éste consistía en el uso de una bala esférica tradicional algo subcalibrada que se introducía en un cañón de doce estrías no muy profundas, de anchura igual a los campos y de paso rápido. Una vez introducida en el cañón, la bala se golpeaba fuertemente con la baqueta a fin de aplanarla agrandando su diámetro, de modo que, al dispararla, se enganchase en las estrías del arma. Con este método, no sólo se deformaba la bala, sino que también sufría la consistencia del propelente, aplastado por el proyectil contra el extremo interno del cañón. Delvigne ideó, así pues, una recámara para el propelente de diámetro más pequeño que el calibre del arma a fin de salvaguardar la pólvora de los golpes infligidos a la bola de plomo. El reborde de la recámara servía, en el nuevo diseño, para la compresión del proyectil, con la ventaja adicional de que, encajada en él, la bala quedaba centrada respecto al eje del cañón. Sin embargo, la deformación del plomo por los golpes de baqueta seguía afectando al propelente, por lo que se incorporó al sistema la bala ideada por el coronel **Pontcharra**, provista de un sábot de madera envuelto en un parche lubricado.

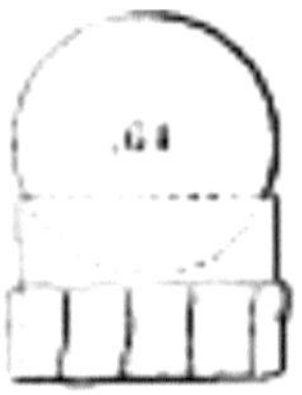

*Bala de Pontcharra, con su sábot de madera*

En este caso, el remedio fue casi peor que la enfermedad: el sábot se atascaba en medio del cañón cuando éste había acumulado residuos de varios disparos, o bien, si alcanzaba su buscada posición, se rompía bajo los golpes infligidos a la bala con el fin de dilatarla. Posteriormente, la bola de plomo fue substituida en este sistema por la **bala cilíndrico-esférica del coronel Thierry**, por la **cilíndrico-cónica del propio Delvigne** y, aun después, a partir de 1841, por el **proyectil cilíndico-cónico de François Tamisier**, dotado de tres profundas acanaladuras que estabilizaban su vuelo y mejoraban la precisión.

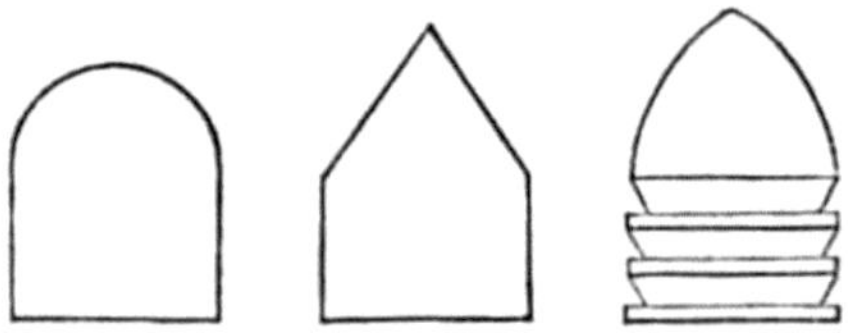

*Proyectil cilíndrico-esférico de Thierry (izquierda), cilíndrico-cónico de Delvigne (centro) y estriado de Tamisier (derecha)*

El proyectil Tamisier, cuyas acanaladuras dificultaban la deformación necesaria para su encarrilamiento por el estriado del cañón en el sistema Delvigne, funcionó mejor en el **diseño Thouvenin**. En 1840, el oficial de artillería Louis-Étienne Thouvenin dio una nueva vuelta de tuerca al invento de su precursor dotándolo de una espiga de hierro (*tige*) con eje concéntrico al cañón del arma y diámetro igual a la mitad del calibre, que partía del extremo interno y atravesaba la recámara del propelente para asomarse al espacio tubular donde se asentaba el proyectil. En este nuevo diseño, la bala se deformaba golpeándola contra la espiga y, si se usaba la baqueta de extremo cóncavo, se conseguía un proyectil pasablemente similar a una ojiva hueca mediante una especie de moldeado por compresión. Si, por otra parte, se empleaba un proyectil cilíndrico-cónico como los diseñados por Tamisier, la baqueta cóncava con figura de ojiva a la inversa, salvaguardaba la forma de la bala. En este sistema, sin embargo, la espiga sufría arqueos por la presión de la carga y corrosión por efectos de la descarga; la limpieza del interior del cañón se complicaba y la acumulación de residuos en la cámara del propelente hacía que, con el tiempo, la carga de pólvora no cupiese en ella, se desbordase e interfiriese con la expansión de la bala; además, la precisión del disparo dependía de la fortuna en deformar el proyectil.

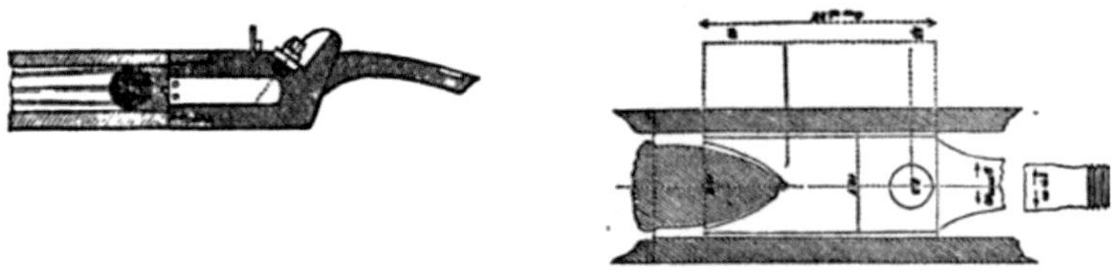

*Sistema Delvigne (izquierda) con la bala inserta en el sábot de madera Pontcharra y sistema Thouvenin (derecha) con uso de baqueta cóncava*

Lo irónico de toda esta tecnología es que la expansión de la bala en el interior del cañón podía lograrse sin necesidad de golpearla contra una superficie o clavija; bastaba con dar lugar a una configuración que aprovechase las propiedades dilatativas del plomo. Esto lo había intuido ya el capitán británico John Norton en la década de 1820, quien tomó la tradicional bola del mosquete, le dio una base cóncava y la encajó contra el propelente de modo que éste llenase la oquedad. Al disparar, los gases de la deflagración dilataban la bala desde su interior forzándola a engancharse en el estriado. La idea era sana y, como veremos, anticipaba ya lo que sería la culminación de este sistema, pero el ejército inglés la rechazó por radical y no prosperó[107].

El armero de Birmingham **William Greener** no se alejaba mucho de esta primera intuición cuando presentó su propio diseño en 1836: una bala de forma ovoide, de base plana, de una longitud 1,5 veces mayor que el calibre, perforada por el interior desde la base en casi toda su longitud y con una clavija [108] ligeramente afilada insertada en el hueco. Al deflagrar, la pólvora empujaba la clavija hacia el interior del proyectil ayudando con ello a su expansión.

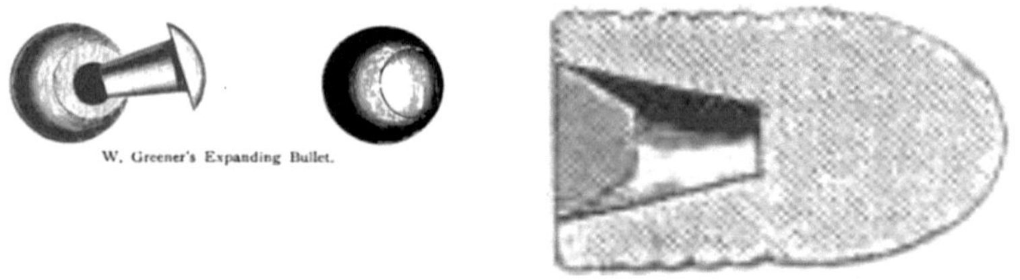


*Vista posterior (izquierda) y sección transversal (derecha) de la bala de Greener*

La bala expansiva alcanzó en 1849 su diseño más popular con el capitán francés **Claude-Étienne Minié**, que creó una versión cilíndrico-cónica del proyectil de Greener, con una espiga metálica en la perforación interior que contribuyese a la expansión y con anillos en la base cilíndrica, según la propuesta

[107] R. Pauly, *Firearms. The Life Story of a Technology*, p. 73.
[108] De metal, según Westwood (p. 22), que sigue estrechamente a W. W. Greener (p. 629), y de madera según Pauly (p. 73).

de Tamisier. Las tres estrías o acanaladuras entre estos anillos podían engrasarse a fin de facilitar la carga del rifle y mejorar el disparo. El sistema de fuego para el que estaba destinada la **bala Minié** prescindía de la recámara de Delvigne así como de la espiga (*tige*) de Thouvenin. Este diseño, aun sin ser original, se hizo tan célebre que dio nombre al conjunto de los proyectiles expansivos de la época, a los que a menudo nos referimos como "bala tipo minié". En palabras de un testigo de la época, el mayor Alfred Mordecai, del ejército norteamericano:

> *[...] la adopción del método del capitán Minié, consistente en una bala expansiva por medio de una cuña cónica de hierro insertada en la cavidad de la base, ha hecho que el nombre de* bala Minié *se aplique de forma general a toda la categoría de balas autoexpansivas y que el de* rifle o mosquete Minié *se use para todas las armas que las disparan, aunque el capitán Minié no ha inventado ningún rifle en particular*[109].

La belga **Nessler** y la del coronel belga **Timmerhans**, algo posteriores, siguieron el mismo principio expansivo. **Pritchett** en Inglaterra y **James Burton**, en EEUU, modificaron la bala Minié despojándola de la espiga metálica y permitiendo que los gases de la deflagración del propelente realizasen todo el trabajo de expansión desde el interior hueco del proyectil, lo que constituía un retorno al principio en el que se basara el precoz diseño de John Norton. Diversos experimentos habían demostrado que la cuña no sólo no era impresicindible para provocar la expansión, sino que en ocasiones, incluso estando hecha de un material tan blando como el corcho[110], podía atravesar todo el interior del proyectil. Por otro lado, el reto que debían afrontar las balas autoexpansivas sin cuña era el de

[109] A. Mordecai, *Military Commission to Europe in 1855 and 1886*, p. 173.
[110] Ibíd., p. 173.

adecuar el grosor de las paredes del cilindro hueco que formaba la base del proyectil a la carga de pólvora, de modo que la deflagración no desgarrase la bala.

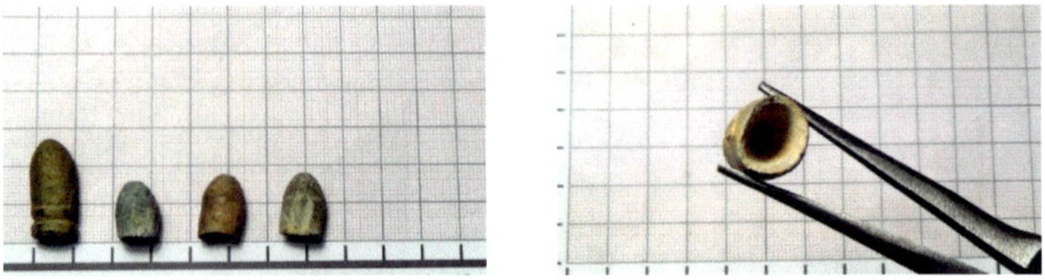

*Balas tipo Minié (izquierda) e interior de uno de estos proyectiles (derecha)*

También en Inglaterra, **Wilkinson** creó un diseño de proyectil sólido, sin cavidad, que propiciaba la dilatación por medio de acanaladuras profundas, muy anguladas, en la parte cilíndrica del cuerpo de la bala. En este sistema, los gases provocan la expansión al forzar el cuerpo cilíndrico contra el cono del proyectil, lo que hace necesario que este último tenga el peso adecuado. Concretamente, lo que hace la presión de los gases es empujar los anillos de las estrías de modo que el lado oblicuo de las mismas penetre a modo de cuña en el anillo superior y lo dilate, cosa que sólo puede ocurrir si los lados de las acanaladuras son lo bastante largos y la fuerza del gas supera de modo progresivo la inercia del cono. Lo primero depende de la profundidad de las estrías del rifle y lo segundo, de la fuerza del propelente: estrías profundas requerirán lados largos en las acanaladuras y fuertes cargas de propelente exigirán conos menos pesados[111].

[111] Ibíd., p. 218.

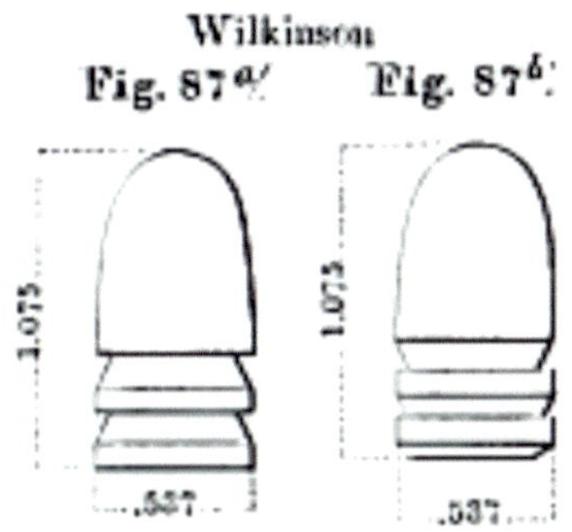


*Diseños de Wilkinson*

Por su parte, **John Jacob**, un oficial inglés de alto rango en el ejército indio, concibió en 1845 un proyectil también cilíndrico-cónico, con surcos verticales en la base cilíndrica. Éstos daban lugar a cuatro aristas salientes que concordaban con las cuatro estrías del rifle que lo disparaba y con el que logró notables resultados. Posteriormente, basándose en sus propios experimentos y en el diseño de Minié, Jacob creó una bala explosiva substituyendo la cuña de la bala expansiva tradicional por un tubito de cobre relleno de pólvora y con fulminante por la parte de la ojiva[112].

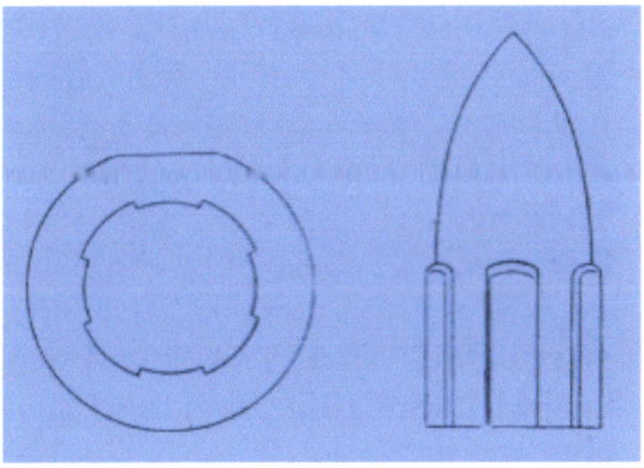

*Proyectil de Jacob (derecha) y frontal del cañón correspondiente (izquierda)*

---

[112] W. W. Greener, *The Gun and Its Development*, p. 632.

El norteamericano **Walter Hunt** llegó en 1848 a un diseño original que bautizó como ***rocket-ball*** ("bala-cohete"). Se trataba de un proyectil cilíndrico-esférico, con una perforación rellena de pólvora por la parte del cilindro y una chapa de corcho en la base que contenía el fulminante en un agujero central[113]. No se trataba de una bala explosiva como la de Jacob, sino de un proyectil que alojaba en su interior el medio impulsor a modo, efectivamente, de "cohete". La *rocket-ball* era la munición que alimentaba el "rifle volcánico" (*Volcanic Rifle*) de Hunt, originalmente llamado "repetidor volitivo" (*Volition Repeater*) y antepasado de los rifles de palanca. Los diseños de Hunt, sin embargo, eran muy embrionarios y no prosperaron hasta ser retomados en 1854 por Horace Smith & Daniel B. Wesson y, posteriormente, por B. Tyler Henry & Oliver Winchester.

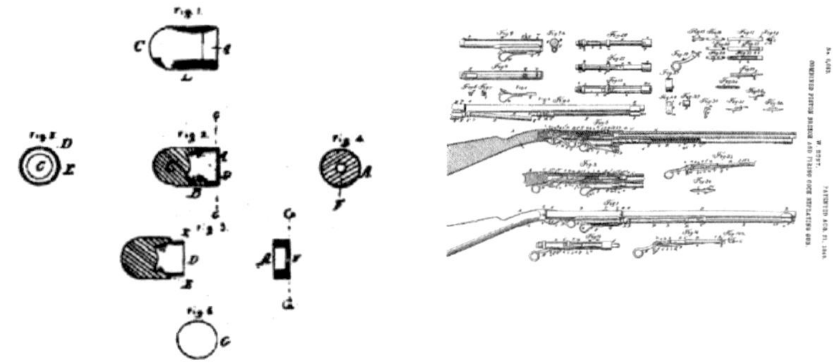

*Diseños de la* rocket-ball *(izquierda) y del* volition repeater *(derecha) de Hunt según las patentes 5701 de 1848 y 6663 de 1849 respectivamente*

Entre los innumerables diseños concebidos para dar respuesta a los desafíos planteados por el rifle de avancarga, mencionaremos todavía el **sistema Whitworth**, precursor del estriado poligonal que hoy aplican con éxito a sus pistolas firmas tan prestigiosas como Heckler & Koch, Glock y

[113] J. Lugs, *Firearms Past and Present* I, p. 144.

Tanfoglio, entre otras. En 1854 el ingeniero británico Joseph Whitworth patentó su idea de un cañón de rifle hexagonal. En lugar de "campos" y "estrías", el trazado poligonal tiene "montes" y "valles"; el proyectil no se encastra en los surcos, sino que adquiere el impulso giroscópico deslizándose más suavemente por las seis caras internas del cañón en disposición helicoidal, lo que en principio sugiere una mayor velocidad inicial para la bala[114]. Whitworth diseñó asimismo un proyectil hexagonal cuyas caras coincidían con el trazado del rifle, de calibre .451 (11,5 mm), que evolucionaba de acuerdo con un paso de estría de 1:20" (un giro completo cada 508 mm lineales) y con el que obtuvo excelentes resultados disparando a un blanco a 1800 m. El rifle Withworth, aunque inspirado y eficaz, era caro de producción y tardío: con la década siguiente llegaría el rápido desplazamiento de los rifles de avancarga por los de retrocarga, cerrojo y palanca.

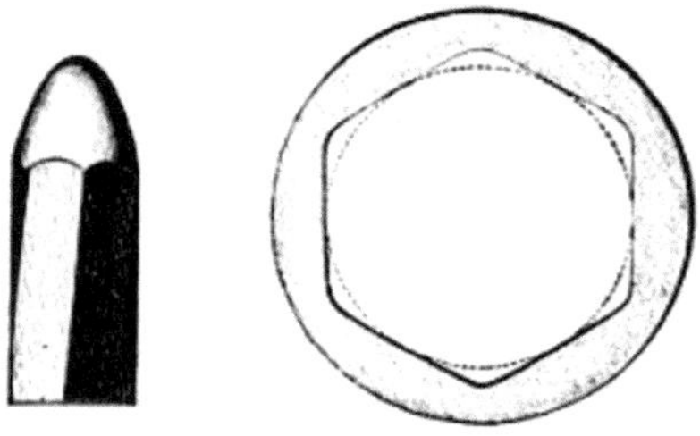

*Sistema Whitworth: proyectil (izquierda) y contorno del cañón (derecha) observado desde la boca*

[114] En las pistolas con estriado poligonal actuales se calcula, en efecto, que el proyectil gana entre un 5 y un 6% de velocidad en boca de cañón (Cf. Di Maio, *Gunshot Wounds*, p. 33).

### 1.3. Los Informes Mordecai y Schön

En 1855 el ministro de defensa (*Secretary of War*) norteamericano Jefferson Davis envió a Europa una comisión de oficiales de alto rango del ejército para que estudiasen la tecnología militar del viejo continente y, sobre todo, su impacto en el escenario bélico de Crimea, donde Rusia hacía frente a una alianza formada por los imperios francés, inglés y otomano, más el minúsculo reino de Cerdeña. El mayor Alfred Mordecai, que formaba parte de esta comisión, escribió un importantísimo y detallado informe, *Military Commission to Europe in 1855 and 1856*, un testimonio de primera mano sobre la revolución tecnológica que estaba teniendo lugar en el ámbito armamentístico a mediados del siglo xix. Como apéndice a su trabajo, incluyó además la exposición del capitán J. Schön del ejército de Sajonia sobre los sistemas “modernos” de armas portables. Uno y otro informes resultan de vital importancia para comprender la evolución del rifle y su proyectil en ese momento crucial de la historia de las armas estriadas en que, gracias a los nuevos diseños, estaban a punto de implantarse definitivamente en la escena bélica.

A continuación presentamos las observaciones de Mordecai, complementadas por algunas particularmente relevantes de Schön, en lo que respecta al desarrollo de los nuevos proyectiles, su uso en los distintos sistemas de fuego y sus características generales, sintetizadas en la forma de una tabla que propicie una rápida asimilación de los contenidos. La información proporcionada por los oficiales Mordecai y Schön no es completa en lo que hace a todos los parámetros de los diversos sistemas de tiro, pero aun así es ilustrativa.

| POTENCIA | SISTEMA | IMAGEN |
|---|---|---|
| Rusia | Bola de plomo esférica de calibre 1,6 mm (*18 to the pound*) y 388,84 gr de peso para mosquete de percusión o de pedernal pasado a percusión. | |
| Rusia | *Nessler*: proyectil cilíndrico-esférico con parte cilíndrica muy corta, hueco por dentro y con cuña expansiva. Disparado con este sistema, alcanza 300 ó 400 yardas, el doble de la bola. Presentado en cartucho de papel con la parte de la bala engrasada con sebo fundido; de 464 gr de peso, impulsado por 85 gr de pólvora; para mosquete de percusión o de pedernal pasado a percusión. |  |
| Rusia | *Nessler*: proyectil cilíndrico-cónico, hueco, con cuña expansiva y con tres acanaladuras en la parte cilíndrica; de 755 gr de peso; para Rifle con 4 estrías profundas. |  |
| Rusia | Bala cilíndrico-cónica, de 1,191" de longitud, peso de 689 gr y 0,70" de diámetro por la parte más ancha, esto es, la juntura del cilindro y el cono. El cartucho se ata a las acanaladuras de la bala con una hebra de lana untada en sebo; para *Carabine à tige*. |   |

| | | |
|---|---|---|
| Rusia | Modificación rusa de la bala *Brunswick*: ojival, con dos proyecciones laterales para encajar en las estrías del rifle. Diámetro menor de 0,692" y diámetro de 0,728" por la parte del refuerzo o cinturón. Peso de 788 gr y calibre 0,689". Usada en el rifle *Brunswick*: cañón de 31,49", con dos únicas estrías de 0,31" de ancho y 0,032" de profundidad. Paso de estría de 1:31,49". | Fig. 5 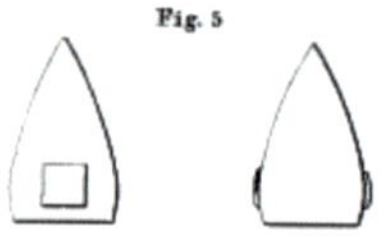 |
| Prusia | Proyectil tipo *Minié*: cilíndrico-cónico, de 1,23" de largo y tres acanaladuras en la parte cilíndrica llenas de una mezcla de cera, sebo y manteca. De 483 gr de peso, calibre 0,72" e impulsado por 100 gr de pólvora. Empleado en el *Defensions-Gewehr*: rifle de percusión, con 4 estrías de la misma anchura que los campos y una *tige* de 0,3" de diámetro por 1,85" de largo. | 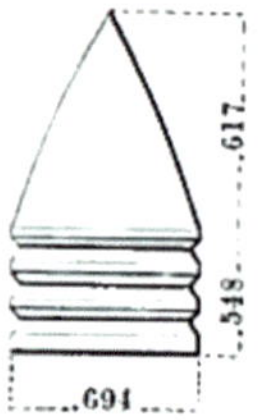  |
| Prusia | Proyectil cónico de 448 gr de peso, calibre 0,62" e impulsado por 56 gr de pólvora. Usado en el monotiro *Dreyse*, de 36" de cañón y con 4 estrías de paso 1:29". | |
| Prusia | Proyectil tipo *Minié*, cilíndrico-cónico para el *Rifle Jäger* con cañón octogonal de 27,6"; 8 estrías con un paso de 1:36"; con *tige* de 0,27" de diámetro por 1,7 de largo. | |
| Austria | Bola de plomo esférica de calibre 0,7" para el *Sistema Delvigne*. | |

| | | |
|---|---|---|
| Austria | Proyectil *Wilkinson*: Cilíndrico-ojival con 2 acanaladuras profundas por la parte cilíndrica. Envuelto con un papel fino que forma la cubierta exterior del cartucho, engrasado por la parte redonda de la bala y que se inserta junto con ella. La vaina de la pólvora es un cilindro de cartón envuelto con papel fino. La punta de la bala se inserta en la parte baja de este cilindro y la totalidad se envuelve de nuevo en papel fino. De 450 gr de peso, calibre 0,55" e impulsado por 62 gr de pólvora. Usado en el rifle *New Model*, de 37,5" de cañón, con 4 estrías de anchura igual a los campos y profundidad uniforme de 0,025", algo incrementada (junto con el calibre) en el espacio de 6" por la parte del cerrojo. Con paso de estría de 1: 75". |  |
| Austria | Proyectil *Wilkinson* como el anterior, del mismo peso, forma, calibre y carga de propelente pero para rifle de 27" de cañón, octogonal en el exterior y estriado como el precdente; con *tige* para los suboficiales y hombres de la tercera fila; sin *tige* para los soldados de las primeras y medias filas. |  |
| Austria | Proyectil *Wilkinson* como el anterior, pero de 680 gr, calibre 0,7" y propelido por 55 gr de pólvora, para Mosquete transformado. |  |

| | | |
|---|---|---|
| Austria | Bala cilíndrico-cónica de 1,035" de longitud y 0,692" de diámetro y peso de 652 gr. El cuerpo cilíndrico tiene 0,518" de longitud y una sola acanaladura de 0,089" de profundidad donde se inserta una hebra de algodón untada en sebo. Concebida para el *Sistema Delvigne*. |   |
| Francia | Bala de plomo esférica para mosquete de percusión o de pedernal pasado a percusión; peso de 437,44 gr y calibre 0,708". | |
| Francia | Bala tipo *Minié*, cilíndrico-cónica, con cavidad en la base pero sin cuña expansiva, de 720 gr de peso y calibre 0,708", impulsada por 70 gr de pólvora. Empleada en mosquete alterado por inserción de una *tige* con corte de 4 estrías de anchura igual a los campos y poco profundas (0,02" en el cerrojo, disminu-yendo hasta 0,004" en boca de fuego), con paso de estría de 1:78,74". |  |
| Francia | Bala *Minié*, cilíndrico-cónica, con dos acanaladuras en la parte cilíndrica y una cuña de hierro en la cavidad de la base. De prueba en la Escuela de Infantería de Vincennes. De 604 gr de peso e impulsada por 70 gr de pólvora en el mosquetón, pero por sólo 46 gr en el mosquetón *à la tige*. |  |

| | | |
|---|---|---|
| Francia | *Nueva bala de la Guardia Imperial*: cilíndrico-cónica, con una gran acanaladura y gran cavidad, sin cuña expansiva. De prueba en la Escuela de Infantería de Vincennes. De 535 gr de peso y para mosquete estriado y carabina sin *tige*. |  |
| Francia | *Cent Gardes*: bala cilíndrico-cónica, estriada, larga en proporción a su diámetro. Unida a su carga de pólvora y cubierta por detrás por una cápsula de cobre que contiene el iniciador. En calibre 0,36" y propelida por 30 gr de pólvora, para el rifle-carabina de la guardia montada del Emperador, un arma de retrocarga con sistema parecido al Sharps y cañón de 31,5" con 5 estrías. Paso de estría de 1:32,5". | |
| Francia/ Bélgica | Proyectil *Timmerhans*: cilíndrico-cónico, de 583 gr de peso, con una acanaladura cuadrada y cuña en la cavidad de la base. De prueba en la Escuela de Infantería de Vincennes. Para mosquete estriado y carabina sin *tige*. | |

| | | |
|---|---|---|
| Bélgica | Proyectil *Timmerhans*: cilíndrico-ojival, con longitud de 1,223" y 0,673" de diámetro, 721 gr de peso, calibre de 0,689" e impulsado por 85 gr de pólvora. Tiene 3 acanaladuras. La cavidad acampanada mide 0,574" de altura y tiene un diámetro en la base de 0,598". La cuña es 0,35" de largo por 0,3" de diámetro en la base y 0,15" en el extremo superior. Usado en rifle de cañón de 41,73", con 4 estrías de 0,255" de anchura y profundidad que disminuye hacia la boca de fuego desde 0,017" hasta 0,009"; paso de estría de 1:82". | 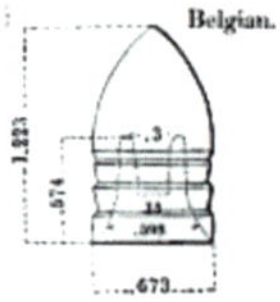 |
| Gran Bretaña | Bala *Bruswick*: esférica con refuerzo central, para *rifle Brunswick*, de dos estrías. Década de 1840. |  |
| Gran Bretaña | Bala *Minié*: cilíndrico-cónica, con cavidad en la base y cuña interior, pero sin acanaladuras en la parte cilíndrica. Tiene 1,03" de longitud, un diámetro en la base de 0,69" y la cavidad interna mide 0,54" de altura así como 0,4" de diámetro en la base; peso de 680 gr, calibre 0,702" y propelida por 68 gr de pólvora. Empleada en rifle con 4 estrías y paso de estría igual al doble de la longitud del cañón. Adoptado en 1851. |  |

| | | |
|---|---|---|
| Gran Bretaña | Proyectil *Pritchet*: cilíndrico-cónico, con cavidad acampanada de 0,27" de profundidad y 0,43" de diámetro en la base. Sin cuña expansiva. Longitud de 0,96", diámetro de 0,568", peso de 525 gr, calibre 0,577" e impulsado por 68 gr de pólvora. Usado en el rifle *Enfield*, con cañón de 39"; con 3 estrías de 0,014" de profundidad a la altura del cerrojo que disminuye hasta 0,004" en la boca de fuego. Paso de estría de 1:78". |  |
| Gran Bretaña | Bala *Minié*: cilíndrico-cónica, con cavidad y cuña expansiva de madera. De 0,96" de longitud y 0,568" de diámetro, peso de 525 gr, calibre 0,577" e impulsada por 68 gr de pólvora. Usado en el rifle *Enfield* descrito en el caso precedente. |  |
| Gran Bretaña | Proyectil *Lancaster*: cilíndrico-esférico, de 1,125" de longitud y 0,532" de diámetro. La cavidad en la base queda cerrada por la cuña expansiva. Con 3 acanaladuras en la parte cilíndrica, peso de 542 gr, en calibre 0,543" e impulsado por 68,36 gr de propelente. Concebido para el rifle *Lancaster*: sin estrías pero con ánima de forma ligeramente oval que rotaba a lo largo de toda la longitud del cañón (de 39"). El paso de esta rotación se aceleraba hacia la boca de fuego y era de 1:78". El eje (o calibre) menor es de 0,543" a la altura del cerrojo y de 0,540" en la boca; el eje mayor, que ejerce la función del estriado, es de 0,557" a la altura del cerrojo y de 0,543" en boca. |  |

| | | |
|---|---|---|
| Reino de Cerdeña | Bala tipo *Minié*: cilíndrico-cónica, sin acanaladuras, con una longitud de 0,929" y diámetro de 0,641"; peso de 540 gr, en calibre 0,665 e impulsada por 54 gr de pólvora. Usada en la *Carabina de Bersaglieri*, con *Sistema Delvigne*, cañón de 29,44", con 8 estrías de 0,092" de anchura y 0,11" de profundidad y paso de estría de 1:53". La cámara de la pólvora tiene una longitud de 1,85" y diámetro de 0,444". |  |
| Reino de Cerdeña | Proyectil **Cilíndrico-ojival**, con acanaladuras anguladas no muy profundas. Longitud de 1,12", diámetro de 0,657", peso de 713 gr, en calibre 0,689" y propelido por 63 gr de pólvora. Usado en el *Fucile de Fanteria corto, mod. 1844*, con cañón de 40,43", con 4 estrías de 0,021" de profundidad y 0,23" de anchura. *Tige* de 1,45" y diámetro de 0,334". |  |
| Noruega y marina sueca | Bala tipo *Minié*: cilíndrico-cónica, con una ancha acanaladura donde se ata el papel del cartucho, para rifle de retrocarga tipo Hall. | |
| Sajonia | Bala puntiaguda, con una acanaladura profunda y sin cavidad en la base. La envoltura del cartucho está engrasada por la parte de la bala. Tiene peso de 418 gr, calibre 0,577" y es propelida por una carga de 80 gr de pólvora. E,pleada en Rifle con cañón de 40,4". Con 4 estrías. Paso de estría de 1:64,4". | 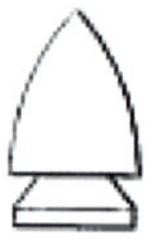 |

| | | |
|---|---|---|
| Suiza | Bala cilíndrico-cónica, con acanaladuras finas, envuelta en papel engrasado. Diámetro de 0,409" y longitud igual a 1,1694"; peso de 240 gr, calibre 0,414" e impulsada por entre 59 y 64 gr de pólvora. Concebida para el *Nuevo Stutzer Federal*, un rifle con cañón de 32", de 8 estrías redondeadas de anchura igual a los campos y 0,017" de profundidad. Paso de estría de 1:36". | Fig. 102ª.  |
| Bavaria | Bala cilíndrico-cónica, de 0,957" de longitud total, de las que 0,411" constituyen su cuerpo cilíndrico, con 3 acanaladuras; de 478 gr de peso, calibre 0,566" y propelida por 58 gr de pólvora. Empleada en un rifle con cañón de 26,156", con 7 estrías de 0,1419" de anchura (mayores que los campos en proporción de 3 a 2) y 0,017" de profundidad. Con paso de estría de 1: 19,62". Con *tige* terminada en cono plano y de una longitud de 1,617", que se proyecta 0,3" más allá de la carga de pólvora. La bala se golpea 3 veces contra la *tige*, de modo que ésta penetra entre 0,09" y 0,15" en el plomo. | 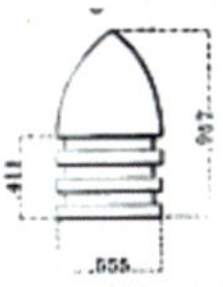 |

| | | |
|---|---|---|
| España | Bala *Minié*: con cuerpo cilíndrico largo en el que hay 3 profundas acanaladuras. Longitud de 0,984" y diámetro de 0,554" posteriormente aumentado a 0,568". Cavidad cónica, con diámetro en la base de 0,36" y diámetro superior de 0,26", cerrada por la cuña expansiva. De 422 gr de peso y calibre 0,597". Usada en rifle de *Sistema Minié*, adoptado en 1852: cañón de 33,07" con 4 estrías de 0,224" de ancho y profundidad uniforme de 0,019" (a diferencia del sistema Minié puro en que las estrías disminuyen de profundidad hacia la boca de fuego). Paso de estría de 1:66". | 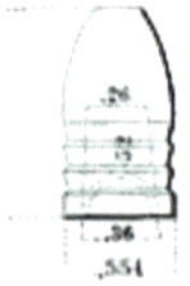 |

## 1.4. La era de culminación

Como hemos visto en las páginas anteriores, los métodos para resolver el problema de los rifles de avancarga fueron fundamentalmente cinco:

1. Envolver el proyectil en un parche lubricado.

2. Expandir la bala en el interior del cañón por martilleo y compresión (Delvigne, Thouvenin).

3. Provocar la expansión de la bala mediante la presión de los gases de deflagración, ya fuese contra la cuña expansiva de una bala hueca (Greener, Minié, Timmerhans, Nessler...), sin cuña en una bala hueca (Norton, Pritchett, Burton...), o en un proyectil sólido (Wilkinson...).

4. Alterar el estriado o la forma del cañón y compatibilizar con él la configuración del proyectil (Jacob, Whitworth[115]...).

5. Abandonar la avancarga en aras de algún mecanismo fiable de retrocarga: retrocarga propiamente dicha, cerrojo o palanca. El sistema de Hunt, cuya "bala-cohete", más que un proyectil, es en realidad un cartucho embrionario, se encuadra en esta quinta opción.

Una vez trascendido el periodo de avancarga y generalizado el concepto de cartucho integrado, los desafíos a los que se enfrentó el proyectil se volvieron más balísticos que mecánicos: ya no se trataba de cuadrar el viejo círculo de tener que introducir en un tubo una bola de metal de un diámetro mayor

[115] El poco logrado cañón oval de Lancaster pertenece también a este grupo.

que el propio tubo, sino de conseguir una trayectoria de disparo más eficaz, estable, veloz, precisa y prolongada y, al mismo tiempo, un impacto más enérgico.

Antes de entrar de lleno en las características del proyectil actual, repasaremos tres innovaciones que tuvieron lugar en las dos últimas décadas del xix y que vinieron a culminar la atropellada evolución que este elemento del cartucho había tenido durante todo el siglo: el encamisado metálico del proyectil, la bala de punta blanda y la ojiva aerodinámica tipo *Spitzer*.

Sometido a las presiones creadas por el nuevo propelente, el proyectil de plomo se deterioraría en los cañones de los rifles dejando un rastro de residuos metálicos y perdiendo la consistencia necesaria para una trayectoria eficaz. No obstante, antes de la llegada de la pólvora sin humo, el problema de la suciedad producida por los residuos metálicos, que podía desembocar en obstrucciones indeseadas o impedir que el proyectil se enganchase en las estrías del rifle, ya existía. El recurso de endurecer el plomo con antimonio se remontaba al diseño de William Ellis Metford, de 1863, y el método de engrasar las balas para mitigar el calor generado por fricción era ya antiguo, pero ninguno de estos medios resolvía el problema por completo. Además, la velocidad rotacional inducida al proyectil quedaba limitada por la resistencia de sus materiales. Ya en 1874 el teniente-coronel Bode del ejército prusiano concibió una bala con núcleo de plomo envuelto en una chaqueta de aleación de cobre [116] . Esta idea fue perfeccionada por el coronel suizo Edouard-Alexandre Rubin en 1881 y aplicada, tras un periodo de experimentación con diversos calibres, al célebre cartucho suizo 7,5 x 55mm Schmidt-Rubin. Con la llegada de las pólvoras de Vieille y Nobel a partir de 1884 y 1887 respectivamente, la chaqueta

[116] M. Bussard, *Ammo Encyclopedia*, p. 91.

metálica se volvería imperativa en el cartucho de rifle. En la munición de arma corta, sin embargo, las presiones y aceleraciones que debe soportar el proyectil son menores y la ojiva de plomo sigue siendo una opción.

La chaqueta o —más comúnmente en nuestra lengua— camisa metálica resolvió un problema de balística interna, pero creó otro de balística terminal. Se atribuye a los ingleses el haber sido los primeros en sufrir el nuevo inconveniente durante su lucha contra las tribus del norte de la India. Los británicos percibieron en el último lustro del siglo xix que el moderno cartucho adoptado en 1889, el .303 British, con proyectil encamisado propelido por la versión inglesa de la nueva pólvora sin humo, la cordita, no tenía suficiente poder lesivo contra los guerreros que les disputaban el dominio en el noroeste del subcontinente. El proyectil del .303 British provocaba heridas perforantes y salía del cuerpo tal como entraba, con escasa o nula deformación. En consecuencia, no se transfería suficiente energía cinética al cuerpo del enemigo para provocar la necesaria devastación de tejido orgánico. El capitán Neville S. Bertie-Clay, superintendente de armas ligeras en el arsenal de Dum Dum (Bengala), afrontó este desafío con un diseño balístico que dejaba al descubierto la punta del proyectil despojándola de su encamisado metálico a fin de que se expandiera al impactar contra los tejidos.

*.303 British de punta blanda (dum dum)*

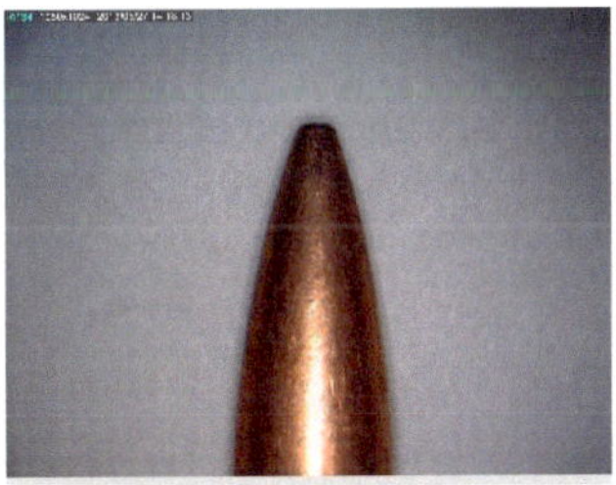

*.303 British de punta blindada (militar)*

Pero los cartuchos *dum dum* de punta blanda expansiva[117] duraron bien poco en la escena militar al ser prohibidos en 1899 por la Declaración Tercera de la Convención de la Haya.

**LEYES DE LA GUERRA**:

Declaración sobre el Uso de Balas que se Expanden o se Aplastan Fácilmente en el Cuerpo Humano; 29 de Julio, 1899.

Los abajo firmantes, Plenipotenciarios de las Potencias representadas en la Conferencia Internacional de Paz de La Haya, debidamente autorizados a estos efectos por sus Gobiernos, inspirados por los sentimientos que hallaron expresión en la Declaración de San Petersburgo del 29 de Noviembre (11 de Diciembre) de 1868, declaran lo siguiente:

Las Partes Contratantes acuerdan abstenerse del uso de balas que se expanden o aplastan fácilmente en el cuerpo humano, así como de balas de revestimiento duro que no cubre por completo el núcleo o que posee incisiones.

La presente Declaración es vinculante para las Potencias Contratantes sólo en el caso de guerra entre dos o más de ellas.

Dejará de ser vinculante en el momento en que, en una guerra entre Partes Contratantes, uno de los beligerantes se alíe con una Potencia no Contratante.

---

[117] No confundir la bala expansiva moderna, que se dilata al impacto para destruir tejidos, con la bala expansiva de la era de avancarga, que se dilataba al tiempo del disparo para enganchar el estriado del rifle.

La presente Declaración se ratificará tan pronto como sea posible.

La ratificación se depositará en la Haya.

Se redactará un título a la recepción de cada ratificación, una copia del cual, debidamente certificada, se enviará por canal diplomático a todas las Potencias Contratantes.

Las Potencias no firmantes pueden adherirse a la presente Declaración. Para este propósito, deben dar a conocer su adhesión a las Potencias Contratantes por medio de una notificación escrita dirigida al Gobierno de los Países Bajos y, a través de él, comunicársela a todas las Potencias Contratantes.

[...]

Realizada en La Haya el 29 de Julio de 1899, en una sola copia, que se guardará en los archivos del Gobierno de los Países Bajos, y de la cual se enviarán copias debidamente certificadas a las Potencias Contratantes por canal diplomático.[118]

La última de estas innovaciones finiseculares que nos interesa contemplar es la aparición de ese tipo de proyectil puntiagudo, particularmente aerodinámico, que hoy conocemos bajo la denominación alemana de *Spitzer*[119]. A pesar del nombre que se ha hecho popular, el diseño original de este proyectil no es

[118] http://avalon.law.yale.edu/19th_century/dec99-03.asp. Traducción realizada por el autor de este estudio.

[119] *Spitzer* aquí no significa "sacapuntas", como comúnmente en alemán, sino que es abreviatura de *Spitzgeschoss*, "bala puntiaguda".

germano, sino francés. Fruto de los estudios balísticos de la última década del xix, se llegó a la conclusión de que un proyectil de punta afilada y base rebajada en forma de "cola de barco" era el que estaba en mejores condiciones para vencer la resistencia del aire y tener, por tanto, una trayectoria más plana y un alcance efectivo mayor.

El ejército francés se impuso dotar a sus rifles de reciente creación, los Lebel de 1886, de esta nueva mejora. El Lebel —ya lo hemos visto en el capítulo dedicado al propelente— había sido el primer rifle en disparar con pólvora sin humo, el nuevo propelente creado por Paul Vieille; con su munición de 8 mm había sido pionero en la reducción del calibre que se impondría en estos años en los rifles militares; y fue el primero también en contar con el nuevo proyectil. El capitán Desaleux fue el encargado de elaborar el nuevo diseño y en 1898 el ejército adoptaba la denominada *Balle D*, de 198 grains, que substituiría a la *Balle M* original, algo más pesada y de punta redonda. Puesto que tecnológicamente encamisar un proyectil *Spitzer* no era factible, se optó por hacerlo de bronce moldeado por presión[120].

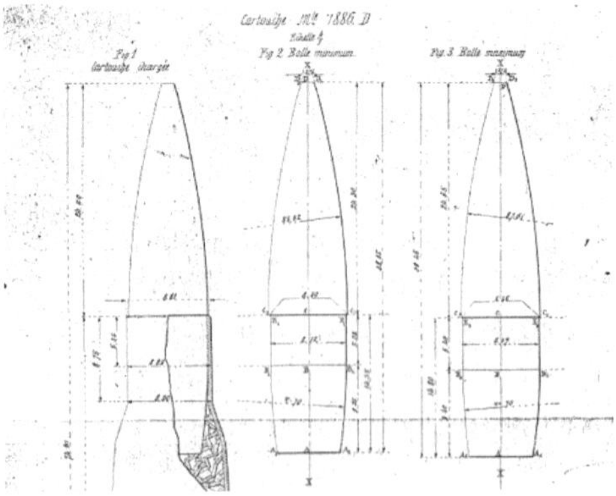

*Diseño de la* Balle D, *del capitán Desaleux, en el que se puede apreciar la base rebajada en forma de "cola de barco"*

[120] M. Bussard, *Ammo Encyclopedia*, p. 73.

## 2. El proyectil actual

El proyectil actual se diferencia del clásico en que está pensado para funcionar en sinergia con el resto de elementos del sistema integrado que es el cartucho. Así como la función de la pólvora es propulsar la bala, la del fulminante es desencadenar la reacción de la pólvora y la de la vaina es contener todo este proceso, la del proyectil es alcanzar el blanco (contexto deportivo), o alcanzarlo y dañarlo (contextos cinegético, militar y policial), ya sea con fuerza letal o sólo incapacitante. Si bien pistón, vaina y propelente son los protagonistas de la balística interna, el proyectil lo es de la balística externa y terminal, áreas en las que la mecánica, las matemáticas y la fisiología toman precedencia sobre la química y la termodinámica dominantes en la primera de las fases balísticas. No se puede comprender cómo desarrolla el proyectil su función sin conocer su constitución y morfología, ver qué relación existe entre cada uno de sus segmentos y examinar los diferentes desafíos que afronta.

### 2.1. Morfología

Aunque, en lo que a forma se refiere, el proyectil es una unidad, se pueden abstraer una serie de secciones de su morfología a fin de comprender mejor sus variaciones y funcionalidades.

**La punta** es el extremo en que termina la ojiva. Si el vuelo del proyectil es el correcto, ésta es la proa que corta el aire y la primera zona de impacto contra el objetivo. Su configuración tiene importancia, pues, tanto en la resistencia que el proyectil sufrirá contra el medio aéreo, como en sus efectos lesivos en el blanco. Cuando la punta está cortada en su extremo de modo que termina en una pequeña superficie plana, se dice que tiene *meplat*[121]. Munición con *meplats* irregulares provoca disparos inconsistentes.

*Meplat en la parte anterior (derecha) de una ojiva del calibre .17 HMR*

**Ojiva** se llama a la parte afilada del proyectil, asentada en el cuerpo cilíndrico, que culmina en la punta. La ojiva balística no siempre es una ojiva geométrica: esto es, su perfil no está infaliblemente formado por dos arcos de círculo iguales. Como veremos a continuación, puede ser cónica, elíptica, etc., pero cuando es geométricamente ojival, puede ser tangente, secante o híbrida.

> La *ojiva tangente* tiene un perfil que es el segmento de un círculo cuyo radio pasa por la línea de encaje de dicha ojiva en el cuerpo del proyectil. El radio se mide en calibres: una "ojiva 4" de un proyectil de calibre 7 mm tiene un perfil que es el segmento de un círculo cuyo radio son 28 mm; en cambio, para una "ojiva 4" de un proyectil con el calibre hipotético de 3 mm, el perfil sería el segmento de un círculo cuyo radio serían 12 mm. La ojiva tangente tiene la ventaja de un mejor asiento frente a la boca interna del cañón, lo que permite al proyectil

[121] Del francés *méplat*, un término técnico en ingeniería referido a la superficie plana en un cilindro.

encastrarse antes y mejor en el estriado del arma. Su desventaja, sin embargo, es la de tropezar con más resistencia aérea, a velocidades supersónicas, cuanto mayor es la celeridad del proyectil.

La *ojiva secante*, por otra parte, es aquella cuyo perfil tiene un radio que no pasa por la línea de coincidencia de la base de dicha ojiva y el cuerpo del proyectil. La desventaja de la ojiva secante es un peor asiento del proyectil en la boca interna del cañón; la ventaja, vencer mejor la resistencia del aire, a velocidades supersónicas, cuanto mayor es la celeridad del proyectil.

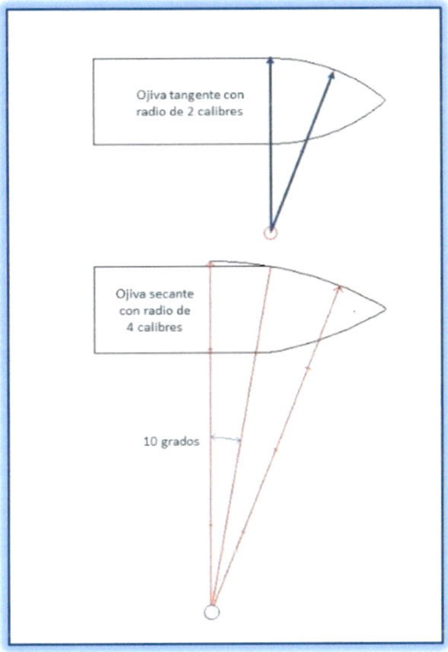


El aerodinamismo de una ojiva secante determinada (*S*) es máximo cuando su radio es el doble del radio de una ojiva tangente (*T*) de la misma longitud que *S*. Dada una longitud (o altura) de ojiva concreta, si la ojiva es realmente tangente, su radio tendrá una dimensión específica; no así la secante, cuyo radio variará según lo más o lo menos pronunciado del perfil. Así pues, si para una longitud específica *h* el radio de la ojiva tangente ($R_T$) es 5 calibres, una ojiva secante de longitud igualmente *h* tendrá su mayor aerodinamismo cuando su radio ($R_S$) sea de 10 calibres. La razón $R_T/R_S$ será, por tanto, de 1/2. En el caso de la ojiva tangente, la relación entre radios es, obviamente, 1: $R_T/R_T = 1$. Las ojivas secantes balísticas oscilan, así pues, entre 1 y 1/2 para los valores de $R_T/R_S$[122].

La *ojiva híbrida*, finalmente, es la que combina un arco secante (por la parte de la punta) con un arco tangente (por la parte de la base) con el fin de aprovechar las ventajas de ambas figuras: más aerodinamismo y mejor asiento del proyectil en la boca interna del cañón.

La **punta** y **ojiva** conjuntamente forman un elemento que puede tener las más diversas configuraciones morfológicas: redondeada, chata (en diversos grados), troncocónica, spitzer, cónica, en forma de aguja, de flecha, etc.[123], aunque las más comunes se reducen a variaciones de las cuatro primeras. También pueden estar ausentes, como ocurre en el proyectil cilíndrico *wadcutter*.

---

[122] Cf. Bryan Litz, *Applied Ballistics* Website: http://www.appliedballisticsllc.com/ .

[123] Véase la multitud de morfologías posibles en la estupenda página http://www.ar15.com/ammo/project/Ammo_Cross_Sections/index.htm .

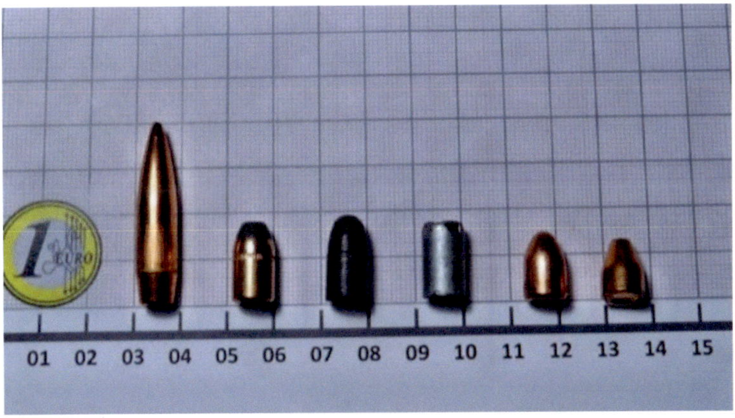


*Diferentes morfologías. De izquierda a derecha, spitzer, punta chata, punta redonda, wadcutter, punta semirredonda y troncocónica*

El **cuerpo** es la parte del proyectil donde se asienta la ojiva. Es el cilindro de diámetro constante que forma la superficie de contacto (*bearing surface*) con el cañón del arma y en el que se imprime el efecto giroscópico del estriado. Puede ser totalmente liso o tener una o más acanaladuras, estriadas o no, que contienen lubricante: en general, una mezcla de vaselina, cera y grafito. Cuando la acanaladura está indentada en la parte de la bala que queda por debajo del cierre de la vaina, se dice que la bala está internamente lubricada; cuando la acanaladura queda por encima del ajuste de la vaina, o bien cuando el lubricante cubre toda la ojiva, se habla de lubricación externa de la bala.

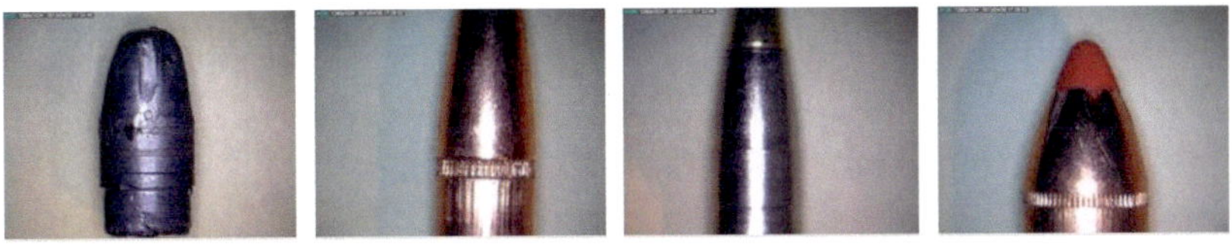

*Diferentes tipos de acanaladura en calibres .22 LR, .30-06, .308 y .444 Marlin (de izquierda a derecha)*

El **talón** no es un elemento indispensable del proyectil, pero se da en ciertas clases de munición. Consiste en un adelgazamiento del cuerpo por la parte de la base. En ocasiones consiste en un cilindro de diámetro menor adosado concéntricamente al cuerpo del proyectil, que permite encajarlo en una boca o cuello de vaina algo más estrecho sin perder su calibre. Esto es lo que ocurre, por ejemplo, con la munición del .22 LR, cuyo proyectil es de un calibre igual al diámetro externo de la vaina y el talón le sirve para compensar la espesura del metal de la vaina.

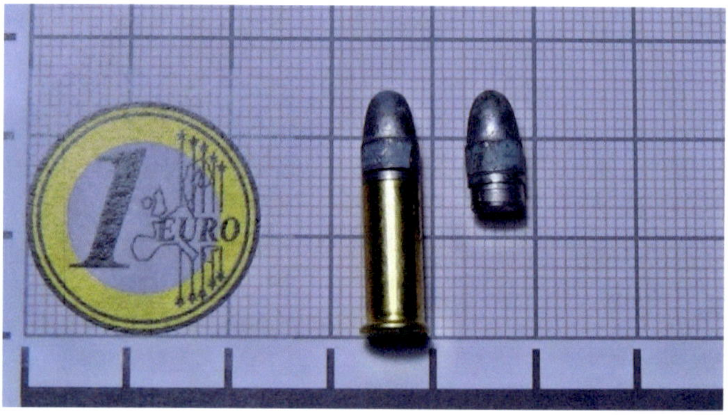


*Proyectil talonado del .22 LR (derecha) junto a su cartucho correspondiente*

En otras ocasiones, especialmente en el caso de munición de rifle de largo alcance, el talón tiene un diseño especial, conocido como "cola de barco" (*boat-tail*), destinado a minimizar la segunda fuente importante de resistencia aérea, que es la que se produce en la base del proyectil. Cuando esta última no se halla "adelgazada", el flujo laminar del aire se interrumpe de pronto creando un vacío que tiene un efecto de "succión", obviamente hacia detrás. El diseño en "cola de barco" hace que el flujo del aire sobre la "piel" del proyectil cese de forma gradual, reduciendo el tirón.

Hay varios tipos de "cola de barco": el *vestigial*, que es la mínima expresión de un talón de estas características; el *estándar*, que se forma a partir del cuerpo de la bala sin solución de continuidad con él; el *rebajado*, cuyo diámetro inicial es más pequeño que el del cuerpo de la bala, existiendo solución de continuidad entre uno y otro; el *doble*, etc. Cuando existe, el talón es un elemento transicional entre el cuerpo del proyectil y la base.

*Cola de barco en proyectil del .17 HMR*

*Cola de barco talonada en proyectil del .30-06*

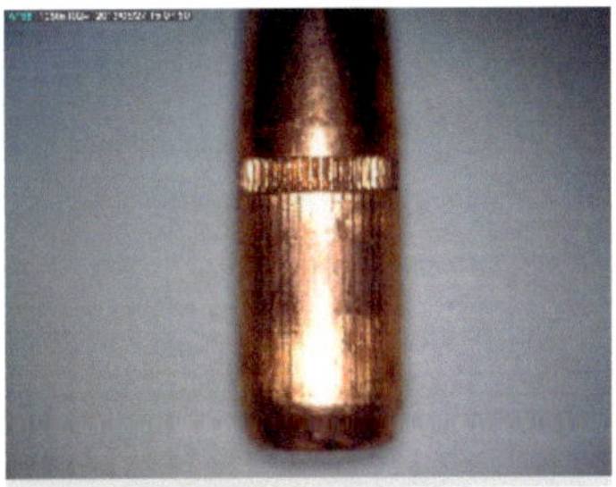

*Cola de barco vestigial en proyectil del .308 WIN*

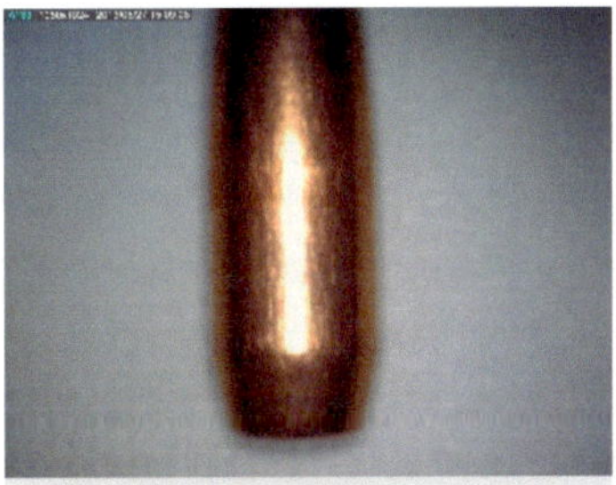

*Cola de barco en proyectil del .308 WIN*

La **base** es el elemento en que termina el proyectil por su parte posterior. A menudo es plana, pero puede darse también en configuraciones cóncava y convexa, y en diverso grado de concavidad y convexidad. La cóncava o acopada ayuda a atrapar los gases de la deflagración; la convexa o hemisférica tiene un efecto aerodinámico similar a la "cola de barco" y a menudo sobrepuesto a ella.

*Diferentes morfologías de base: plana con Gas Chack en calibre 9 PB (izquierda), cóncava en .45 ACP (centro) y convexa en .30-06 (derecha)*

En general, morfológicamente hablando, hay notables diferencias entre las ojivas pensadas para un disparo de corto o medio alcance, efectuado con arma corta o subfusil, y las concebidas para rifle de largo alcance. Las primeras acostumbran a tener base plana, cuerpo corto y ojiva mediana; las segundas, tienden a la "cola de barco", cuerpo largo, y ojiva larga y afilada. Este último diseño es de manufactura más compleja y conlleva, por tanto, un mayor peligro de inconsistencias en el producto final, lo que podemos describir como "imprecisión inherente" del proyectil. Pero, por otra parte, es una configuración necesaria para superar los desafíos giroscópicos —un paso de estría más acelerado— y atmosféricos —resistencia del aire, fuerza del viento...— que afronta un proyectil de este tipo[124].

[124] Bryan Litz, "General Notes On Bullet Design": http://www.appliedballisticsllc.com/bulletdesign.html .

## 2.2. Estructura

### 2.2.1. Elementos estructurales

Hemos estudiado la morfología del proyectil "geográficamente", de arriba abajo; ahora nos interesa observar sus elementos estructurales, lo que implica retornar a alguno de los segmentos ya visitados.

El **núcleo** es la masa central del proyectil. En ocasiones, el proyectil es monolítico, esto es, está hecho de un solo metal o aleación, y núcleo y bala coinciden, estructuralmente hablando. En el proyectil más habitual, el núcleo está hecho de plomo, o de plomo endurecido con estaño, o con antimonio, o con ambos metales. El antimonio entra en la aleación en una proporción variable que puede oscilar entre el 0,5% y el 12%, aunque normalmente se halla entre el 2% y el 5%. El estaño oscila entre el 0,5% y el 10%, pero por lo general no baja del 3% ni excede del 5%. Para conseguir un mismo grado de dureza con uno u otro de estos dos metales, la cantidad necesaria de estaño sería mayor que la de antimonio, por lo que el uso de este último es más económico[125]. En el proyectil "atípico", esto es, el que sirve a un propósito específico, el núcleo se da en diversas configuraciones: puede ser de un metal extremadamente duro (acero, uranio empobrecido...) para un mayor poder de penetración; dual, con sus dos partes separadas en secciones diferentes —superior e inferior— del blindaje; o puede estar ausente como tal y hallarse substituido por un cierto número de perdigones. Todo esto lo examinaremos en la parte de este capítulo dedicada a la tipología del proyectil.

En ocasiones, la munición de arma corta lleva un **recubrimiento** de cobre —o **cobreado**— muy similar

[125] J. S. Wallace, *Chemical Analysis of Firearms, Ammunition, and Gunshot Residue*, p. 70.

visualmente a la camisa metálica, pero de un espesor mucho menor: unos 0,025 mm (0,001") en lugar de entre los 0,419 mm (0,0165") y los 0,762 mm (0,030") del blindaje[126]. El cobreado acostumbra a cubrir todo el proyectil, incluida la base. La capa es tan fina que al extraer el proyectil del cartucho por medio del martillo de inercia, a efectos de análisis, desaparece por la fricción de las zonas donde estaba en contacto con las paredes de la vaina. En otras ocasiones, el recubrimiento es de teflón. Tanto el teflón como el cobre ayudan a reducir la fricción del proyectil en el cañón y hacen prescindible el lubricante.

Hemos visto ya que la **chaqueta metálica**, **camisa metálica** o **blindaje** apareció muy poco antes de la invención de la pólvora sin humo y se hizo imprescindible con ella en la munición de rifle. Hemos visto también, en el párrafo anterior, que su espesor varía entre los 0,419 y los 0,762 mm. Salvo en los casos de bala perforante (*Armor Piercing Bullet* o, sencillamente APB)[127], esta envoltura es normalmente de un metal o aleación más duros que el núcleo. Las posibilidades son diversas e incluyen: cuproníquel; acero recubierto de cuproníquel, o de cobre, o de cadmio, o de zinc, o meramente lacado; latón, ya sea solo o con revestimiento de níquel, o cromo; cobre; bronce; nylon, etc. La camisa metálica puede recubrir el proyectil con tres grados distintos de envoltura. De mayor a menor:

1. **TMJ** (*Total Metal Jacket*): la camisa (*jacket*) envuelve por completo el proyectil, incluida la base.

2. **FMJ** (*Full Metal Jacket*): la camisa envuelve todo el proyectil menos la base.

---

[126] V. J. M. Di Maio, *Gunshot Wounds*, pp. 26-7.

[127] Es importante conocer estas abreviaciones y su significado porque se usan pródigamente en los textos de balística y a menudo son las únicas especificaciones por las que el consumidor puede guiarse al comprar una caja de cartuchos.

3. **SJ** (*Semi-Jacketed*): la camisa deja al descubierto la punta, o la punta y la base.

En los casos de blindaje total (TMJ) o extenso (FMJ) la dureza y espesura de la camisa puede variar entre la base y la punta. Una punta de blindaje más duro favorece la penetración; una punta de blindaje más fino, facilita la deformación del proyectil y, por tanto, una mayor transmisión de energía cinética al objetivo. Este último fin se consigue mejor, sin embargo, con el blindaje parcial (SJ), que deja la punta de plomo al descubierto, como hemos visto que ocurría con la munición británica *dum dum*. Legalmente hablando, el proyectil SJ está fuera de la escena militar, pero presente en los contextos cinegético y policial, no encontrándose este último sometido a la Convención de la Haya. Otro modo de facilitar la expansión en una bala semiblindada de caza es realizar una serie de cortes longitudinales en la camisa por la parte de la punta, dispuestos simétricamente, a fin de que el blindaje se retraiga de forma regular exponiendo el núcleo al tiempo del impacto[128].

Hay tres modos característicos de encamisar el núcleo: por electrólisis; forzando el núcleo por presión al interior de una camisa previamente fabricada; o vertiendo el plomo fundido en el interior del blindaje. Dependiendo del grado de unión entre núcleo y camisa, ésta puede desprenderse al impactar el proyectil contra tejido orgánico o al atravesar algún material interpuesto en su trayectoria: cristal, una persiana, la chapa de un coche... Para impedirlo, se han diseñado diversas simetrías de camisa, incluso con pliegues o grapas entre blindaje y núcleo; o bien se recurre a soldar los dos elementos; o a unirlos mediante Core-Bond, un producto que elimina los óxidos de la superficie y permite un cierto grado de aleación entre el plomo fundido del núcleo y la camisa[129].

[128] C. R. James, *The ABCs of Reloading*, p. 76.
[129] J. S. Wallace, *Chemical Analysis of Firearms, Ammunition, and Gunshot Residue*, p. 69.

En relación al núcleo y el blindaje, hablamos de **punta** cuando ésta constituye una estructura distinta de los anteriores elementos. Si no lo es, tenemos una punta morfológica, pero no estructural. Si lo es, la estructura varía dependiendo del objetivo buscado. Ya hemos tropezado en dos ocasiones con las balas *dum dum*; su núcleo de plomo expuesto hace que reciban también el nombre de balas de *punta blanda* (*Soft Point*, o SP). En ocasiones, el núcleo emerge de la camisa terminando en una punta adelgazada, pero no muy pronunciada; en otras, el núcleo está cortado al nivel de la camisa y no asoma en absoluto, pero puede verse como un círculo concéntrico al cerco del blindaje. Un caso especial es el de las Nosler Partition Bullets (NPB), en las que la camisa tiene forma de H y el núcleo está divido por la sección media del blindaje (la barra horizontal de la H) con la punta y la base expuestas[130].

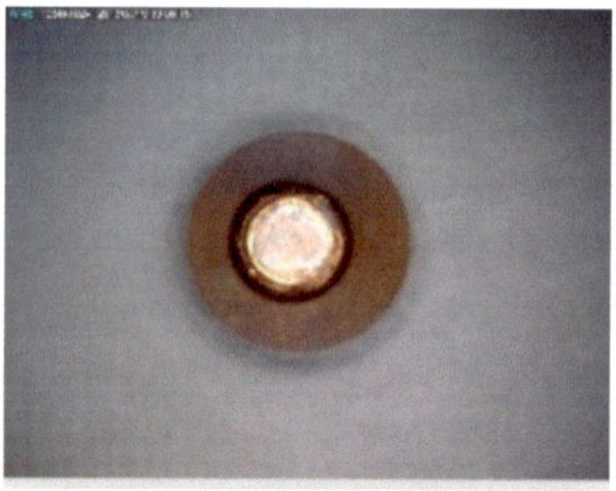

*SP en calibre 9 PB con el plomo del núcleo visible en el círculo del blindaje, vista frontal*

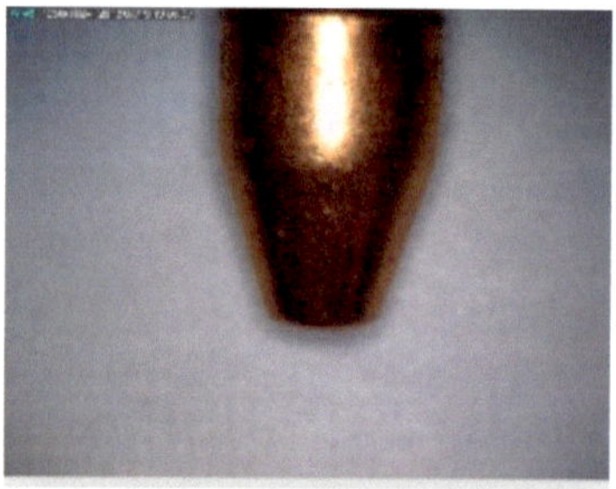

*SP en calibre 9 PB con el plomo del núcleo en el círculo del blindaje, vista lateral*

130 http://www.nosler.com/bullets/partition.aspx .

*SP en calibre .308 WIN con la punta de plomo sobresaliendo del blindaje*

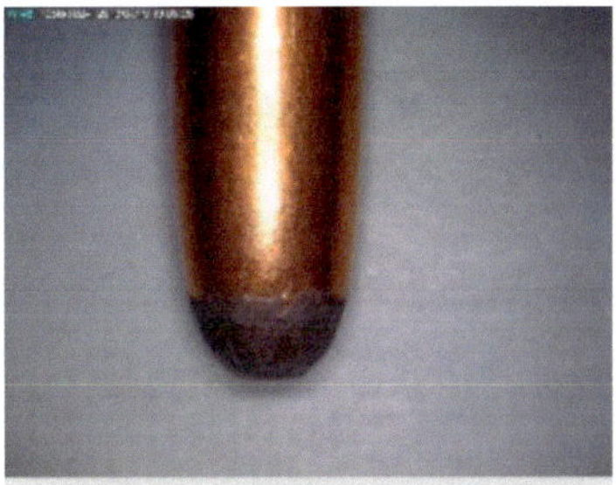

*SP en calibre .303 British con la punta de plomo desbordándose del blindaje*

El efecto expansivo del proyectil al impactar contra tejido orgánico puede conseguirse, sin embargo, de otras maneras. La bala de *punta hueca* (*Hollow Point*, o HP), por ejemplo, tiene una oquedad en su zona de impacto; el tejido humano o animal penetra en la concavidad y puede dilatar la bala hasta un 200% de su tamaño. Su efecto expansivo depende, sin embargo, del ángulo de incidencia, de la velocidad y de los materiales que arrastre en su camino: con una velocidad inferior a 275 m/s no se produce expansión; con un ángulo de incidencia muy alejado de los 90º, tampoco, aunque el "cuán alejado" está sujeto a controversia; finalmente, si la oquedad de la bala HP queda taponada por fibras de ropa o cualquier otro elemento, la expansión también falla[131].

En lugar de estar ausente como en el caso anterior, la punta de las balas expansivas puede estar hecha de materiales con particulares propiedades dilatativas. La Nosler Silver Tip (NST)[132] y la Nosler Ballistic Tip (NBT)[133], por ejemplo, son de polímero. En estos casos, la punta se inserta por su parte trasera en el extremo anterior del núcleo y queda fuertemente

---

[131] J. S. Wallace, *Chemical Analysis of Firearms, Ammunition, and Gunshot Residue*, pp. 127-8.

[132] http://www.nosler.com/bullets/combined-technology.aspx.

[133] http://www.nosler.com/bullets/ballistic-tip.aspx.

sujeta por el cerco del blindaje. La bala de punta de bronce (*Bronze-Tip Bullet*, BTB) llegó al mercado de la mano de Remington hace ocho décadas[134]. Se inserta en el núcleo mediante una cuña debajo de la cual hay una pequeña cavidad; en el momento del impacto, la punta retrocede con fuerza hacia el núcleo provocando una expansión controlada. Todo ello supone compromisos entre la búsqueda de aerodinamismo y de expansividad en el proyectil.

Sin embargo, el proyectil puede estar destinado a fines distintos de la expansión, como en los casos de bala perforante, explosiva, incendiaria, etc., en cada uno de los cuales el propósito condiciona la configuración de la punta como unidad estructural diferenciada. Lo veremos en el apartado dedicado a la tipología.

Finalmente, en lo que respecta a la **base**, hemos visto ya sus diferentes configuraciones morfológicas y hemos visto también cómo la afectan diferentes tipos de blindaje: por definición, queda cubierta por la camisa en el formato TMJ y, en ocasiones, queda cubierta también en los proyectiles semiblindados (SJ). Fuera de estos casos, existe la posibilidad de incorporarle lo que se conoce como un Gas Check (literalmente, "freno al gas"), esto es, una capa de material termoestable o incluso un fino revestimiento de cobre, a fin de evitar que la erosión de esta zona resulte en una indeseada deformación del proyectil con la pérdida de estabilidad y precisión que ello supondría.

### 2.2.2. Parámetros estructurales

Los proyectiles no sólo se diferencian por su configuración morfológica y por el propósito al que sirven, que a su vez

[134] http://www.remington.com/en/products/ammunition/centerfire/rifle-cartridges/bronze-point.aspx.

determina la estructura. Hay una serie de parámetros o variables que condicionan en buena medida su comportamiento tanto en la fase interna del proceso balístico, como en el externo y terminal. De éstos, examinaremos tres fundamentales: peso, longitud y diámetro; dos derivados: área de la sección transversal y densidad seccional; y dos relativos: factor forma (*Form Factor*) y factor figura (*Shape Factor*).

### 2.2.2.a. Peso

El peso de un proyectil varía no sólo de un calibre a otro, sino que puede hacerlo dentro de un mismo calibre. En algunos casos esta última variación es rara, como por ejemplo en el calibre .22 LR, con balas que casi sistemáticamente pesan 40 grains, lo que no impide que existan potentes cartuchos de este calibre con proyectiles de 37,5 grains, como el Winchester Laser HP. En otras ocasiones, como por ejemplo en el 9 mm PB, la variación es la norma y el peso oscila —por lo general— entre 95 y 147 grains. Como ya hemos visto en el capítulo dedicado al propelente, el peso de la bala influye en la presión de los gases de deflagración en el interior de la vaina. La razón es que, en ausencia de otro factor condicionante, cuanto mayor el peso, más tarda en empezar a moverse la masa del proyectil porque necesita una mayor fuerza de empuje para hacerlo. Pero, por otra parte, cuando el proyectil por fin se desprende de la vaina y empieza a acelerarse en el interior del cañón, lo hace con presión extra, pues ha dado tiempo a deflagrar a una mayor cantidad de la carga de pólvora.

Esto hace que los proyectiles pesados no siempre requieran una carga de pólvora mayor que los ligeros para conseguir la misma velocidad en boca de cañón: por ejemplo, a un proyectil del calibre .308 WIN, marca RWS, de 184 grains y con una carga de pólvora de 41 grains se le atribuye una velocidad nominal de 870 m/s, mientras que para uno de la casa Norma, del mismo calibre, misma carga y configuración de pólvora, pero con 168 grains de peso en lugar de los 184 del anterior, la velocidad nominal en boca de cañón es de 777 m/s. Es decir, en ese caso, la misma carga de pólvora es capaz de acelerar más al más pesado de los proyectiles.

En nuestro sistema de medidas, el peso es numéricamente igual a —aunque conceptualmente distinto de— la masa: 1 kilogramo fuerza es igual a 1 kilogramo de masa. La masa es una de las dos variables que influyen en el *momento*[135] del proyectil, cuya fórmula es:

$$p = m \cdot v$$

Donde:

p = momento (en kg·m/s);
m = masa del proyectil (en kg);
v = velocidad del proyectil (en m/s).

Así un proyectil de 184 grains como el anterior a 870 m/s, tiene un momento de:

$$\frac{184}{15.430} \cdot 870 = 10{,}37 \text{ kg·m/s}$$

La razón de dividir 184 por 15.430 viene impuesta por la necesidad de transformar grains en kilos. Como ya hemos visto anteriormente, 1 grain = 1/15,43 gramos; 1 gramo = 1/1000 kilos; luego 1 grain = 1/15,43 · 1/1000 = 1/15.430 kg. O, al revés, 1 kg = 15.430 grains.

El momento es una magnitud vectorial, esto es, no sólo representa una cantidad, sino también una dirección. La

---

[135] Más propiamente *momento lineal*, denominado también *ímpetu* o *cantidad de movimiento*.

dirección del momento es la de la velocidad que entra en su ecuación. El momento del proyectil no es una magnitud constante, sino que decrece a medida que pierde velocidad durante su trayectoria. Si sufriese una pérdida significativa de masa —por ejemplo, desprendiéndose del blindaje al atravesar el parabrisas de un coche—, su momento decrecería no sólo en relación a la velocidad perdida sino también a la masa destruida.

La propiedades del momento que nos interesan aquí particularmente son las que se derivan del **Teorema de la Conservación de la Cantidad de Movimiento**, esto es, que si sobre un sistema no actúan fuerzas exteriores, su cantidad de movimiento permanece constante. En el caso de un arma que dispara un proyectil, el momento del sistema balístico formado por el arma y el proyectil es 0 antes del disparo; y, por tanto, en ausencia de otras fuerzas, el momento del sistema seguirá siendo 0 después del disparo. Esto implica que:

$$0 = m_p \cdot v_p + m_a \cdot v_a$$

Donde:

$m_p$ = masa del proyectil;
$v_p$ = velocidad del proyectil;
$m_a$ = masa del arma;
$v_a$ = velocidad del arma.

Es decir que:

$$m_p \cdot v_p = - m_a \cdot v_a$$

O dicho de otro modo: la masa del proyectil por su velocidad da lugar a un momento igual pero de sentido contrario al del producto de la masa del arma por su velocidad. En el caso anterior teníamos que un proyectil de 184 grains (0,012 kg) a

870 m/s tenía un momento en boca de cañón de 10,37 kg·m/s. Si este proyectil lo hubiese disparado un rifle táctico Blaser LRS2 de 6,5 Kg dotado de un visor de 0,5 Kg, su velocidad de retroceso podría derivarse de las ecuaciones establecidas, puesto que:

$$0{,}012\ \text{kg} \cdot 870\ \text{m/s} = (6{,}5\ \text{kg} + 0{,}5\ \text{kg}) \cdot v_a$$

$$v_a = \frac{0{,}012 \cdot 870}{7} = \frac{10{,}37 kg \cdot ms^{-1}}{7kg} = 1{,}48\ \text{m/s}$$

Por otra parte, el teorema anterior implica que, si dos objetos chocan, la suma de sus momentos es igual antes y después de la colisión, y esto tiene su importancia en balística terminal.

Uno de los errores más frecuentes y, sin embargo, más evitables en este ámbito es considerar que el denominado "poder de parada" (*stoppower*) de un proyectil consiste en su capacidad para neutralizar el *momento* del oponente que se abalanza sobre el defensor. Demasiado a menudo uno oye de boca de instructores supuestamente consagrados la barbaridad de que el calibre 9 mm PB, por ejemplo, tiene mayor poder de penetración, mientras que un .45 ACP (11,43 mm) tiene un "poder de parada" superior. Para empezar, vemos que el área de impacto del proyectil, derivada de su calibre o diámetro, no entra en las ecuaciones anteriores de la transmisión del momento. Para determinar qué cantidad de movimiento de un enemigo que se abalanza hacia nosotros podemos neutralizar con un proyectil, debemos restar de su *momento* el *momento* que le transmite la bala al alcanzarlo:

Supongamos que disparamos un proyectil del 9 mm PB de 124 grains que impacta a una velocidad de 400 m/s a un sujeto de 70 kg que se precipita hacia nosotros a una velocidad de 13 km/h (3,62 m/s) con un chalecho antibalas (a fin de eliminar de la ecuación los problemas que surgen del paso de la bala a través del cuerpo, etc.).

$$\frac{124gr}{15{,}43gr/g} = 8{,}036\ \mathrm{g} \approx 0{,}008\ \mathrm{kg}$$

$$m_p \cdot v_p = -\ m_e \cdot v_e$$

siendo $m_p$ & $v_p$ la masa y la velocidad del proyectil, mientras que $m_e$ & $v_e$ son respectivamente la masa del enemigo y la "velocidad" transmitida por el proyectil al enemigo. Es decir que:

$$0{,}008\ \mathrm{kg} \cdot 400\ \mathrm{m/s} = 70\ \mathrm{kg} \cdot v_e$$

$$v_e = \frac{3{,}2kg{\cdot}ms^{-1}}{70kg} = 0{,}045\ \mathrm{m/s}$$

Si la velocidad inicial del enemigo en nuestra dirección era de 3,62 m/s y la velocidad que le transmite el proyectil en sentido contrario es de 0,045 m/s, su velocidad final hacia nosotros será:

$$v_{e\_final} = v_{e\_inicial} - v_e = 3{,}62\ \mathrm{m/s} - 0{,}045\ \mathrm{m/s} = 3{,}575\ \mathrm{m/s} = 12{,}870\ \mathrm{km/h}$$

Vamos a hacer ahora los mismos cálculos para una bala del .45 ACP de 230 gr que impacta al mismo sujeto a 290 m/s:

$$230\ \mathrm{grains} = 0{,}015\ \mathrm{kg}$$

$$0{,}015 \cdot 290 = 4{,}350\ \mathrm{kg{\cdot}m/s} = 70\ \mathrm{kg} \cdot v_e$$

$$v_e = \frac{4{,}35}{70} = 0{,}062\ \mathrm{m/s}$$

$$v_{e\_final} = v_{e\_inicial} - v_e = 3{,}62 \text{ m/s} - 0{,}062 \text{ m/s} = 3{,}558 \text{ m/s} = 12{,}808 \text{ km/h}$$

Es decir, comparando el disparo de un 9 mm PB con el del .45 ACP y considerando el "poder de parada" en su sentido más burdo, esto es, el de neutralizar el momento del atacante por la mera fuerza del impacto, resulta que la bala con mayor "*stoppower* aparente" reduciría la velocidad del atacante sólo en 0,017 m/s (0,0612 km/h) más que el proyectil con menos "*stoppower* aparente". A fin de facilitar, por una parte, la comprensión del fenómeno y, por la otra, la magnitud del error de entender el "poder de parada" en su sentido más literal, no hemos tenido en cuenta en todos estos cálculos el daño infligido al oponente, que en el caso anterior de impacto contra un chaleco antibalas resultaría de la contusión y, en ausencia de chaleco, de la herida incisocontusa provocada.

Estos datos casan perfectamente, sin embargo, con el incidente descrito por Evan P. Marshall y Edwin J. Sanow en su fundamental estudio sobre el tema que nos ocupa, *Handgun Stopping Power, The Definitive Study*:

> *En Indiana central, una persona avanzó hacia dos policías blandiendo un largo cuchillo. El atacante recibió dos disparos seguidos de un .357 Magnum con proyectiles de 125 grains JHP*[136] *y 160 grains SWC*[137]*. El efecto fue reducir su embestida a un mero andar. Dos tiros dobles más hicieron pausar al sujeto y sentarse. El corazón recibió numerosos impactos, pero el cuerpo fue lento en responder.*[138]

---

[136] Jacketed Hollow Point o proyectil blindado de punta hueca.

[137] Semiwadcutter.

[138] Marshall & Sanow, *Handgun Stopping Power. The Definitive Study*, p. 4.

Sin embargo, el *stoppower* no es un mito. El auténtico *stoppower* consiste, no en la neutralización mecánica del movimiento, sino en la incapacitación del oponente, que, a su vez, depende de dos factores: energía cinética transmitida al blanco e importancia vital de los tejidos alcanzados. La transmisión de energía cinética, por su parte, resulta de la energía de impacto del proyectil, de su ángulo de incidencia, su deformabilidad y su desestabilización en el trayecto a través del tejido orgánico, puesto que tanto un proyectil deformado como uno desestabilizado presentan una mayor superficie de contacto y, por tanto, ceden más energía cinética al medio con el que tropiezan. Desde esta perspectiva, puede hablarse en efecto de un *stoppower* inherente del proyectil, que depende sobre todo de su velocidad, masa y deformabilidad.

Ahora bien, lo que hace que este "poder de parada" inherente, potencial, se transforme en incapacitación real son un conjunto de circunstancias que incluye el ángulo de incidencia del proyectil en el tejido orgánico, su desestabilización en ese medio, la importancia vital de la zona alcanzada, la gravedad de la lesión infligida, y la resistencia física y psíquica del herido a los efectos de la agresión. Volveremos a este tema al estudiar el factor figura (*shape factor*) del proyectil.

La energía cinética es otra de las magnitudes que dependen de la masa del proyectil. Su fórmula, ya lo hemos visto en otra ocasión, es:

$$EC = \frac{1}{2} m \cdot v^2$$

Donde:

EC = energía cinética (en julios);
m = masa (en kg);
v = velocidad (en m/s).

**RECUÉRDESE**: Un julio es la energía empleada o el trabajo realizado al aplicar una fuerza de 1 Newton (N) a lo largo de la distancia de un metro.

1N es una unidad de fuerza en el *Sistema Internacional de Medidas* equivalente a la necesaria para acelerar 1 kg de masa a razón de 1 $m/s^2$.

Por su parte, 1 kilopondio (kp) o kilogramo-fuerza (kgf) es la unidad de fuerza en el *Sistema Técnico de Unidades* equivalente a la ejercida sobre una masa de 1 kg por la gravedad estándar en la superficie terrestre, igual a 9,80665 $m/s^2$. De modo que 1 kp = 1 kg de masa sobre la superficie terrestre.

Puesto que fuerza = masa · aceleración =>

$$1 \text{ kp} = 1 \text{ kg} \cdot 9{,}80665 \text{ m/s}^2 = 9{,}80665 \text{ N}.$$

Puesto que en el Sistema Imperial la relación numérica entre masa y peso no es la misma que la que hemos especificado anteriormente, el lector puede encontrar la fórmula de la energía cinética en textos anglosajones expuesta de este modo:

$$KE = \frac{m \cdot v^2}{2 \cdot 32.174 \cdot 7000}$$

Donde:

KE = kinetic energy (energía cinética, en unidades ft·lbs o "pound force foot";
m = masa (en gr);
v = velocidad (en ft/s);

32.174 = (32,174 en notación anglosajona) acelaración de la gravedad en pies/segundo$^2$ (ft/s$^2$);
7000 = número de grains por libra. Así, al dividir el peso en grains del proyectil por la aceleración y por el número de grains que contiene una libra, obtenemos su masa en libras.

Recuérdese que para convertir directamente ft·lbs en julios (J) debe multiplicarse por 1,356. Y a la inversa, para transformar J en ft·lbs, debe multiplicarse por 0,7376.

### 2.2.2.b. Longitud

La longitud del proyectil, desde su extremo anterior o punta hasta el extremo posterior o base, varía ligeramente dentro de un mismo calibre y muestra considerables variaciones de un calibre a otro. En el calibre .17 HMR, por ejemplo, hemos observado una variación de 2 mm (entre 11,3 y 13,3 mm) al comparar dos marcas. En el .22 LR, en cambio, hemos hallado una variación máxima de 0,44 mm (entre 11,89 y 12,33) al cotejar diez tipos distintos de cartucho. En el calibre .308 WIN, la diferencia entre longitudes llega a 5,21 mm (entre 26,52 y 31,73) al contrastar siete marcas distintas con sus respectivas configuraciones. Sin embargo, la diferencia entre un .338 Lapua Magnum (39,33 mm) y un 9 mm PB de tamaño medio (13,38 mm) llega casi a los 26 mm.

La longitud del proyectil es un parámetro importante que entra en la ecuación para determinar el paso de estría ideal de un calibre determinado. El paso de estría (*twist*) es la longitud lineal que recorre el estriado del cañón de un arma hasta realizar una revolución completa. De él depende el efecto giroscópico impuesto al proyectil: si el paso de estría es insuficiente, esto es, si la longitud lineal del estriado necesaria para efectuar una revolución completa es excesiva, el proyectil se desestabiliza enseguida; si, por el contrario, el paso de estría es demasiado rápido, esto es, la longitud lineal de una revolución completa es más corta de lo necesario, el proyectil puede romperse por la fuerza centrífuga y el cañón sufre un desgaste acelerado.

La desestabilización giroscópica del proyectil puede llevar incluso a que éste impacte lateralmente en el objetivo, lo que se observa en la imagen siguiente de una secuencia de disparos en una diana a 100 m realizada con un rifle Lee-Enfield Mark III de 1916 en calibre .303 British y munición Remington UMC de 174 gr.

La fórmula para el paso de estría idóneo, establecida en 1879 por el británico George Greenhill, profesor de matemáticas en la Royal Military Academy de Woolwich, Londres, es la siguiente en su versión elemental:

$$E = \frac{C \cdot D^2}{L} \cdot \sqrt{\frac{GE}{10,9}}$$

Donde:

E = paso de estría;

C = una constante cuyo valor es 150 para proyectiles con velocidad en boca de cañón $\leq$ 853,5 m/s (2800 ft/s) y 180 para proyectiles con velocidad > 853,5 m/s (2800 ft/s), ambas pensadas para cálculos efectuados en pulgadas; no obstante, funcionan exactamente igual con milímetros[139];
D = diámetro del proyectil;
L = longitud del proyectil;
GE = gravedad específica del proyectil o, lo que es lo mismo, su densidad relativa: esto es, su densidad absoluta dividida por la del agua. La densidad del agua es 1 g/cm$^3$ (a 20ºC), de modo que la densidad relativa y absoluta del proyectil coinciden numéricamente; la diferencia está en que la densidad relativa o GE es una magnitud adimensional, es decir, no se da en unidades de referencia del tipo g/cm$^3$ como la densidad absoluta.

En el caso de proyectiles blindados con núcleo de plomo, la densidad relativa es 10,9 y el segundo término de la ecuación queda cancelado, puesto que la raíz cuadrada de 10,9/10,9 es igual a la raíz cuadrada de 1, que es igual a 1.

Cuando esto ocurre, la fórmula se reduce a:

$$E = \frac{C \cdot D^2}{L}$$

Otra versión de esta fórmula[140] es la siguiente:

$$E = C/L$$

Donde:

E = paso de estría en calibres;

---

[139] La variación de la constante de Greenhill de acuerdo con la velocidad no es unánime (cf. Rinker, pp. 141-2).
[140] Cf. C. R. James, *The ABCs of Reloading*, pp. 74-6.

C (constante) = 150 ó 180, dependiendo de la velocidad;
L = longitud del proyectil en calibres.

En realidad, ambas fórmulas son iguales. En efecto, que E y L aparezcan en calibres significa que se dan en el número de veces que cada una de estas magnitudes contiene el diámetro. Luego, al desarrollar la última de estas fórmulas para volver a pasar a pulgadas, nos encontramos que:

$$E = \frac{C}{\frac{L}{D}} \cdot D = \frac{C \cdot D^2}{L}$$

La fórmula de Greenhill sigue vigente casi un siglo y medio después, aunque es sólo aproximada y prácticamente inútil en el caso del paso de estría de las armas cortas. Hemos visto, sin embargo, que dentro de un mismo calibre caben proyectiles de distintas longitudes: en el .308 WIN hallábamos diferencias de 5,21 mm. En el .30-06 Springfield, con una bala prácticamente del mismo diámetro que la del calibre anterior, las diferencias de longitud que hemos detectado comparando media docena de marcas alcanzan 6,51 mm (entre 26,49 y 33 mm). Por otra parte, los materiales de los que está hecho un proyectil pueden variar también dentro de un mismo calibre, lo que afectaría a su densidad relativa y activaría el segundo término de la multiplicación (√GE/10,9) en la fórmula de Greenhill influyendo en el resultado.

Un modo empírico sencillo de cálcular la densidad de un proyectil es el que tiene en cuenta el Principio de Arquímedes.

Puesto que un cuerpo sumergido en líquido desplaza un volumen del líquido igual a su propio volumen, el volumen real del proyectil puede conocerse sumergiéndolo en una probeta con agua y observando cuánto asciende el nivel del líquido en dicho contenedor de medición.

La densidad es la razón entre la masa de un cuerpo y el volumen que ocupa ese mismo cuerpo, esto es:

$$\rho = \frac{m}{V}$$

Luego, con ayuda de una probeta y una báscula, ρ puede determinarse empíricamente de forma muy simple.

Actuando de este modo hemos determinado las siguientes densidades para cinco proyectiles de diversa estructura:

1) Un proyectil del .222 REM de la casa Remington, de 50 gr, con núcleo de plomo, punta blanda y resto del cuerpo (incluida la base) blindado, dio una densidad de 8,10 g/cm$^3$.

2) Un .30-06 de la casa RWS, 165 gr, con núcleo de plomo, punta de polímero, blindado y niquelado, dio una densidad de 10,18 g/cm$^3$.

3) Un .303 British, de PMP, 180 gr, núcleo de plomo y FMJ dio una densidad de 11,28 g/cm$^3$.

4) Un .444 Marlin, de Hornady, 265 gr, núcleo de plomo y totalmente blindado menos la punta, de polímero, dio una densidad de 9,04 g/cm$^3$.

5) Un 8 x 57 Mauser, de Norma, 123 gr, núcleo de plomo y FMJ, dio una densidad de 13,28 g/cm$^3$.

6) Y, finalmente, un .338 LM de la casa Lapua, de 250 gr, núcleo de plomo y TMJ HP, dio una densidad de 10,13 g/cm$^3$.

Todo esto demuestra que, si se quiere ser riguroso, no es tan sencillo neutralizar el segundo miembro de la ecuación de Greenhill ($\sqrt{GE/10,9}$), puesto que en un pequeño grupo de proyectiles escogidos al azar las densidades no sólo no se ajustan al 10,9 sugerido, sino que fluctúan entre 8,10 y 13,28 g/cm$^3$.

Resumiendo, para un mismo calibre hay un abanico de pasos de estría posibles y cada uno de ellos es ideal para una configuración específica del proyectil, lo que obliga a llegar a un cierto compromiso de estandarización entre fabricantes de armas y de cartuchería. Según sugiere Bussard [141] éste consistiría, en términos generales, en optar por el paso de estría ideal para el más largo de los proyectiles posibles de un determinado calibre. El resultado de esta opción sería que los proyectiles más cortos hallarían ese paso de estría algo rápido. En efecto, cuanto mayor es L, menor es el resultado de la división $CD^2/L$ y, por tanto, más decrece el valor de E. Recordemos que E es la longitud lineal del estriado con la que se completa una revolución; luego, cuanto menor E, mayor número de revoluciones por longitud lineal del estriado, lo que implica mayor velocidad rotacional. La solución que sugiere Bussard, como veremos más adelante, está lejos de cumplirse y cada fabricante sigue su propio criterio —un criterio que rara vez hace público— en la determinación del estriado de los cañones.

Dentro de ciertos límites, la desestabilización sufrida por el proyectil debida a un estriado lento puede compensarse con una

[141] M. Bussard, *Ammo Encyclopedia*, p. 215.

mayor velocidad en boca de cañón[142]. Sin embargo, el paso de estría es tan fundamental a efectos de precisión de un arma que no resulta aventurado decir que para cada arma existe una munición idónea. El tirador debe descubrirla o fabricarla por sí mismo.

He aquí una tabla en la que se contrastan los valores nominales de los pasos de estría de varios tipos de arma en calibres diversos:

| **Arma** | **Modelo** | **Calibre** | **Longitud del cañón** (en mm) | **Paso de estría** (en mm) |
|---|---|---|---|---|
| Pistola | Beretta 90Two | 9 PB | 125 | 1:250 |
| Subfusil | Beretta CX4 Storm | 9 PB | 422,5 | 1:250 |
| Pistola | Glock 19 | 9 PB | 102 | 1:250 |
| Rifle | Marlin XT-17VLB | .17 HMR | 560 | 1:228,6 |
| Rifle | Springfield Trapdoor | .45-70 GOV | 828 | 1:560 |
| Pistola | Beretta 87 Target | .22 LR | 150 | 1:350 |
| Rifle | Sako Quad | .22 LR | 560 | 1:419 |
| Rifle | AR15 | .222 REM | 508 | 1:203 |
| Rifle | Blaser LRS2 | .308 REM | 627 | 1:279,4 |
| Rifle | Sabre Defense G3 | .308 REM | 450 | 1:305 |
| Rifle | Barrett M98B | .338 LM | 685,8 | 1:254 |
| Revólver | Colt Python | .357 MG | 100 | 1:355,6 |
| Rifle | Mauser K98 | 8 x 57 mm | 600 | 1:240 |
| Subfusil | HK USC | .45 ACP | 406 | 1:406 |
| Pistola | Glock 21 | .45 ACP | 117 | 1:400 |

Observando estos valores, cabe preguntarse por qué dos rifles del mismo calibre, el G3 en versión de Sabre Defense y el Blaser LRS2, tienen pasos de estría tan distintos —1:305 mm y 1:279,4 mm, respectivamente—, mientras que una pistola y un rifle de calibres tan diversos, como pueden ser la Beretta 90Two

[142] Ibíd., p. 215.

y el Barrett M98B, tienen un paso de estría similar: 1:250 mm y 1:254 mm, respectivamente.

*Blaser LRS2 (izquierda) y G3 (derecha), ambos en calibre .308 WIN*

*Barret M98B (izquierda) en calibre .338 Lapua Magnum y Beretta 90Two (derecha) en 9 mm PB*

La respuesta es que la fórmula de Greenhill, siendo popular como es, no es ni mucho menos la única para el cálculo del paso de estría ideal. Conocida es también la de Miller[143], el programa de cálculo McGyro desarrollado por Robert L. McCoy, que trabajó para el Laboratorio de Investigación Balística del Ejército de los EEUU, y otros programas derivados de él[144]. Estos últimos tienen en cuenta el diámetro y longitud del proyectil, la longitud de la ojiva, el diámetro del meplat, el diámetro de la base, los materiales a partir de los que está hecho el proyectil y hasta las circunstancias atmosféricas en que está pensado emplearse. La casa Berger de cartuchería, por ejemplo, en rifles de calibre .308 WIN recomienda estriados que van de

---

143 http://en.wikipedia.org/wiki/Miller_Twist_Rule.
144 http://www.border-barrels.com/barrel_twist.htm.

1:11" (1:279,4 mm), para sus proyectiles VLD[145] de 210 grains, hasta 1:14" (1: 355,6 mm), para sus proyectiles VLD de 155 grains. Dados un mismo calibre, una densidad y diseño similares, es de suponer que las balas más pesadas son también las más largas.

En última instancia, y al igual que ocurre con los humanos, sólo la experiencia y una constante puesta en práctica del método de prueba y error, pueden determinar cuál es el matrimonio perfecto entre arma y munición.

Sin entrar todavía en cuestiones más complejas de balística externa, es importante aludir siquiera en este punto a la deriva causada por la dirección del estriado. El estriado de un cañón varía de acuerdo con el número de estrías, la forma y profundidad de las mismas, y el sentido de sus revoluciones. Según esta última característica, el estriado será levógiro, esto es, girará a izquierda, o dextrógiro y lo hará a la derecha. Con la aceleración giroscópica en el cañón del arma, el proyectil recibe también una cierta deriva en el mismo sentido del giro del estriado del cañón que puede traducirse en una desviación lateral de entre 3 y 4 cm en un blanco a 500 m.[146].

El paso de estría de un arma es una de las especificaciones que acostumbra a proporcionar el fabricante. Cuando no lo hace, una forma empírica de averiguarlo es la siguiente: preparar una baqueta provista de uno o dos parches de modo que la punta quede bien ajustada a las paredes internas del cañón del arma; realizar una marca vertical lateral en la caña de la baqueta que coincida con una marca similar en el mango de la misma; introducir la baqueta en el cañón hasta que la marca de la caña

[145] Very Long Drive, capaces de largo alcance porque su configuración minimiza la resistencia del aire.

[146] M. Bussard, *Ammo Encyclopedia*, p. 215.

haga una vuelta completa y se encuentre de nuevo con la del mango; marcar horizontalmente en la caña de la baqueta la longitud a la que se ha producido una vuelta completa: la medición de esta longitud nos dará el paso de estría.

Esta medición empírica es más imprecisa, obviamente, cuando el cañón del arma no es lo bastante largo como para que se cierre una vuelta completa, como ocurre con las armas cortas. Una Beretta 90Two, por ejemplo, tiene un cañón de 125 mm, pero un paso de estría nominal de 1:250 mm, esto es, el estriado hace un giro completo cada 25 cm, lo que supone sólo media revolución en toda la longitud del cañón.

Una de las magnitudes que nos permite conocer el paso de estría del cañón es la velocidad rotacional del proyectil en boca de cañón. La fórmula en revoluciones por minuto es en este caso:

$$\text{RPM} = \text{v} \cdot \frac{60.000}{E}$$

Donde:

RPM = velocidad rotacional en revoluciones por minuto;
v = velocidad del proyectil en boca de cañón (en m/s);
E = paso de estría (en mm);
60.000 = puesto que la velocidad rotacional la queremos en minutos y la velocidad lineal la proporcionamos en m/s se hace necesario multiplicar por 60 para la conversión de segundos en minutos; y puesto que E se nos da en mm mientras que v ocurre en m/s, se hace necesario dividir E por 1.000 para la conversión de milímetros en metros[147]. En

[147] Dividir el divisor (E) por 1.000 es lo mismo que multiplicar el dividendo (v) por el mismo número.

cualquier caso, la fórmula funciona sin el 60.000 como multiplicador siempre que usemos unidades consistentes.

El lector puede tropezar con esta misma fórmula expresada así en el Sistema Imperial:

$$\text{RPM} = \text{MV} \cdot \frac{720}{T}$$

Donde:

RPM = velocidad rotacional en revoluciones por minuto;
MV = velocidad del proyectil en boca de cañón (*muzzle velocity*: en ft/s);
T = paso de estría (en pulgadas);
720 = resulta de multiplicar MV primero por 12 para convertir pies en pulgadas y luego por 60 para el paso de segundos a minutos: 12 · 60 = 720.

El Sistema Internacional de Medidas no se siente cómodo con el concepto de revoluciones por minuto y prefiere el de radián/segundo. 1 RPM equivale a 0,10472 rad/s. Veamos cómo se realiza la conversión:

$$1\ \text{RPM} = \frac{2\pi\, rad}{60s} = \frac{\pi}{30} \approx 0{,}10472\ \text{rad/s}$$

Por otra parte, el número de revoluciones que el proyectil ejecuta en el interior del cañón del arma puede calcularse sencillamente dividiendo la longitud del cañón por el paso de estría:

$$\text{R} = \frac{L}{PE}$$

Donde:

R = revoluciones;

L = longitud del cañón;
PE = paso de estría.
(Las unidades en que intervengan la longitud del cañón y el paso de estría son indiferentes siempre que sean las mismas para una y para otro.)

El estriado del rifle moderno describe en el interior del cañón una figura geométrica cuya denominación técnica es *hélice cilíndrica*, esto es, se trata de una curva tridimensional que recorre la superficie del cilindro con distancias iguales entre puntos equivalentes de sus espiras y que corta los ejes del cilindro con ángulo constante. Así pues, para calcular la longitud de cada una de sus espiras o revoluciones puede aplicarse el Teorema de Pitágoras. Si traducimos a parámetros bidimensionales la revolución de una hélice cilíndrica, podemos visualizar un triángulo rectángulo cuyo cateto menor es el paso de estría, cuyo cateto mayor es la longitud del perímetro de la sección transversal del cilindro y cuya hipotenusa es la longitud de una revolución.

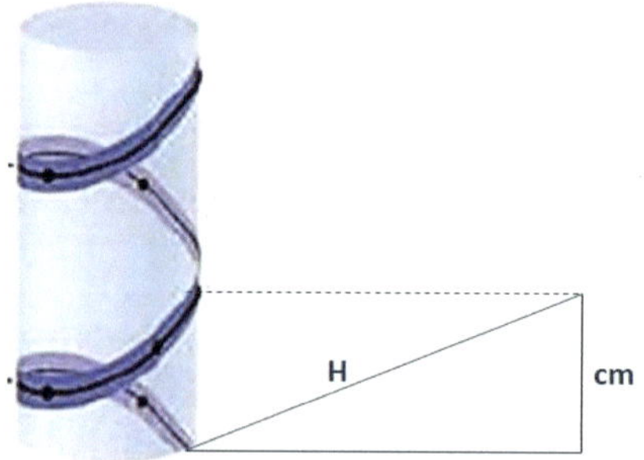


H= hipotenusa = longitud lineal del paso de estría
CM = cateto mayor = circunferencia de la base del cilindro
cm = cateto menor = paso de estría

Luego, aplicando Pitágoras, la longitud de una revolución equivaldrá a la raíz cuadrada de la suma de los cuadrados de los catetos:

$$LR = \sqrt{PE^2 + (2\pi r)^2}$$

Donde:

LR = longitud de 1 revolución (hipotenusa);
PE = paso de estría;
$\pi = 3{,}1416$;
r = la mitad del diámetro del cilindro que es la mitad del calibre del cañón, medido de estría a estría.

Para calcular la longitud total del estriado del cañón, basta entonces multiplicar la longitud de la revolución por el número de revoluciones del cañón, según la sencilla fórmula expuesta más arriba:

$$LE = LR \cdot L/PE$$

Donde:

LE = longitud total del estriado;
LR = longitud de una revolución;
L = longitud del cañón;
PE = paso de estría.

### 2.2.2.c. Diámetro

El diámetro del proyectil se mide obviamente por su parte más ancha, esto es, por el cuerpo cilíndrico que forma la superficie de contacto con el cañón. Es una magnitud muy similar —pero normalmente algo superior— al calibre nominal del arma y su munición cuando éste expresa, en efecto, el diámetro del cañón medido de campo a campo.

Empíricamente hablando, pueden detectarse pequeñas variaciones, del orden de centésimas de milímetro, entre proyectil y proyectil de un mismo calibre, medidos con un micrómetro digital que admite errores de diezmilésimas de milímetro.

### 2.2.2.d. Área de la sección transversal

El área de la sección transversal de un cuerpo es la que resulta al cortar dicho cuerpo mediante un plano perpendicular a su eje longitudinal. Cuando un proyectil alcanza un cuerpo, orgánico o inorgánico, si su trayectoria ha sido lineal, el área máxima de impacto contra su superficie es coincidente con el área de la sección transversal del proyectil por su parte más ancha. Puesto que la parte más ancha del proyectil es su parte cilíndrica y puesto que la sección transversal de un cilindro es un círculo, el área de su sección transversal y el área de impacto (en caso de trayectoria lineal) se calcula mediante la fórmula:

$$A = \pi \cdot r^2$$

Donde:

A = área de la sección transversal;
$\pi$ = 3,1416;
r = radio del círculo que constituye la sección transversal y que es muy aproximadamente igual a la mitad del calibre.

Así, una bala de 9 mm tiene una sección transversal aproximada de:

$$3{,}1416 \cdot \left(\frac{9}{2}\right)^2 = 63{,}617 \text{ mm}^2$$

y ésta será su área de impacto, si su trayectoria es perfectamente lineal. Si no lo es, el área de impacto quedaría determinada por el ángulo formado entre el eje longitudinal del proyectil y la superficie alcanzada.

El área de impacto de un proyectil en un cuerpo no es necesariamente igual al área del orificio causado en él. Hay superficies elásticas, como la piel humana y animal que, atravesadas por una bala, tienden a cerrarse en toda su extensión menos por la parte del tejido destruido; las superficies quebradizas, por el contrario, pueden presentar orificios mayores que el área de impacto.

### 2.2.2.e. Densidad seccional

La densidad seccional de un proyectil es una medida que describe la relación entre su masa y el área de su sección transversal. Su fórmula precisa es la siguiente:

$$\mathrm{DS} = \frac{M}{\pi \cdot r^2}$$

Donde:

DS = densidad seccional, normalmente en $kg/cm^2$ (Sistema Internacional)o bien en $lb/in^2$ (Sistema Imperial);
M = masa (en kg o lb);
$\pi$ = 3,1416;
r = radio del círculo que constituye la sección transversal y que es muy aproximadamente igual a la mitad del calibre (en cm o en in).

Puesto que el área de un círculo es muy aproximada al área del cuadrado en que dicho círculo se inscribe y puesto que el área del cuadrado se calcula multiplicando uno de sus lados por sí mismo, un modo rápido —aunque no tan preciso— de establecer el área de un círculo es multiplicando su diámetro por sí mismo.

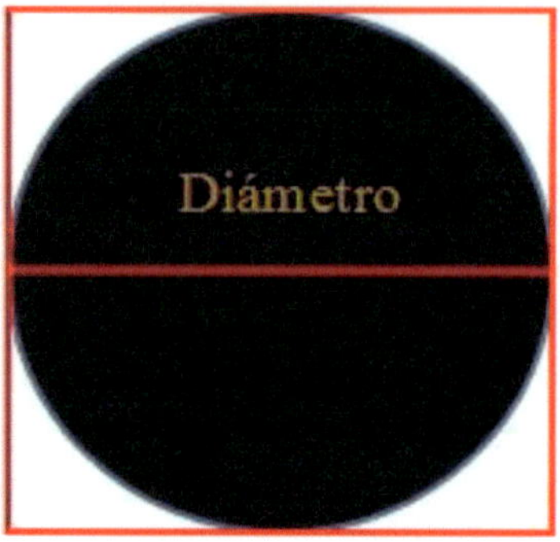


De ahí que el lector pueda encontrar la fórmula balística de la densidad seccional expuesta en los siguientes términos:

$$DS = \frac{M}{D^2}$$

Donde:

DS = densidad seccional;
M = masa;
D = diámetro del círculo que constituye la sección transversal y que es muy aproximadamente igual al calibre.

Los factores de conversión de kilos por cada centímetro cuadrado a libras por pulgada cuadrada y vice versa son los siguientes:

$1\ kg/cm^2 = 14{,}223\ lb/in^2$
$1\ lb/in^2 = 0{,}0703\ kg/cm^2$

La densidad seccional nos habla de la capacidad de un proyectil para retener la velocidad en vuelo, penetrar el blanco y resistir la fuerza del viento. Si el resto de condiciones no varían, cuanto mayor la densidad seccional —esto es, cuanto mayor el peso en relación al diámetro—, más eficaz es el proyectil en todas estas funciones.

De las fórmulas de la densidad seccional se deduce que, a igualdad de diseño, los proyectiles ligeros de alto calibre retienen menos velocidad, tienen menos poder de penetración y resisten menos el empuje del viento que los proyectiles pesados de calibre menor.

### 2.2.2.f. Factor forma

El factor forma (*form factor*) describe el aerodinamismo del proyectil, su capacidad para vencer la resistencia del aire, en relación a uno estándar que se toma como referencia y que sirve para atribuir valores a las diferentes configuraciones morfoestructurales de ciertas balas tipo.

El FF entra con la magnitud anterior, esto es, la densidad seccional, en la ecuación para el cálculo del coeficiente balístico, que ha sido definido como "el factor numérico que describe la ratio de degradación de la velocidad del proyectil debido a la resistencia del aire al compararlo con la ratio de un proyectil tipo"[148]. De hecho, lo que describe el CB es justo lo opuesto: la capacidad del proyectil para vencer esa degradación, puesto que cuanto mayor es su valor, más eficiente es el proyectil.

El problema con estos conceptos es que no hay dos tablas iguales de factor forma y hasta la fórmula para el cálculo del coeficiente balístico difiere en ocasiones.

---

[148] Cf. Glen Roberts, "Bullet Ballistic Coefficients": http://www.sportingshootermag.com.au/news/bullet-ballistic-coefficients .

Brian J. Heard propone, en su magnífico estudio *Firearms and Ballistics*[149], los siguientes valores:

| Perfil de la bala | Factor forma |
|---|---|
| Muy afilado | 0,60 |
| Moderadamente afilado | 0,70 |
| Moderadamente afilado con pequeña punta plana | 0,85 |
| Moderadamente romo | 1,00 |
| Muy romo | 1,20 |
| Wadcutter | 1,30 |

La fórmula del CB que Heard proporciona coincide, en efecto, con la de la mayoría de autores consultados y es la siguiente:

$$\mathrm{CB} = \frac{DS}{i}$$

Donde:

CB = coeficiente balístico;
DS = densidad seccional (en $lb/in^2$);
i = factor forma.

Sin embargo, Maxim Popenker y Anthony G. Williams en su libro *Assault Rifle*, que trata con inteligencia y extensión el desarrollo del rifle de asalto, toman una aproximación diversa a los temas del factor forma y coeficiente balístico. Para ellos la fórmula se resuelve mediante una multiplicación, no división[150]:

$$\mathrm{CB} = \mathrm{DS} \cdot i$$

[149] *Handbook of Firearm and Ballistics*, pp. 110-1.
[150] Cf. pp. 42-3.

Y la tabla de valores que proporcionan obedece a un concepto inverso al de Heard:

| Tipo de bala | Factor forma |
|---|---|
| Punta plana de plomo | 0,8 |
| Punta redonda de plomo | 0,9 |
| Punta redonda blindada | 1,0 |
| Semipuntiaguda, punta blanda | 0,9 - 1,1 |
| Puntiaguda, punta blanda | 1,2 - 1,6 |
| Puntiaguda, blindada | 1,5 - 1,8 |
| Puntiaguda, blindada, con cola de barco | 1,9 - 2,0 |

En cierto modo es consistente invertir la fórmula del coeficiente balístico, cuando a su vez se invierten los valores del factor forma de tal modo que éstos crecen con el aerodinamismo del proyectil en lugar de decrecer, como en el caso previo.

Las anteriores no son, ni mucho menos, las únicas tablas en atribuir valores al factor forma, pero dan una idea de la diversidad y subjetividad de las aproximaciones a esta cuestión. Obsérvese que tanto el FF como el CB nos hablan del aerodinamismo de la bala. La diferencia estriba en que el CB incorpora al cálculo, además de la forma, factores como el peso y el diámetro del proyectil, implícitos en el valor de la densidad seccional.

### 2.2.2.g. Factor figura

El factor figura (*shape factor*) es el último de los parámetros del proyectil que estudiaremos. No debe confundirse con el anterior, a pesar de la similitud semántica. El factor forma interesa a la balística externa, a la trayectoria de la bala; el factor figura, a la balística terminal, a su poder lesivo. Se trata de un valor empírico atribuido por el mayor Julian Hatcher[151] a diferentes configuraciones morfoestructurales de proyectil de arma corta a fin de poder factorizarlo en el cálculo de lo que él llamó el "poder de parada relativo" (*Relative Stopping Power*) de una determinada munición. El PPR no es sino un modo de medir la eficacia inherente de un proyectil específico para incapacitar al enemigo. He aquí su tabla de valores:

| Tipo de bala | Factor figura |
|---|---|
| Punta redonda blindada | 900 |
| Redondeada, con punta plana | 1000 |
| Punta redonda de plomo | 1000 |
| Punta roma de plomo | 1050 |
| Punta chata con plano anterior amplio, de plomo | 1100 |
| Wadcutter | 1200 |

Como podemos observar, los valores crecen cuanto mayores son la superficie de impacto y la deformabilidad del proyectil. La fórmula que ideó Hatcher para el cálculo del *Relative Stopping Power* es la siguiente:

$$PPR = A \cdot EC \cdot F_f$$

Donde:

PPR = poder de parada relativo;
A = área de la sección transversal del proyectil = $\pi \cdot r^2$ (en $in^2$);
EC = energía cinética en boca de cañón (en ft·lb);
Ff = factor figura.

Hatcher fue sólo el primero, allá en la década de los 1930, en tratar de cuantificar el poder lesivo de los proyectiles. Después de él hubo otros intentos, entre ellos: el del American National

[151] Cf. B. J. Heard, *Handbook of Firearm and Ballistics*, pp. 136-7.

Institute of Law Enforcement and Criminal Justice, que en 1973 estableció un "índice relativo de incapacitación" (*Relative Incapacitation Index*, RII); los tests de Estrasburgo de 1991, con su "tiempo medio de incapacitación" (*Average Incapacitation Time*, AIT); o las listas *one-shot stop* (OSS) del policía de Detroit Evan Marshall, que recogió durante quince años datos de tiroteos reales en los que un sólo disparo había bastado para neutralizar al oponente, a fin de llegar a conclusiones empíricas sobre el "poder de parada" de diversos calibres de arma corta. De las tablas de este último se desprende que un solo disparo de munición .357 Magnum con proyectil de 125 grains, blindado y de punta hueca (JHP), a una velocidad de 443 m/s, resultó incapacitante en el 96,96% de las ocasiones; mientras que un 9 mm PB de 147 grains, igualmente JHP, y a una velocidad de 300 m/s, hizo innecesario un segundo disparo tan sólo en el 76% de las ocasiones[152]. Las tablas OSS de Marshall han generado mucha controversia y no son pocos los especialistas en balística que les niegan todo el crédito.

## 2.3. Tipología

El objetivo elemental de un proyectil es herir un cuerpo vivo, pero no siempre herir del mismo modo, con la misma gravedad, o en las mismas circunstancias. En ocasiones incluso, su finalidad no es tanto herir como causar daños materiales o proporcionar información táctica útil. Para responder a todas sus posibles finalidades se ha desarrollado una amplia tipología de proyectiles, de la que expondremos a continuación sus categorías más comunes hasta el momento.

[152] Una buena parte de los datos recogidos por Evans puede verse en esta dirección: http://www.chuckhawks.com/handgun_power_chart.htm . Véase también el libro de Evan P. Marshall & Edwin J. Sanow, *Handgun Stopping Power: The Definitive Study*, de 1992.

Hemos hablado ya extensamente del proyectil convencional y del expansivo. Un modo de incrementar considerablemente la velocidad de cualquiera de ellos y, por tanto, su energía cinética, es subcalibrarlos. La **bala subcalibrada** encaja en una vaina diseñada para un calibre superior —y, por tanto, con una carga de pólvora mayor— gracias a una envoltura de plástico o *sábot* que completa el diámetro necesario para que el proyectil viaje a través del cañón estriado del arma sin desestabilizarse. Una vez la bala alcanza el medio aéreo, su fuerza centrífuga abre el sábot y la resistencia del aire hace que éste se desprenda de la cola del proyectil a unos 40 cm de la boca del cañón, pudiendo alcanzar hasta los 90 m. de distancia[153] gracias al impulso adquirido, lo que lo convierte en un elemento potencialmente dañino. Una bala subcalibrada de estas características no recibe las impresiones del estriado del cañón, que quedan en el sábot. Por tanto, en el contexto de un acto delictivo, la bala recuperada no puede atribuirse a un arma específica. Remington introdujo en 1977 su munición Accelerator en calibres .30-30, .308 WIN y .30-06, que disparaban balas del .22 a velocidades superiores a los 1200 m/s, pero dejó de fabricar los dos últimos cartuchos subcalibrados bajo presión del gobierno precisamente por las dificultades forenses que originaban. La munición .30-30, más propia del ámbito cinegético que del militar, al contrario de las otras dos, se siguió fabricando.

---

[153] J. S. Wallace, *Chemical Analysis of Firearms, Ammunition, and Gunshot Residue*, p. 81.

 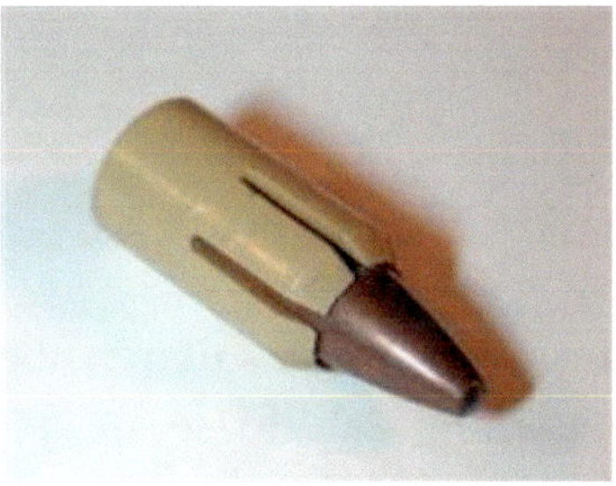

*Cartuchos Accelerator de Remington (izquierda) y proyectil subcalibrado fuera del cartucho (derecha). Obsérvese en los primeros el encaje del proyectil en la vaina mediante envoltura de plástico o sábot*

Esa atribución tampoco es siempre posible en el caso de las **balas frangibles**, que se pulverizan al impacto contra superficies más duras que ellas mismas, pero se comportan como proyectiles blindados al tropezar con tejidos blandos[154]. Los materiales de fabricación pueden ser diversos: polvo de cobre, de tungsteno o de hierro comprimido por alta presión, cobre con un polímero como agente aglutinante, cobre con una matriz de nylon, etc.[155]. Su ventaja es que con ellos se evitan los rebotes y las heridas accidentales derivadas de éstos. A esta categoría pertenece también la munición **Splat Multipurpose**, de alta velocidad y capaz de producir heridas diez veces más grandes que la munición convencional. El concepto en sí mismo, sin embargo, es relativamente antiguo. Data de 1845, cuando se fabricaron balas de polvo de hierro o de plomo comprimido para su uso en armas de salón con munición flobert.

Otra munición pensada para minimizar daños colaterales en casos de secuestros aéreos o situaciones que impliquen rehenes está provista de una **bala ligera de aluminio**. Se le atribuye un poder lesivo diez veces mayor que el de los proyectiles

---

[154] B. J. Heard, *Handbook of Firearm and Ballistics*, pp. 71-2.
[155] V. J. M. Di Maio, *Gunshot Wounds*, p. 300

convencionales debido a su alta velocidad. Su poco peso hace que, al impacto con el objetivo, pierda velocidad instantáneamente, resulte incapaz de atravesar el cuerpo y le transfiera toda su energía cinética[156].

Con propiedades similares a la anterior, pero con gran poder de penetración debido a su geometría y velocidad, están los proyectiles de diseño francés **THV-SMF** (*Très Haute Vitesse — Société Française de Munitions*), o simplemente **THV**. Se trata de balas huecas, de ojiva con forma de paraboloide cóncavo, hechas de cobre macizo y que en calibre 9 mm PB alcanzan una velocidad de 793 m/s desde un cañón de 4", esto es, el doble de la convencional.

*Proyectiles THV*

De éstas derivaron a mediados de los 80 los proyectiles sudafricanos **Monad**[157], creados con los mismos objetivos de alta velocidad y gran poder de penetración, así como los posteriores **Cobra**, **Eliminator** y **Sentry** del mismo diseñador[158].

---

[156] J. S. Wallace, *Chemical Analysis of Firearms, Ammunition, and Gunshot Residue*, p. 83.
[157] Del nombre de su diseñador: MONsieur André van Dyke.
[158] Cf. el estupendo artículo de Dennis Martin "Special Purpose Ammo in South Africa", en la siguiente dirección:

Al igual que la frangible, la **bala explosiva** es un concepto antiguo. Hemos visto ya líneas más arriba el proyectil explosivo de Jacob, de mediados del xix. Durante la Guerra Civil Americana se usaron balas de rifle con la punta perforada, rellena de pólvora negra y sellada mediante un pistón de percusión que detonaba al impacto contra el objetivo. La Segunda Guerra Mundial vio el desarrollo de nuevos diseños, más sofisticados, con una aguja percutora incorporada al proyectil que se retraía hacia la cola en el momento del disparo, pero que al tiempo del impacto se precipitaba hacia adelante detonando la mezcla explosiva alojada en la punta. En la década de 1970 la bala explosiva empezó a usarse en armas cortas[159], tanto en munición de fuego central como de fuego anular. El atentado contra el presidente Reagan el 30 de Marzo de 1981 se realizó con cartuchos explosivos del .22 LR[160].

Los **proyectiles antimaterial** (*armor piercing*, AP) están concebidos para atravesar gruesas capas de metal, alcanzando el interior de vehículos blindados o helicópteros. Su núcleo está hecho de aleación de tungsteno, de acero, de uranio empobrecido, o de cualquier otra aleación particularmente dura. A menudo tienen un relleno de plomo en la punta para amortiguar el impacto sobre el núcleo, así como una fina capa de plomo entre el núcleo y la camisa que sirve a la misma función[161]. Se trata de munición de rifle, puesto que el arma corta no es capaz de proporcionar a este proyectil la potencia que necesita para su función de alta penetración.

---

http://www.cqbservices.com/?page_id=10 , y el no menos interesante ensayo de Anthony Williams "The Story of the THV and Monad Bullets", en http://www.quarry.nildram.co.uk/THV.htm.

159 V. J. M. Di Maio, *Gunshot Wounds*, pp. 296-7.

160 Cf. Wallace, p. 80 & Di Maio, p. 297.

161 J. S. Wallace, *Chemical Analysis of Firearms, Ammunition, and Gunshot Residue*, p. 71.

Sí existe, sin embargo, munición de pistola y revólver con cierto poder de penetración del metal gracias a su velocidad, estructura, blindaje y geometría. En este grupo, destacan las **balas KTW**[162] —hechas en origen de tungsteno sinterizado con revestimiento de teflón y, posteriormente, de latón endurecido o acero con revestimiento de cobre o teflón— así como las ya mencionadas THV y sus derivadas.

A una función completamente distinta sirven los **proyectiles trazadores**. Gracias a una mezcla de substancias que enciende el propelente en la base hueca de la bala, crean una estela ígnea o humosa que describe el recorrido del disparo de modo que la trayectoria pueda corregirse, en caso necesario. Se dan con mayor frecuencia en munición de rifle, pero existen también en calibres de escopeta y arma corta. Los hay nocturnos y diurnos, en diversos colores y grados de luminosidad; y un grupo especial lo forman los de ignición retardada, que se encienden a cierta distancia de la boca de fuego del arma a fin de no deslumbrar al tirador y de no revelar su posición[163].

Las **balas incendiarias** se usan contra objetivos inflamables. En una cavidad frontal portan un compuesto ignífero a base de fósforo o magnesio que se enciende con el impacto[164]. A menudo la función incendiaria se complementa con la trazadora y la antimaterial en poderosos proyectiles multipropósito.

A una categoría diversa pertenece la munición con carga múltiple de proyectiles. La **Glaser Safty Slug**, por ejemplo,

---

[162] De las iniciales de sus inventores, en la década de 1970: Dr. Paul J. Kopsch, Dan Turcus y Donald Ward.

[163] La acción de proyectiles trazadores puede verse en estos vídeos: http://www.youtube.com/watch?v=N3kNH3_cytE (arma corta), http://www.youtube.com/watch?v=PkK1ayxBMCo (escopeta), http://www.youtube.com/watch?v=PcJBJYH7Xi8 (rifle) & http://www.youtube.com/watch?v=dq4xnRGZMOI (ametralladora).

[164] Véase la acción de un proyectil incendiario del calibre .50 en el siguiente vídeo: http://www.youtube.com/watch?v=_pCw5AkPzpM.

consiste en cartuchos de arma corta en diversos calibres que, en lugar de núcleo, tiene en el interior del blindaje una carga comprimida de perdigones del #6 (2,77 mm) o del #12 (1,3 mm) bajo una punta redonda de polímero. Se inventó en 1974 para uso en aviones o en otras situaciones en las que un excesivo poder de penetración conlleva peligro de graves daños colaterales. Al tiempo del impacto, la punta del proyectil se desencaja, forzada por la carga de perdigones, y éstos emergen de forma radiante causando una herida comparable a la de una escopeta. Similar a ésta, pero con postas del #2 (6,86 mm) o del #3 (6,35 mm) y con un poder de penetración en gelatina balística de hasta 33 cm, es la munición **MagSafe**[165].

Los **proyectiles BAT** (Blitz Action Trauma)[166], en cambio, son de cobre, huecos por la parte frontal y con una perforación cilíndrica en el centro que conecta con la base. La oquedad frontal está ocupada, sin embargo, por una punta de plástico con una espiga en la base que se inserta en el canal central. Al disparar esta bala de 9 mm PB, de 86 grains de peso y a 427 m/s, el gas de la deflagración penetra por la perforación central y desecaja la punta propeliéndola por delante de la bala. Después, la espiga se desencaja del cono frontal y pasa a constituir un tercer proyectil. A corta distancia, los BAT pueden producir tres heridas. Esta munición la desarrolló la casa Geco en Alemania a finales de los 70 para la lucha antiterrorista.

Se han producido también cartuchos con más de una bala dentro de la vaina tanto para el mercado civil como el militar. El ejército americano, por ejemplo, usó munición 7,62 x 51 Duplex, con dos balas de 80 grains cada una, en lugar de una sola de entre los 147 y 175 grains habituales. Las balas se hallaban superpuestas en la vaina con la segunda ligeramente inclinada de acuerdo con un ángulo de 9º, que determinaba la dispersión de la carga. A 25 m. la primera bala llevaba una

---

165 http://magsafeonline.com/magnum_performance.html.

166 Otros nombres de esta bala son Action Safety Bullet y GAS bullet.

velocidad de 850 m/s, mientras que la segunda la seguía con 790 m/s[167].

Especialmente destructivas son las balas **Hydra-Shok** (sic) y **Ultra-Shock**, ambas expansivas; las **PMC Ultra-Mag**, que de hecho son tubos de bronce con una tapa de plástico en la base proyectados a alta velocidad; y las balas venenosas en todas sus múltiples configuraciones, portadoras de cualquier tipo de substancia tóxica, que vienen a ser proyectiles de letalidad asegurada, si no por la herida resultante del impacto, sí por el veneno inoculado.

Con esta lista tipológica no hemos hecho sino dar una idea muy sucinta y muy general de los propósitos a los que puede servir un proyectil y de cómo éstos determinan su diseño. Existen muchas posibilidades más, quizá no tan conocidas, y el espectro se enriquece cada día con nuevos inventos, o bien renuncia a otros que se demuestran obsoletos.

Para terminar, y aunque ésta no implica necesariamente un diseño específico de proyectil, citaremos todavía en este apartado la **munición subsónica**. Se trata de un cartucho con una carga de propelente reducida, a fin de que el proyectil no supere la velocidad del sonido, que a temperatura ambiente de 20ºC es de 343,2 m/s. La onda sonora explosiva que se produce al traspasar esa velocidad ocurre a lo largo de la trayectoria del proyectil y es inmune, por tanto, al efecto de un silenciador o supresor. El único modo de silenciar eficazmente un arma de fuego, además del uso de dispositivos adecuados de supresión de sonido, es con este tipo de munición.

---

[167] Cf. V. J. M. Di Maio, *Gunshot Wounds*, pp. 298-9.

### 3. Eventos históricos de importancia en la evolución del proyectil

| | |
|---|---|
| Primera mitad del xiv | Las balas esféricas de plomo se empiezan a utilizar como munición. Antes de esa era, las piedras y las flechas de hierro estaban entre los proyectiles favoritos de las primitivas armas de fuego. |
| 1476 | Rifle del arsenal de Turín. |
| Entre 1493 y 1508 | Rifle de bronce de la colección del Emperador alemán Maximiliano I. |
| 1547 | El Gremio de Tiradores de Mainz pone a prueba la naturaleza espiritual del rifle. |
| 1775-6 | El mayor del ejército británico Patrick Ferguson crea el rifle de retrocarga que lleva su nombre. |
| 1820 | Bala cónica hueca del oficial británico John Norton. |
| 1830s | Sistema Delvigne-Pontcharra. |
| 1835 | Sistema Brunswick: rifle con dos únicas estrías y bala esférica de plomo reforzada en su parte media por un cinturón del mismo metal. |
| 1836 | Bala ovoide expansiva de William Greener. |
| 1840 | Diseño Thouvenin. |
| 1841 | Proyectil cilíndico-cónico de François Tamisier. |

| | |
|---|---|
| 1845 | Proyectil cilíndrico-cónico con surcos verticales de John Jacob.<br>Fabricación de balas frangibles para su uso en armas de salón con munición flobert. |
| 1848 | Patente de Walter Hunt de su *rocket-ball.* |
| 1849 | Bala expansiva cilíndrico-cónica del capitán francés Claude-Étienne Minié.<br>Patente de Walter Hunt de su *Volitional Repeater*. |
| Finales de la década de 1850 | James Burton crea la versión norteamericana de la bala Minié. |
| 1854 | Rifle hexagonal del ingeniero británico Joseph Whitworth. |
| 1874 | Proyectil encamisado del coronel Bode, del ejército prusiano. |
| 1879 | Fórmula de Greenhill del paso de estría. |
| 1881 | El coronel suizo Edouard-Alexandre Rubin perfecciona el diseño de Bode y consolida el concepto de bala blindada. |
| Década de 1890 | El capitán Neville S. Bertie-Clay desarrolla las balas expansivas *dum-dum* en calibre .303 British. |
| 1898 | El ejército francés adopta la *balle D*, de diseño *spitzer*. |
| 1899 | La Convención de la Haya prohíbe las balas de punta |

| | |
|---|---|
| | blanda expansiva en la escena militar. |
| 1935 | El mayor Julian Hatcher del ejército norteamericano formula el "poder de parada relativo". |
| 1970s | Desarrollo de las balas francesas THV. |
| | La bala explosiva empieza a fabricarse para munición de arma corta. |
| | Creación de las balas KTW. |
| | La casa Geco desarrolla los proyectiles BAT en Alemania para la lucha antiterrorista. |
| 1973 | El American National Institute of Law Enforcement and Criminal Justice cuantifica el poder lesivo de los proyectiles según un "índice relativo de incapacitación". |
| 1974 | Se crea la munición Glaser Safety Slug. |
| 1980s | Desarrollo de los proyectiles de alta velocidad sudafricanos Monad. |
| 30 de Marzo de 1981 | Atentado contra el presidente Reagan con cartuchos explosivos del .22 LR. |
| 1991 | Los tests de Estrasburgo cuantifican el poder lesivo de los proyectiles según su "tiempo medio de incapacitación". |

| | |
|---|---|
| 1992 | Publicación del estudio de Evan P. Marshall & Edwin J. Sanow sobre el poder de parada de las armas cortas. |

# CAPÍTULO 6: VAINA

## *El cartucho y sus componentes (4): La vaina*

### 1. Breve historia de su desarrollo

La vaina es el elemento más reciente del cartucho. No es un componente absolutamente imprescendible para la existencia de este último, como veremos más adelante, pero sí es un factor fundamental de los sistemas de fuego tal como éstos operan hoy en día. La vaina constituye un espacio a medio camino entre los elementos dinámicos del cartucho —fulminante, propelente y proyectil— y las "entrañas" del arma: contiene y canaliza la acción de los primeros, al tiempo que protege la recámara del violento proceso desencadenado por ellos.

Aunque a primera vista esta afirmación pueda parecer contradictoria, el cartucho precede en unos tres siglos a la vaina propiamente dicha. El cartucho se origina, no como una estructura funcional destinada a la transformación de la energía química del propelente en energía cinética del proyectil, sino más bien como un modo de transportar los elementos de tiro, esto es, la pólvora y la bala, de forma que se facilite y acelere la carga del arma. Frente al modo tradicional de alimentar el mosquete o la pistola de avancarga, el cartucho, que aparece a mediados del siglo xvi en la forma de un cilindro de papel[168] duro tratado de modo que resista la humedad, tiene la ventaja de llevar la pólvora ya dosificada de antemano para cada disparo. Con él, el tirador se libra de la exigente tarea de graduar la cantidad de propelente al tiempo de verterlo en el cañón del arma desde una polvorera bajo el estrés de la batalla, lo que propicia errores de cálculo con fatales consecuencias. No tiene

[168] De ahí el nombre de "cartucho", del francés *cartouche* (o del italiano *cartoccio*) y éstos del latín *carta*, "papel".

más que morder el extremo "blando" del cartucho[169], cebar la cazoleta con una pequeña cantidad de pólvora, dejar caer el resto en el cañón junto con la bala y desechar el cilindro de papel; o bien, empujarlo con la baqueta al interior del arma tras el resto de los elementos de carga, a fin de inmovilizar el proyectil en el extremo interno del cañón.

La conveniencia del cartucho a todos los efectos fue pronto percibida por la mayoría de los ejércitos europeos, que no tardaron en adoptarlo, siendo el de Gustavo Adolfo (rey de Suecia de 1611 a 1632) el primero en hacerlo[170]. Una variante de este sistema fue el cartucho de madera usado en la Guerra Civil Inglesa (1642-1651), también de forma cilíndrica y con un tapón por la parte del propelente[171]. Con el desarrollo del rifle y de los proyectiles cilíndrico-cónicos en el siglo xix, según hemos visto en el capítulo anterior, el papel del cartucho, convenientemente lubricado con ceras o grasas animales, adquirió una nueva función: la de facilitar la carga del proyectil. Una vez vertida la pólvora del cartucho en el interior del arma, la bala podía envolverse en el papel, cuyo recubrimiento graso le permitía un mejor deslizamiento a través de toda la longitud del cañón estriado.

Esta innovación tecnológica tuvo inesperadas consecuencias en la India colonial, cuando corrió el rumor de que los cartuchos destinados a municionar el nuevo rifle Enfield estaban engrasados con sebo de vaca y de cerdo. Llevarse a la boca semejante cóctel al morder el cartucho era algo que ofendía gravemente a los soldados coloniales —los cipayos—, tanto a musulmanes (por causa del cerdo), como a hindúes (por razón del bóvido). La ofensa desencadenó una revuelta en 1857 en la India del norte que no se extinguió del todo hasta dos años

---

[169] Aquel en que reposa el propelente, por oposición al "duro", en el que se halla la bala.

[170] M. Bussard, *Ammo Encyclopedia*, p. 67.

[171] D. Westwood, *Rifles. An Illustrated History of their Impact*, p. 15.

después y que estuvo plagada de atrocidades por ambas partes. Este episodio de la historia colonial, por cierto, dio lugar a la película de 1954 *Rifles de Bengala* (*Bengal Brigade*), protagonizada por Rock Hudson: ninguna maravilla, ciertamente, pero entretenida para el que disfrute de estos dramas de época. Información más seria sobre este episodio la proporciona, sin embargo, la pequeña joya literaria de George Dangerfield *Bengal Mutiny: The Story of the Sepoy Rebellion*[172], o cualquiera de los magníficos estudios históricos dedicados a documentarlo.

El xix ve, por una parte, la difusión del cartucho combustible y, por la otra, ya desde la primera década del siglo, el surgimiento de los primeros especímenes en la línea de evolución directa que culminará con el cartucho metálico integrado. El combustible supone un pequeño paso adelante respecto de su predecesor, el de papel. Consiste en nitrar suficientemente la envoltura del cartucho de modo que ésta se consuma por completo durante el disparo, sin dejar residuos en el cañón. En esta variedad, la envoltura es en ocasiones de papel, pero también puede serlo de lino o de tripa animal. En los sistemas de avancarga, el cartucho combustible se introduce entero por la boca de fuego hasta el extremo interno y, en los de retrocarga, que empiezan a ganar terreno en ese siglo, se mete en la recámara por una "trampilla" en la parte posterior del cañón (sistema "trapdoor"), por el descenso del bloque del cierre (sistema "falling block"), por la apertura de un cierre de bloque basculante (sistema "rolling Block"), o por cualquiera de los muchos y muy diversos métodos ensayados en la época[173]. En

[172] Harcourt, Brace & Company, New York 1933.

[173] Una web en español muy recomendable a este respecto, que explica con gran lujo de detalles la evolución del fusil, es la siguiente: http://www.lasegundaguerra.com/viewtopic.php?p=102687 . La obra bibliográfica fundamental sobre este tema es, indisputablemente, la de Jaroslav Lugs, *Firearms Past and Present 1 & 2. A Complete Review of Firearms Systems and their Histories*.

el rifle de retrocarga Sharps, por ejemplo, el preferido de los francotiradores yanquis durante la Guerra Civil Americana, al encajar el bloque levadizo del cerrojo tras introducir el cartucho en la recámara, la afilada pared del bloque guillotinaba el cilindro por su extremo blando a fin de exponer la pólvora y facilitar la ignición, que era generada externamente por un pistón de percusión[174].

Al estudiar los mecanismos iniciadores en el Capítulo 4, hemos visto un pequeño grupo de cartuchos —los de Pauly, Lefaucheux, Dreyse y Flobert— que en las primeras décadas del xix daban ya soluciones originales al viejo problema de desencadenar la reacción del propelente. El de Dreyse, utilizado en un fusil monotiro diseñado por el propio Johann Nikolaus von Dreyse y antepasado de los rifles de cerrojo, es un buen ejemplo de cartucho integrado no metálico. Todos los elementos que definen el cartucho moderno concurren ahí ya, operando orgánicamente, menos la vaina metálica: el proyectil, el propelente y el iniciador están contenidos todavía en la vieja envoltura de papel y ello tiene una consecuencia desfavorable para este rifle novedoso que, en sí mismo, constituía una ventaja táctica para el ejército prusiano en el campo de batalla: los gases de la deflagración se filtran al exterior por la zona del cerrojo, lo que conlleva una cierta pérdida de velocidad y de energía cinética para el proyectil —y, por tanto, de alcance efectivo respecto de los buenos rifles de avancarga de la época— al derrocharse parte de las presiones que los gases habrían podido ejercer sobre aquél de haber estado perfectamente contenidos.

---

[174] Puede verse el proceso de carga del Sharps en el siguiente vídeo: https://www.youtube.com/watch?v=AmJ1FFch2mc , no muy bien realizado pero suficientemente ilustrativo.

*Cartucho Dreyse: la bala ovoide, visible a la izquierda, se colocaba en la parte superior del cartucho. La envoltura se ataba por encima de ella y el papel sobrante se cortaba. El proyectil quedaba separado del propelente por un disco de cartón que contenía el fulminante dirigido hacia la pólvora. Otro disco de cartón constituía la base del cilindro. El papel estaba tratado con cera o con algún disolvente para proteger su carga de la humedad*

El problema que constituía la filtración de los gases en los rifles de retrocarga antes de la implantación de la cartuchería metálica dio lugar a soluciones diversas. El Chassepot, por ejemplo, cuyo título oficial fue Fusil Modèle 1866, derivado del Dreyse y diseñado por Antoine Alphonse Chassepot, incorporó una arandela de goma al cerrojo para una mayor oclusión de la recámara. Éste utilizaba también un cartucho integrado de papel, pero con el fulminante en la base del cilindro, no en la del proyectil, lo que contribuía a un menor desgaste y corrosión de la aguja percutora, que de este modo no tenía que atravesar la sección del propelente y sufrir directamente en toda su longitud los efectos de la deflagración. En el Sharps, que disparaba un cartucho combustible de papel o de lino iniciado por percusión externa, se pudo lograr un efecto incluso superior al dotar al bloque del cierre de un anillo metálico expansivo.

Si en este periodo de evolución y amplia experimentación hallamos cartuchos no metálicos integrados, como el Dreyse y el Chassepot, tropezamos también con cartuchos metálicos no integrados, esto es, incompletos, carentes del mecanismo iniciador y dependientes, por tanto, de ignición externa. En estos casos, para desencadenar la deflagración del propelente, la chispa tiene que recorrer una cierta distancia a través de la chimenea del arma y del pequeño orificio u *oído* en la base del cartucho, lo que hace que el resultado del disparo sea siempre poco menos que incierto: los canales tienen que estar muy despejados y el cartucho bien posicionado para que el fuego llegue a su destino y provoque la reacción.

Dos de estos cartuchos metálicos incompletos son el Burnside y el Maynard. El primero fue diseñado por Ambrose Burnside, un general norteamericano famoso, entre otras cosas, por sus patillas (que, por cierto, derivan su nombre en inglés de la inversión de los términos que componen el apellido del general: *sideburns*). El Burnside era un cartucho con vaina de latón en forma de cucurucho de helado, un agujero en la base para la transmisión de la chispa al propelente desde el mecanismo de percusión del arma y un proyectil ojival encajado en la boca de la vaina. El proyectil, de plomo, tenía un peso de 400 grains y la carga del cartucho consistía en 45 grains de pólvora negra.

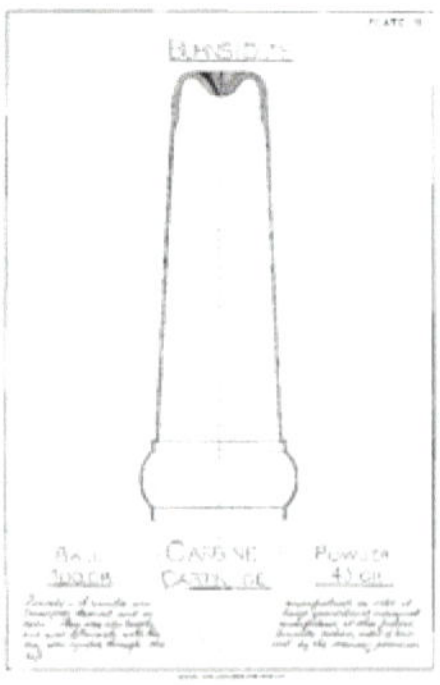

*Cartucho Burnside en ilustración del Frankford Arsenal (izquierda) y fotografía (derecha)*

Este cartucho alimentaba una carabina monotiro de retrocarga de calibre 0.54 (13,79 mm) diseñada por el propio Burnside para las tropas de caballería[175]. La guarda del gatillo o disparador de esta carabina la formaba una palanca que, al accionarse, abría el bloque del cerrojo. Éste presentaba la recámara donde insertar el cartucho. Al devolver la palanca a su posición original, el bloque del cerrojo se encajaba de nuevo orientando la recámara hacia el cañón. El disparo se realizaba, como hemos dicho, mediante el sistema de percusión, al golpear el martillo el pistón colocado sobre la chimenea de la carabina.

Diseñado por el exmilitar y dentista norteamericano Edward Maynard —al que ya hemos conocido en el capítulo dedicado a los sistemas de iniciación gracias a su invento de la cinta de percusión—, el Maynard tenía una apariencia mucho más moderna, semejante, por ejemplo, a un .45 LC.

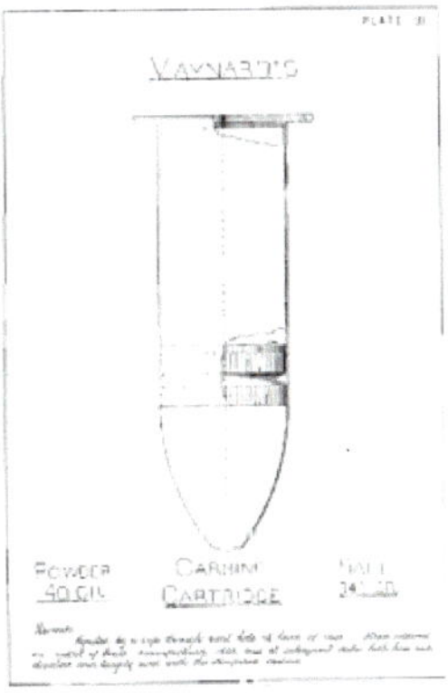


*Cartucho Maynard según ilustración del Frankford Arsenal*

*Cartucho Maynard de calibre 0.52 según fotografía de Michael Helms*

[175] Puede verse el funcionamiento de esta carabina en los siguientes vídeos: Parte 1: http://www.youtube.com/watch?v=oDvyEq2X1DI; Parte 2: http://www.youtube.com/watch?v=nAP7IRsE0jI; Parte 3: http://www.youtube.com/watch?v=HVo1CZ0BM2E.

La vaina era cilíndrica, de latón. Su base presentaba un amplio reborde o pestaña y un orificio central para la transmisión de la chispa al propelente, constituido por una carga de 40 grains de pólvora negra. El proyectil de plomo pesaba entre los 300 y los 343 grains, dependiendo del calibre.

Este cartucho municionaba una carabina concebida por el propio Edward Maynard, que se fabricó sobre todo en calibres 0.35 y 0.50. Como la Burnside, se trataba de un arma monotiro de retrocarga con pistón de percusión como mecanismo iniciador; pero, a diferencia de aquélla, la carabina Maynard se abría mediante un sistema de bisagra semejante al de las escopetas de caza modernas[176].

Otro concepto de cartucho característico de mediados del siglo xix era el que prescindía de la vaina y convertía al propio proyectil hueco en contenedor del propelente. Ya hemos visto en el capítulo anterior la *rocket-ball*, o "bala-cohete", que Walter Hunt patentó en 1848. La carga de pólvora negra ocupaba la cavidad en la base del proyectil y quedaba tapada por una chapa de corcho con un pistón central. A pesar de su desafiante nombre, la bala-cohete no era un cartucho especialmente poderoso: si la carabina Burnside y el rifle Sharps lograban disparar proyectiles a una velocidad entre 290 y 305 m/s, la *rocket-ball* no alcanzaba más que un tercio de esta velocidad inicial[177]. Anterior a éste, pero basado en la misma idea, fue el cartucho patentado en Inglaterra por John Hanson y William Golden en Noviembre de 1841. La única diferencia fundamental con la bala-cohete de Hunt residía en que la cavidad del proyectil no usaba pólvora negra como propelente, sino fulminante, lo que tampoco hacía el cartucho particularmente eficaz.

---

[176] Su funcionamiento puede verse en el siguiente vídeo: http://www.youtube.com/watch?v=mi_Daz5eHSg.

[177] R. Pauly, *Firearms. The Life Story of a Technology*, p. 97.

Si el informe Mordecai nos resultaba de extrema utilidad en el capítulo anterior para comprender la evolución del proyectil en el xix —siglo en el que tienen lugar todos los avances tecnológicos fundamentales que conducen a los sistemas de fuego tal como los conocemos hoy—, lo mismo ocurre con el informe Treadwell en relación al cartucho. El mayor T. J. Treadwell estuvo al mando de uno de los mayores arsenales norteamericanos —el Frankford Arsenal, en Filadelfia— durante la década de 1860 y bajo su dirección se publicó en 1873 el libro *Metallic Cartridges (Regulation and Experimental)*, que recoge las conclusiones de trece años de investigación sobre los más variados diseños de cartuchos estándar y experimentales que el genio de la época llegó a concebir. Sin duda, la más importante de las conclusiones es la que recoge el mayor al comienzo de su estudio y que expresa con su peculiar estilo decimonónico:

> *Ninguna rama de la invención se ha desarrollado tan rápida y hermosamente en los diez últimos años, especialmente en los EEUU, como la que nos ocupa. Y creemos que puede aseverarse sin miedo que el uso de munición metálica expansiva autoiniciada, capaz de contener perfectamente el gas en el mecanismo del cierre, ha sido la causa principal de volver efectivos los muchos y muy variados mecanismos de retrocarga que ahora mismo reclaman nuestra atención en este país y fuera de él y que, de otro modo, resultarían inútiles e intranscendentes.*
>
> *En los primeros estadios de la solución al problema de la producción de un rifle de retrocarga eficiente, se usó munición de papel y lino, pero el perfecto taponamiento de la juntura entre el cerrojo y el cañón no se llegó a*

> *conseguir nunca hasta la adopción de cartuchos expansivos, aunque algunas de las primeras armas eran ingeniosas y dieron buenos resultados en la práctica*[178].

Y a continuación, el mayor nos explica cómo se operó en los EEUU el cambio de mentalidad que condujo del tradicional menosprecio del rifle de retrocarga a su valoración como recurso militar de primera magnitud:

> *Durante mucho tiempo la idea de la adopción* general *de armas de retrocarga para las tropas de todos los servicios no halló gran entusiasmo entre los militares y no fue sino hasta una fecha tan reciente como la batalla de Gettysburgh*[179] *cuando se hizo popular y prevaleció en el ejército. Una vez superado este prejuicio por lo que puede definirse honestamente como una revolución del carácter de las armas y la munición, los nuevos rifles de retrocarga se hicieron rápidamente populares y ganaron muchos abogados en el ejército, en el que ahora se reconoce y se garantiza universalmente su superioridad respecto de los viejos mosquetes de avancarga. El uso de ciertas armas de retrocarga eficaces y de armas con depósito de munición se había popularizado durante cierto tiempo entre la caballería, pero muchos de los mejores oficiales de infantería y de artillería estaban en contra de su empleo por parte de las tropas de a pie. Un revelador contraste entre los dos sistemas*[180] *fue el que proporcionó el Departamento al recuperar alrededor de 25.000*

---

[178] Treadwell, p. 5.

[179] 1-3 de Julio de 1863, en el contexto de la Guerra Civil Americana.

[180] De avancarga y de retrocarga.

*juegos de armas de avancarga del campo de batalla de Gettysburgh. Éstas se enviaron al Arsenal de Washington, donde fueron revisadas y examinadas, viéndose que estaban casi todas ellas municionadas; algunas con una, dos, tres, cuatro, seis y hasta veinte cargas de cartucho en el cañón. Este hecho dio un impulso activo a la necesidad de un arma que, por su construcción y munición, nunca pudiera dar resultados como el mencionado y que, por la reducción material de movimientos para la carga y el disparo, fuera capaz de incrementar notablemente el poder de cada soldado individual*[181].

Otras importantes conclusiones del informe Treadwell son: (1) la superioridad del cartucho de fuego central respecto del anular:

*Durante algún tiempo la idea de combinar el mecanismo iniciador y el cartucho no logró imponerse, pero ciertas invenciones empujaron en esta dirección y así acabó por producirse el cartucho de fuego anular. En éste el compuesto fulminante se colocó en el redoble de la cabeza de la vaina. Este modo de preparar el cartucho requiere una gran carga de compuesto iniciador, que, al implantarse en la pestaña por centrifugado, no siempre se distribuía perfectamente en toda la circunferencia. Y, puesto que el cartucho se detona golpeando la pestaña en un área de la cabeza con el martillo, a menudo ocurría que el disparo fallaba al carecer esa parte de la pestaña del suficiente fulminante. Además, la gran carga requerida*

[181] Ibíd., p. 6.

*(alrededor de 5 grains, frente a los 0,5 del fuego central) constituía otra objeción a este sistema. La detonación de una cantidad tan importante de fulminante en el reborde de la vaina, que es la parte débil del cartucho, tendía muy a menudo a desgarrar la pestaña. Otra objeción en contra de los cartuchos de fuego anular es que son más propensos a los accidentes durante el manejo, en los choques que ocurren al transportarlos y en esos otros propios del servicio. De hecho, ha habido informes de numerosas explosiones en el depósito de armas repetidoras así como en cajas de cartuchos, de las que han resultado serias heridas para el soldado.*

*De ahí los esfuerzos para producir un cartucho aun más fiable y satisfactorio y el desarrollo, producción y adopción general para el servicio de lo que ahora tan bien se conoce como* munición metálica de fuego central[182].

(2) la superioridad del latón frente al cobre como metal para la fabricación de las vainas:

*La vaina de cobre, debido a su expansión y comparativamente escasa elasticidad, no recupera su forma después del disparo y no puede usarse para recarga sin previa reducción.*

*La vaina de latón se expande de manera suficiente para contener los gases y, gracias a su superior elasticidad, recupera su forma pudiendo usarse para recarga sin necesidad de previa reducción, si está propiamente*

[182] Ibíd., p. 9.

> *manufacturada. Por la misma razón, la vaina de latón se extrae con mayor facilidad que la de cobre*[183].

y finalmente (3) la importancia de evitar el contacto entre el fulminante y un metal en estado de corrosión o con el que puedan producirse reacciones eléctricas:

> *Toda experiencia demuestra que el compuesto fulminante no debería estar en contacto con ningún metal propenso a la corrosión, o depositarse en el pistón, o al ensamblar las partes del conjunto de manera que pueda producirse alguna acción galvánica que resulte en su deterioro o destrucción. No creemos que el compuesto fulminante usado en el servicio en contacto con cobre puro experimente ningún cambio fatal, puesto que nuestros pistones de percusión de hace veinte años siguen siendo hoy perfectamente funcionales. Sin embargo, no debería entrar en contacto con latón, cuando éste se usa en la manufactura. Tal cosa no es necesaria, como lo demuestra, por ejemplo, el sistema de Hobbs, en el que el fulminante queda suficientemente protegido al colocarlo entre dos capas de barniz, una de ellas aplicada al fondo del pistón antes de introducir el compuesto iniciador y la otra en una de las caras de un disco de papel de aluminio presionado sobre aquél, que sirve además para fijar el fulminante en su lugar*[184].

Fijémonos sobre todo en que el mayor Treadwell se refiere inicialmente al nuevo cartucho como *munición metálica*

---

[183] Ibíd., p. 14.
[184] Ibíd., p. 14.

*expansiva autoiniciada.* Las tres características —vaina de metal; metal flexible bajo las condiciones del disparo, capaz de expansión y contracción; pistón incorporado al cartucho— son tan fundamentales y revolucionarias en la década de 1860 y principios de la siguiente que Treadwell las recita todas para distinguir este nuevo concepto de los muchos otros que se disputan la escena bélica tanto como la económica en ese siglo.

Si ahora queremos establecer la genealogía de este concepto, debemos remontarnos inevitablemente al ya examinado cartucho del suizo Jean Samuel Pauly, de 1808, con base de cobre, cuerpo de papel y precario pistón de dos láminas de papel con bolita de fulminante entre ellas, situado en una cavidad central de la base. Hay que recordar también el del francés Casimir Lefaucheux de 1832, con base de metal (generalmente latón), cilindro de cartón y mecanismo de iniciación por espiga percutora. Fue Houllier quien mejoró el diseño anterior con su patente de 1846 haciendo toda la vaina de metal y capaz de sellar por completo la salida de gases.

Debe citarse asimismo, dentro de esta genealogía, el de Louis Nicolas Flobert de 1846, un pequeño cartucho de cobre con pestaña, sistema de percusión anular y fulminante por propelente en lugar de la tradicional pólvora negra. En esto Flobert seguía la dirección tomada por John Hanson y William Golden con su patente de 1841, pero sin hacerse ilusiones de crear un cartucho eficaz más allá del "tiro de salón" al que el suyo estaba destinado. El de Flobert, recordémoslo, fue el antecesor de la saga norteamericana de cartuchos de fuego anular, desarrollados originalmente en los EEUU por Smith & Wesson y que, después de culminar en calibres tan pretenciosos como el .56-56 Spencer y el .44 Henry, y de mostrarse ineficaz para la movilización de proyectiles de esos diámetros debido a las razones especificadas por Treadwell, todavía persiste en los modestos linajes del .17 y el .22.

Clement Pottet, por su parte, desarrollaba en 1855 un cartucho similar al de Lefaucheux, con vaina de latón y papel, pero de ignición central constituida por un pistón de percusión con yunque y dos oídos o canales de ignición. Paralelamente a Pottet, el mismo año de 1855, el checo Sylvester Krnka diseñaba para su repetidor de retrocarga un cartucho con base de latón o de estaño, tubo de cartón barnizado y fuego anular[185]. Un año después, el norteamericano George W. Morse llegaba definitivamente al diseño de *munición metálica expansiva autoiniciada* —y añadimos— *por fuego central* que constituye la base del cartucho moderno.

> *La naturaleza de mi invento* —escribe Morse en su patente del 28 de Octubre de 1856— *consiste en una vaina de metal blando provista de un dispositivo de iniciación por medio de la cual sello la recámara de un arma de retrocarga, en el momento del disparo, de un modo tan eficaz como si el mecanismo del cierre fuese de sólido metal alrededor y por detrás del cañón, impidiendo todo escape de gas que no ocurra por la boca de fuego. La vaina de mi cartucho es susceptible de retirarse automáticamente, haya sido disparada o no, y está fabricada de tal manera que opone suficiente resistencia al golpe del martillo a fin de que siempre se produzca la ignición, si el pistón no falla; y si falla, puede remplazarse instantáneamente.*[186]

Tras el de Morse, los diseños de los coroneles Hiram Berdan (en EEUU) y Edward M. Boxer (en Inglaterra) vendrían a culminar el concepto de cartucho metálico integrado perfeccionando, cada uno a su manera, el dispositivo de fuego

---

[185] J. Lugs, Lugs, Jaroslav: *Firearms Past and Present*, I p. 78.

[186] Cf. Patente nº 15.996, https://patents.google.com/patent/US15996A/en.

central según hemos explicado en el capítulo relativo a los mecanismos iniciadores.

Un año después del diseño de Morse, sin embargo, en Junio de 1857, el norteamericano Gilbert Smith patentaba una carabina que tendría su trascendencia en la Guerra Civil Americana. La carabina Smith[187] era de retrocarga, se accionaba por un sistema de bisagra que permitía abrir el cañón hasta un ángulo de 90º respecto del mecanismo del cierre y en ella la recámara quedaba repartida entre el bloque del cierre y el cañón. Utilizaba un cartucho con vaina de goma india (el látex extraído de la *ficus elastica*) y con un proyectil de calibre .50 iniciado por percusión externa[188].

Dentro de esta línea de evolución, un formato de cartucho que merece mencionarse es el de vaina metálica hecha de latón enrollado. En Diciembre de 1863, los norteamericanos Thomas J. Rodman y Silas Crispin registran su invención mediante la patente 40.988[189], en la que describen de este modo la novedad introducida por ellos en el diseño del cartucho metálico:

> *En todas las armas que constituyen la clase de retrocarga, la cual depende únicamente de la expansión de la vaina del cartucho para taponar la apertura que tiene lugar —y es inseparable de— la juntura de carga, impidiendo de este*

---

[187] Patente 17.644: https://patents.google.com/patent/US17644?oq=June+23%2c+1857+by+Gilbert+Smith+of+Buttermilk+Falls%2c+New+York%2c.

[188] Véase el mecanismo de esta carabina en el vídeo http://www.youtube.com/watch?v=8MpnGfu-A-w . La casa Piettà fabrica una réplica de la carabina Smith en calibre .50: http://www.pietta.us/products/Carabine/Carabina_Smith/index.html .

[189] Cf dicha patente en: https://patents.google.com/patent/US40988?oq=Patent+number:+40%2c988+Silas+Crispin.

*modo el escape de gases que resultan de la explosión de la carga de pólvora, ha sido práctica común, antes de nuestro invento, usar vainas de una pieza solamente, hechas en forma de cilindro de metal, goma o papel, y de un grosor de acuerdo con el carácter del arma particular a la que los cartuchos estaban adaptados.*

*El invento que deseamos asegurar por medio de esta patente consiste en una vaina metálica formada por una tira fina de metal enrollado. El metal se enrolla de modo que se extienda alrededor del círculo, al menos, hasta más allá del punto de arranque del enrollado, de modo que el giro que hace permita la necesaria expansión de la vaina que ocurre con la explosión, pero preservando su integridad. De esta forma, la vaina taponará la juntura del arma. Hecha de este modo, la vaina del cartucho puede, si así se desea, apoyarse en un disco interno o externo fijado en su base. Sus ventajas son que tapona fielmente la juntura de las armas de retrocarga, que contiene perfectamente los gases generados por la ignición de la pólvora, que puede extraerse fácilmente con los dedos después del disparo y que es de fabricación extremadamente simple.*

La vaina de metal enrollado fue muy común en la fabricación de cartuchos de diversa naturaleza y calibre durante la Guerra Civil Americana. Treadwell la sometió a experimentos en el Frankford Arsenal, hecha con láminas de grosor entre 0,005 y

0,006 pulgadas (0,127 - 0,152 mm)[190] y valoró sobre todo lo simple y barata de la producción de este tipo de cartuchos:

> [...] *se refuerzan con facilidad, son baratos, requieren escasa instalación, menos labor especializada que otras variedades, pueden producirse en varios puntos en gran número en caso de emergencia y, con un empaquetado adecuado, pueden protegerse de la humedad y de los choques del transporte excepto, quizá, de los debidos a su empleo por el soldado. Se extraen con facilidad y en las pruebas han dado buenos resultados*[191].

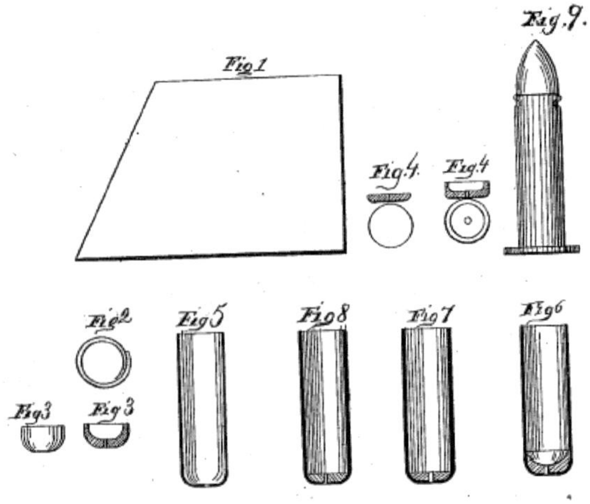

*Dibujos explicativos de la patente de Rodman & Crispin*

En Inglaterra, el coronel Boxer patentaba tres años después[192] este mismo concepto de cartucho, que a su modo de ver sellaba mejor que el convencional la salida de los gases de la deflagración:

---

[190] T. J. Treadwell, *Metallic Cartridges*, p. 66.
[191] Ibíd., p. 11.
[192] Patente nº 137 del 15 de Enero de 1866.

*Mi invento tiene por objeto construir las vainas de los cartuchos para armas de retrocarga militares de tal manera que se expandan rápidamente por medio de un ligero desenrollamiento y estiramiento al disparar hasta el punto de llenar la recámara y que se contraigan ligeramente después del disparo para permitir la fácil extracción del casquillo vacío.*

El cartucho del coronel —el .577/450 Boxer-Henry o .577/450 Martini-Henry—, con ignición central según el sistema Boxer inventado también por él, municionó el rifle Martini-Henry que tanto sirvió al Imperio en sus guerras coloniales durante el último tercio del siglo xix.

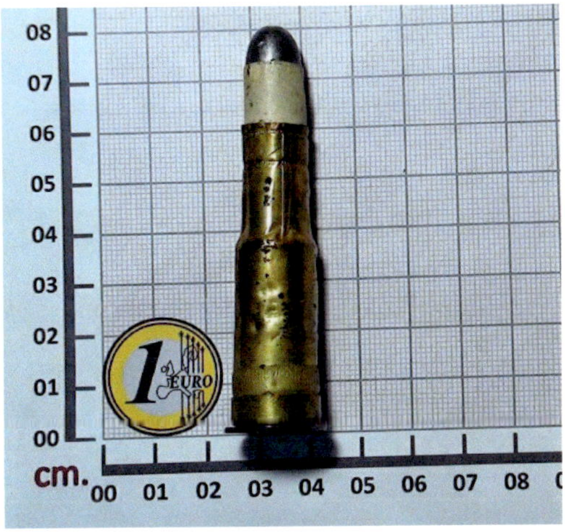


*Cartucho .577/450 Martini-Henry con vaina de latón enrollado*

Pero este diseño de cartucho, a pesar de las expectativas de sus inventores y de los valores que le atribuyeron sus experimentadores, mostró mejor rendimiento en condiciones controladas que en el campo de batalla, donde se puso en evidencia su fragilidad y la facilidad con la que se le adherían partículas de arena y de polvo, con lo que el concepto fue abandonado. En cualquier caso, no habría sobrevivido a la era de la pólvora moderna.

Sin embargo, sí es interesante la morfología del Boxer-Henry, que es uno de los primeros cartuchos —si no el primero, como proclama alguno de sus numerosos fans— en incorporar la idea del cuello o gollete, lo que le da al cartucho su forma abotellada característica y le abre más espacio para la contención de la carga de propelente sin necesidad de exagerar la altura de la vaina.

Esta misma idea, pero reduciendo notablemente las dimensiones del gollete a efectos de aprovechar al máximo las ventajas del diseño, la incorporó en 1888 el 8 x 57 Mauser, que fue el primero en prescindir de la pestaña de la base, facilitando la carga y recarga del rifle. Éste es el espécimen que marca el punto de inflexión en la evolución hacia el cartucho contemporáneo.

*Cartucho Mauser de 1888 (izquierda) y de 1905 (derecha) con la punta Spitzer incorporada en esa edición*

## 2. La vaina metálica actual

### 2.1. Estructura

En su forma más simple, la vaina metálica contemporánea consta de una base, que interviene en la extracción y da alojo al mecanismo iniciador, un cuerpo central que contiene el propelente y una boca que sirve para el encaje del proyectil.

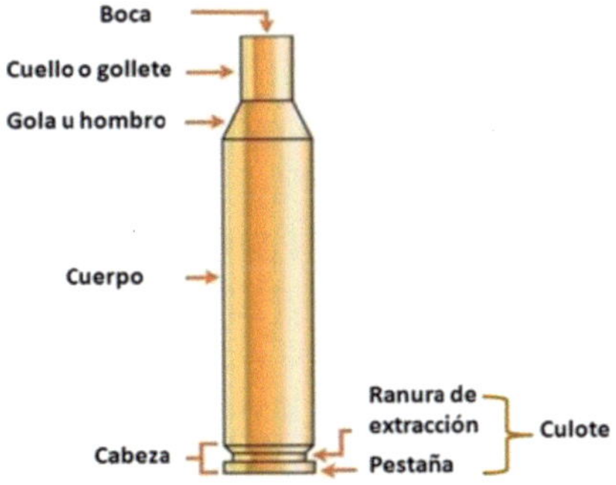


La cabeza (*head*) consiste en ocasiones en una simple pestaña (*rim*) inmediatamente debajo de la base del cuerpo central de la vaina, ya sea que albergue el fulminante en el reborde, como en los cartuchos de fuego anular del .22 LR, o que presente una cavidad central para el encaje del pistón Boxer o Berdan, como ocurre con los cartuchos del 7,62 x 54R. Recuérdese que, en el caso del sistema de fuego central Berdan, la vaina despliega hacia el pistón un saliente que hace las funciones de yunque (*anvil*). Otro elemento imprescindible en las vainas de fuego central es el canal —en el caso Boxer— o canales —en el Berdan— de ignición (*flash hole*) por el que la chispa del fulminante se transmite al propelente contenido en el cuerpo de la vaina.

*Cavidad para el encaje del pistón de una vaina Berdan con el yunque incorporado. A ambos lados del yunque son visibles los canales de ignición.*

La cabeza del cartucho es a menudo algo más compleja, sin embargo. La pestaña puede estar separada de la base del cuerpo central propiamente dicho por un surco más o menos ancho, la ranura de extracción (*extractor groove*). Ésta es especialmente necesaria para la expulsión de la vaina cuando la pestaña tiene el mismo diámetro que la base del cuerpo central, casos en los que el cartucho se categoriza, confusamente, como "sin pestaña" (*rimless*). El conjunto formado por la ranura de extracción y la pestaña se denomina culote. Por encima de él, esto es, en la base del cuerpo central, se da en ocasiones un refuerzo o cinturón (*belt*), como un anillo de metal sobrepuesto a la estructura base, que entre otras cosas ayuda a la contención de las presiones generadas por los gases de deflagración en algunos cartuchos mágnum.

*Base sin ranura de un cartucho 7,62 x 54R*

*Base con fina ranura de un cartucho .303 British*

*Base con amplia ranura de un cartucho .45 ACP*

El tubo o cuerpo central de la vaina puede ser cilíndrico o cónico, con el ángulo de inclinación de las paredes más o menos pronunciado. En este segundo caso, el cono presenta a menudo un estrechamiento adicional por la parte superior, terminado en una sección cilíndrica donde encaja el cuerpo, también cilíndrico, del proyectil. La zona de estrechamiento, en un ángulo normalmente no superior a los 38º respecto de las paredes del cono troncal, recibe el nombre de gola u hombro (*shoulder*) y la sección cilíndrica en la que desemboca se denomina gollete o cuello (*neck*). Los 38º de inclinación de la gola parecen ser el máximo de lo que es capaz de producir con fiablidad la maquinaria industrial [193], pero no limita la fabricación de cartuchos artesanales o *wildcat*.

En el caso de vainas con gola y gollete, el factor más importante a tener en cuenta es la concentricidad de la boca respecto del cuerpo de la vaina y del eje del cañón. Cualquier desviación en este sentido hará impreciso el proyectil. Por otra parte, la forja de la estructura constituida por la gola y el gollete tensiona el metal hasta hacerlo quebradizo y hace necesario templar esa región de la vaina mediante fuego o inducción eléctrica. Este proceso deja en toda el área una tonalidad irisada, cosa que algunos fabricantes se esfuerzan en disimular a efectos de presentación de su producto, pero que se mantiene en la munición militar como garantía de que el proceso se ha realizado de manera adecuada[194].

[193] M. Bussard, *Ammo Encyclopedia*, p. 169.

[194] Ibíd., p. 133.

*Vaina de munición .338 Lapua Magnum (izquierda), con el irisado visible en la zona de la gola y el gollete, junto a una del .30-06 Springfield en la que iris se ha disimulado*

El metal del cuerpo de la vaina debe ser de un grosor y dureza perfectamente calculados para resistir las presiones generadas y, al mismo tiempo, dilatarse y contraerse en el proceso del disparo. Si el metal es demasiado blando, la vaina podría no contraerse después de la dilatación y quedar adherida a las paredes de la recámara, lo que dificultaría considerablemente su extracción. Si el metal es demasiado duro, la vaina pierde la elasticidad necesaria para dilatarse y podría reventar. En los casos de munición de alta velocidad, la dureza del metal decrece de la base a la boca de la vaina. En el resto, la dureza es normalmente uniforme en todo el cuerpo de la vaina. El grosor del metal es en general también superior en el área de la base y disminuye hacia la boca; de otro modo, habría peligro de que el poderoso y repentino empuje longitudinal de las presiones de deflagración arrancase la cabeza de la vaina.

Finalmente, también la longitud de la vaina está sometida a estrictas especificaciones. Una vaina demasiado larga se montaría sobre el estriado del cañón y el área de su boca no tendría espacio para dilatarse. El proyectil experimentaría así una mayor dificultad en el proceso de despegarse de la boca del cartucho y las presiones de los gases se incrementarían en proporción al tiempo que tardase en hacerlo. Por otra parte, una vaina demasiado corta daría lugar a un huelgo demasiado amplio entre la base del cartucho y el plano del cierre del arma, lo que pondría en peligro la consistencia de la propia vaina, que carecería del inmediato apoyo de ese plano estructural para aguantar el impulso longitudinal retroactivo de la deflagración.

Dentro de un mismo calibre, las posibles variaciones en la longitud de la vaina vienen limitadas por el espacio del que el cartucho dispone en la recámara del arma, de acuerdo con una cota de fijación (*headspace*) prestablecida. Dicha cota no es otra que la distancia entre el plano anterior del cierre del arma (*breech*) y la superficie de apoyo o *asiento* del cartucho (*seating depth*).

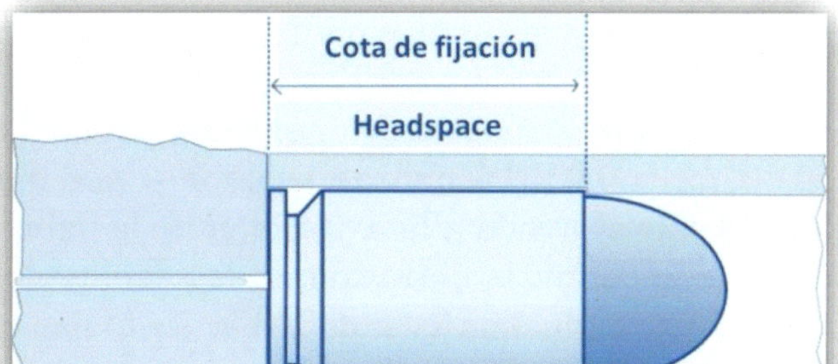

## 2.2. Materiales

Las vainas de los primeros cartuchos metálicos se hicieron de cobre, pero este metal, ya lo hemos visto en las palabras del propio mayor Treadwell, carece de la elasticidad suficiente para el movimiento de dilatación y contracción que, en el proceso del disparo, sirve a las funciones de obturación y extracción.

El metal ideal para esta doble funcionalidad es el latón, una aleación de cobre y zinc que, en el caso de las vainas, se da en diversas proporciones: desde un 70% de cobre frente al 30% de zinc hasta un 85/15. Estas medidas lo diferencian del empleado en el blindaje de los proyectiles, que consiste en aleaciones con una mayor proporción de cobre: 90/10 y hasta 95/5. El latón es un metal barato, maleable, resistente a la oxidación y a la acción de las sales, que puede endurecerse o ablandarse por aplicación de presión y calor respectivamente, con un punto de fusión entre los 900 y 940ºC y una densidad entre los 8,40 y los 8,73 $g/cm^3$, dependiendo de las aleaciones. Es reciclable y las vainas de latón usadas pueden recargarse numerosas veces.

En ocasiones, el latón se recubre de una finísima capa de níquel —entre 0,00762 y 0,01016 mm de espesor— por medio de electrólisis. El níquel ayuda a la extracción de la vaina tras el disparo y protege contra la corrosión de los ácidos del cuero que afectan a los cartuchos cuando éstos se transportan en cananas o cinturones de cazador[195].

El aluminio se ha empleado también en la fabricación de vainas. Es más barato que el latón, pero no tiene sus excelentes cualidades metalúrgicas ni permite la recarga de los casquillos. China y los países del viejo bloque soviético utilizaron y siguen usando puntualmente el acero, una aleación de hierro y carbono en la que este último interviene, en el caso de las vainas, en

---

[195] M. Bussard, *Ammo Encyclopedia*, p. 169.

proporciones del 0,2 al 2,1%. El acero tampoco es ideal para la recarga. Normalmente se protege con una fina capa de cobre o de barniz para evitar la corrosión e impedir los atascos en el interior del arma.

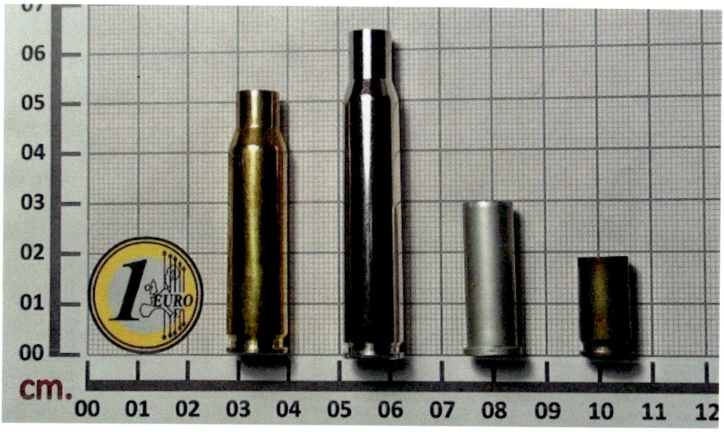


*De izquierda a derecha, típica vaina de latón del calibre .308 WIN, una niquelada del .30-06, una de aluminio del .38 Spl. y otra de acero lacado en calibre 9 PB de fabricación rusa*

## 2.3. Morfología

### 2.3.1. Cabeza

Hemos visto ya, al estudiar la estructura de la vaina actual, que, a pesar de que esta pieza no permita grandes variaciones, pueden establecerse no obstante tipologías diversas, si atendemos a la forma de su cabeza o base así como a la del tubo o cuerpo central. En relación a la base, los cartuchos se clasifican en cinco categorías elementales: sin pestaña (*rimless*), con pestaña (*rimmed*), con semipestaña (*semirimmed*), con base reforzada (*belted*) y con pestaña rebajada (*rebated*).

La primera categoría carece de siglas especiales que la expresen. Las cuatro restantes se formulan mediante las capitales R, SR, B y RB respectivamente, que por lo general acompañan a la expresión métrica del calibre, como en los casos 7,62 x 54 mm R, 6,5 x 50 mm SR Arisaka y 12,7 x 33 mm RB (que, en su más conocida expresión imperial, es el .50 Action Express). La B de *belted* no es habitual, aunque la palabra completa aparece en alguna designación de calibre, como en el caso del .375 Belted Rimless Nitro-Express.

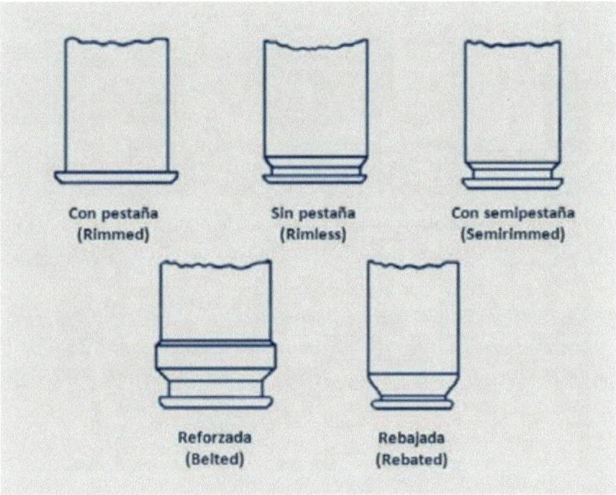


El diseño más antiguo de cartucho metálico incorpora por norma una pestaña de diámetro relativamente mayor que el de la base del tubo del cartucho. La tecnología no podía ofrecer en aquel momento un alto grado de precisión en la fabricación de los cartuchos y la pestaña era una buena solución para que éstos quedasen bien asentados en la recámara del arma, sin deslizarse más allá de su posición prescrita. Como hemos visto ya, las vainas con pestaña se subdividen en dos tipologías: las que tienen ranura de extracción y las que carecen de ella. Los cartuchos de fuego anular (*rimfire*) son por definición "con pestaña" (*rimmed*): en ella se ubica el fulminante y desde ella actúa.

Un reborde de diámetro mayor que el cuerpo de la vaina no constituye un obstáculo en armas monotiro, revólveres y rifles de repetición con depósito tubular bajo el cañón (como los Winchester de palanca o el Vetterli de cerrojo) o en el interior de la culata (como el Spencer), donde los cartuchos se colocan en fila, con la base de cada cual apoyándose en la punta del anterior. Sin embargo, dificulta considerablemente la mecanización en los repetidores con depósito interno (Mosin Nagant) o cargador externo (Lee Enfield) y en las armas semiautomáticas (por ejemplo, las pistolas del .22 LR), en todos los cuales los cartuchos se hallan superpuestos, lo que posibilita que la pestaña del de encima interfiera con la del que se halla inmediatamente debajo. Como hemos dicho más arriba, el primer diseño en detectar esta problemática y prescindir de la pestaña fue el 8 x 57 Mauser, pero su desaparición fue completa a partir del desarrollo de los rifles de asalto, una de cuyas características es la capacidad de disparar en modo automático. Hoy en día sobrevive en la munición de revólver, arma en la que ayuda a recamarar correctamente el cartucho, así como en calibres militares históricos y munición de caza usada en rifles de palanca con depósito tubular, rifles monotiro y de cañón doble.

¿En cuánto excede el diámetro de la pestaña al de la base del cuerpo de la vaina? En los pequeños cartuchos de fuego anular y en la munición de revólver, la diferencia no alcanza los 1,5 mm; en el resto es del orden de los 2 mm. En el cartucho del .17 HMR, el diámetro de la pestaña es de 7,37 mm frente a los 6,09 mm del de la base del tubo. En el .22 LR, de 6,86 frente a 5,72 mm. En el calibre .44 Magnum: 12,98 frente a 11,52 mm. En el .357 Magnum: 11,07 frente a 10,52 mm. En el .44-40: 13,18 frente a 11,80 mm. Sin embargo, en el .30-30: 12,73 frente a 10,55 mm. En el .303 British: 13,54 frente a 11,54 mm. Y, finalmente, en el 7,62 x 54 R: 14,32 frente a 12,28 mm[196].

Con la semipestaña se intentaron resolver algunos de los problemas que presentaba la pestaña original, pero sin prescindir del todo de sus ventajas a efectos de recamarar el cartucho. En este diseño, el diámetro de la pestaña supera al de la base del cuerpo central en una longitud del orden de 0,5 mm. En el calibre 6,5 x 50 SR Arisaka, el diámetro mayor mide 11,84 mm frente a los 11,35 mm del menor. En el .38 Super: 10,31 frenta a 9,75 mm. En el .25 ACP: 7,7 frente a 7,1 mm. Calibres como el .45 LC (con una diferencia de 0,75 mm entre ambos diámetros) y el .444 Marlin (con una desigualdad de 1,1 mm) ocupan un espacio medio entre ambas tipologías —un tanto ambiguas, en cualquier caso— y aparecen categorizados como R la mayor parte de las veces, pero también como SR en alguna ocasión.

El diseño de vaina "sin pestaña" es el predominante hoy día y el preferido en la munición que alimenta las armas automáticas y semiautomáticas. A pesar de la designación de esta tipología, la pestaña existe, como hemos visto ya, en la forma de una estructura separada de la base del tubo por la ranura de extracción; pero su diámetro es igual al de la base de la vaina —al menos, nominalmente— y eso hace que no haya un reborde sobresaliente, con lo que los cartuchos superpuestos en el cargador o en el depósito interno del arma no interfieren unos con otros y la mecanización es en principio más fluida. Además, ocupan menos espacio que los cartuchos R y SR, por lo que su número puede ser mayor para un mismo tamaño de fuente de alimentación.

[196] Todas estas medidas son obviamente nominales. En los cartuchos individuales se detectan variaciones del orden de centésimas de milímetro respecto de ellas.

En la práctica, sin embargo, sí se observan pequeñas diferencias entre el diámetro de la pestaña y el de la base de la vaina. Midiendo cartuchos individuales con un micrómetro digital de precisión, hemos observado discrepancias de 4 centésimas de milímetro en el calibre 9 PB a favor del diámetro de la base, pero hasta de 0,10 mm en el .308 WIN y de 0,13 mm en el 8 x 57 Mauser a favor del diámetro de la pestaña.

En ausencia del reborde sobresaliente que ofrecen los diseños R y SR, los cartuchos "sin pestaña" tienen que encontrar en otra región de su estructura un punto de anclaje que se apoye en una prominencia correspondiente de la recámara a fin de quedar correctamente posicionados para el disparo. Los cartuchos cilíndricos tubulares hallan este punto de apoyo en el saliente que ofrece la boca de la vaina, mientras que los abotellados lo hacen en la línea media de la gola. Por ello en las operaciones de recarga no pueden forzarse estas áreas más allá de sus medidas originales sin desafortunadas consecuencias para la precisión del tiro o incluso la seguridad del tirador.

El diseño con base reforzada, por otra parte, consiste en un anillo de metal adicional sobrepuesto al pie del cuerpo central de la vaina. Este cinturón vuelve, desde luego, más resistente la región de la vaina que sufre la acción de las presiones longitudinales y ello lo hace recomendable en algunos cartuchos mágnum particularmente poderosos. Pero el origen de esta estructura no reside en dar respuesta a semejante necesidad, sino en la de ofrecer un punto de anclaje o asiento alternativo en la recámara a un cartucho "sin pestaña" y con gola poco angulada para ejercer esa función. El primer cartucho con base reforzada parece haber sido el .400/375 Belted Nitro Express, fabricado en 1910 por la casa inglesa Holland & Holland. En este diseño así como en los derivados de él, el diámetro del cinturón no es mucho mayor que el de la base por la parte no reforzada y es prácticamente igual al de la pestaña. En el .375 H&H Magnum y el .300 H&H Magnum, por ejemplo, es de 13,56 mm frente a los 13,03 de la base y los 13,51 de la pestaña. En el .300 Winchester Magnum: de 13,51 frente a 13,03 y 13,51. En el .257 Weatherby Magnum y el 7mm Remington Magnum se repiten muy de cerca estas especificaciones.

Finalmente, el diseño con pestaña rebajada, esto es, con pestaña de diámetro algo más corto que el de la base del cuerpo central, ha resultado útil para la fabricación de cartuchos que, teniendo la vaina más ancha y por tanto una mayor capacidad para la carga de propelente, puedan mecanizarse en armas ya existentes sin necesidad de excesivas modificaciones en las últimas. Así el poderoso cartucho de arma corta .50 Action Express, con un diámetro de pestaña igual al del .44 Remington Magnum, puede usarse en la pistola Desert Eagle de este calibre cambiando el cañón y el cargador, pero sin necesidad de modificar el mecanismo del cerrojo. Lo mismo ocurre con el .41 Action Express en relación a las armas del 9 mm PB. La diferencia entre el diámetro de la base y el de la pestaña oscila en estos casos de uno a dos milímetros. En el .50 AE, por ejemplo, la base mide 13,9 mm frente a los 13,1 de la pestaña. En el .41 AE, 11 mm frente a 10 mm. En el .50 Beowulf: 13,6 frente a 11,3 mm. Los cartuchos con este diseño se asientan en la recámara del mismo modo que los "sin pestaña", esto es, apoyándose en el reborde de la boca de la vaina o bien en la línea media de la gola.

### 2.3.2. Cuerpo

Morfológicamente hablando, la región tubular de la vaina presenta cuatro tipologías fundamentales: cilíndrica, cilíndrica abotellada (o agolletada), cónica y cónica abotellada. La primera es la de fabricación más simple y los primeros cartuchos metálicos respondieron a este diseño o a uno muy próximo. El .22 LR (1887) y el .45 Long Colt (1872), por ejemplo, tienen morfología cilíndrica: el primero con un diámetro en la base y en la boca de 5,7 mm y el segundo de 12,2 mm. Los calibres .45-70 y .44-40, ambos de 1873, son visualmente cilíndricos pero, bajo el escrutinio del micrómetro o del pie de rey, revelan pequeñas diferencias —del orden de las seis décimas de milímetro— entre el diámetro inferior y el superior. En el caso del .45-70, la base tiene un diámetro de 12,8 mm frente a los 12,2 del de la boca. El .44-40, 12 mm frente a 11,3.

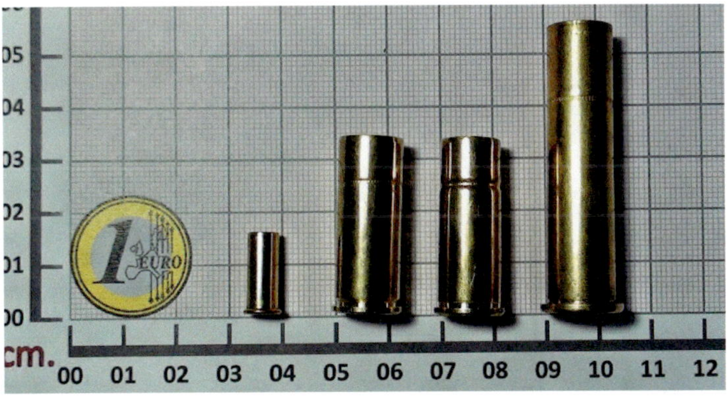


*De izquierda a derecha, vainas del .22 LR, .45 LC, .44-40 y .45-70*

Lo mismo ocurre con un cartucho tan popular como el del 9 mm PB, con una base de 9,93 mm de diámetro frente a los 9,65 de la boca. Este formato no es estrictamente cilíndrico, pero tampoco es cónico a primera vista, por lo que en inglés se categoriza muy a menudo como *tapered*, esto es, "estrechado" o "adelgazado". El .30 Carbine, sin embargo, siendo un cartucho relativamente pequeño, presenta una diferencia entre el diámetro de la base y el de la boca del orden de la del .45-70 —8,99 mm frente a 8,41—, por lo que la impresión visual es de mayor conicidad. Sea como sea y por más que la categoría *tapered* suponga una concesión a la percepción subjetiva, técnicamente hablando los cartuchos descritos pertenecen a la tipología de cónicos no abotellados.

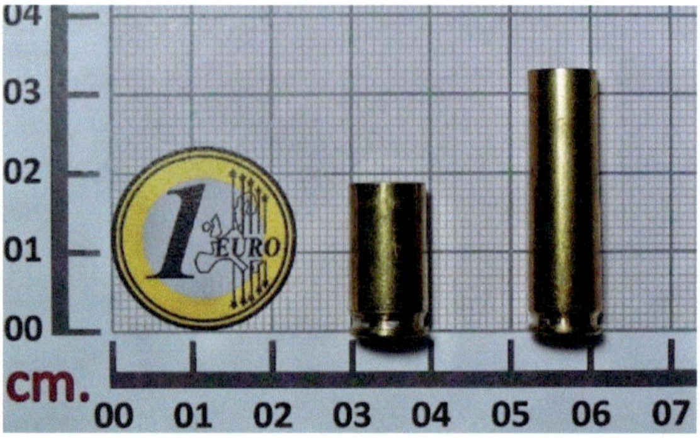


*Vaina del 9 PB (izquierda) y del .30 Carbine (derecha)*

Frente a estas dos configuraciones, el cartucho cilíndrico abotellado (*cylindrical necked*) tiene un mismo diámetro en la base de la vaina y en el extremo del tubo antes de la formación de la gola. En el .17 HMR, por ejemplo, ese diámetro es de 6 mm, lo que, para una misma carga de propelente, permite una vaina mucho más corta y manejable que si toda ella fuese un cilindro de diámetro igual a los 4,8 mm de la boca.

En el diseño cónico abotellado (*conical necked*), finalmente, la diferencia entre el diámetro mayor y el menor oscila normalmente entre 0,5 y 1,5 mm, y supera los 2 mm en calibres extremos. En el .222 Remington: 9,6 mm frente a 9,1. En el .308 WIN: 11,96 frente a 11,53 mm. En el .30-06: 12 mm frente a 11,2. En el 8 x 57 Mauser: 11,94 mm frente a 10,95. En el .303 British: 11,7 frente a 10,2 mm. Sin embargo, en el .50 BMG: 20,4 frente a 18,1 mm.

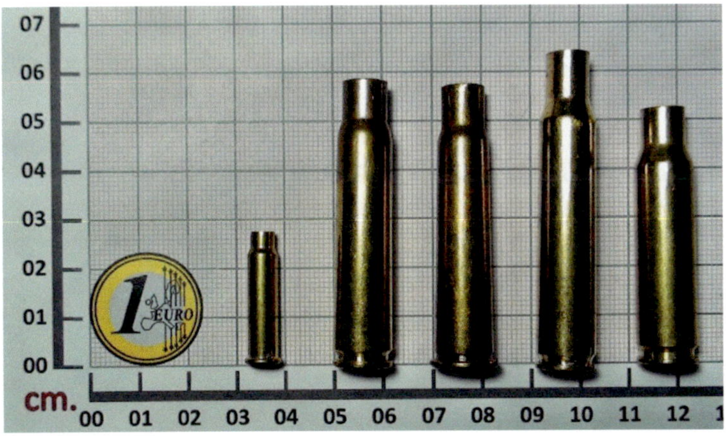


*De izquierda a derecha, vaina cilíndrica abotellada del .17 HMR y vainas cónicas abotelladas del 8 x 57 Mauser, .303 British, .30-06 y .308 WIN*

## 2.4. Funciones

Las cuatro funciones básicas que realiza la vaina han ido desgranándose a lo largo de las páginas de este capítulo, mientras observábamos esta pieza en su evolución pasada y en su plasmación actual. Sin embargo, no es inoportuno repetirlas, llegados a este punto, y estudiar algunos fenómenos asociados a ellas. Las funciones en sí mismas, recordémoslo, pueden describirse de este modo:

1. La vaina es el contenedor de los elementos dinámicos del cartucho y contribuye a su preservación en el transporte y almacenaje de la munición.

2. Constituye el crisol donde se origina el proceso por el cual la energía química del propelente se transforma en energía cinética del proyectil. Con este fin, la vaina alberga en diferentes regiones de su estructura todos los elementos necesarios, dispuestos e intercomunicados de modo que la acción en cadena de unos sobre otros sea

la óptima y ocurra en las circunstancias fijadas para el desarrollo de dicho proceso, no en otras fortuitas o accidentales.

3. Obtura la recámara, gracias a las propiedades dilatativas del metal de que está hecha, a fin de que los gases de la deflagración no se filtren al exterior por la parte del mecanismo del cerrojo, sino que se canalicen del modo idóneo para la propulsión del proyectil y, en su caso, para el ciclo de recarga en las armas que se remunicionan automáticamente por un sistema de acción de gases.

4. Permite, gracias a su estructura y las propiedades contractivas de sus materiales, una fácil extracción del casquillo[197] resultante del cartucho consumido.

Todas estas funciones son extremadamente importantes para la operación de los sistemas de fuego tal como los conocemos hoy, pero ha sido la tercera, recordémoslo, la más determinante en su evolución. Gracias a ella, las armas de retrocarga prosperaron y, al mismo tiempo, gracias a la consecución de un mecanismo de retrocarga fiable, el rifle pudo desarrollar su extraordinario potencial. La vaina metálica expansiva hizo el arma portable mucho más eficiente y le permitió soportar presiones mucho más elevadas que las que serían posibles en sistemas de fuego impropiamente sellados[198]: presiones que, en

---

[197] En un curso en el que tomó parte el autor de este estudio se oyó a un agente de la Policía Científica decirle con total convencimiento a su alumnado que un "casquillo es un casco pequeño, no una vaina". Entre los siete significados que le otorga el DRAE a esta voz, el cuarto es *cartucho metálico vacío*, pero ninguno de ellos remite a *casco pequeño*. Es importante que el lector tenga esto en cuenta para que no se deje intimidar por aldabonazos pseudotécnicos de semejante índole.

[198] Véanse los límites de presión recomendado por el Sporting Arms and Ammunition Manufacturers' Institute (SAAMI) en esta web: http://www.lasc.us/SAAMIMaxPressure.htm .

la actualidad, cubren todo el espectro desde las 14.000 psi (984,30 $kgf/cm^2$) de un .45 Long Colt hasta las 65.000 psi (4569,95 $kgf/cm^2$) de un .300 Rem Ultra Magnum.

Las presiones en el interior del cartucho se producen de forma radial, en todas las direcciones, pero después de haber examinado este fenómeno en el capítulo dedicado al propelente, nos interesa ahora sobre todo una, la que ocurre longitudinalmente según el eje del cañón del arma. De acuerdo con la Tercera Ley del Movimiento según Newton, toda acción produce una reacción de igual magnitud y signo contrario, de modo que la misma presión ejercida sobre la base de la bala actúa también sobre la base de la vaina empujada contra el plano del cierre del arma. ¿Cuál es la magnitud de semejante presión? Pues es igual a la presión general multiplicada por el área seccional del proyectil. En el caso citado del .45 LC, el diámetro del proyectil es del orden de 0,454", esto es, 11,53 mm. Luego, el área de la base será:

$$\pi \cdot r^2 = 3{,}1416 \cdot 5{,}765^2 = 104{,}412 \text{ mm}^2 = 1{,}044 \text{ cm}^2$$

Supongamos que la presión total son los 984,30 $kgf/cm^2$ máximos nominales. Entonces:

$$984{,}30 \text{ kgf/cm}^2 \cdot 1{,}044 \text{ cm}^2 = 1027{,}609 \text{ kgf}$$

Lo que supone algo más de una tonelada de fuerza ejercida contra la muñeca del tirador que, si no la desencaja, es porque su acción no se prolonga, en ningún caso, más allá de tres milisegundos.

Si además de la presión queremos conocer la velocidad de retroceso del arma, podemos calcularla teniendo en cuenta que el momento del proyectil y del resto de elementos del cartucho expulsados por la boca de fuego[199] se verá compensado por el momento del arma en dirección opuesta. Hemos visto ya cómo se calcula la velocidad de retroceso del arma en la sección relativa al peso del proyectil en el capítulo anterior, pero vamos a introducir ahora en nuestra ecuación un nuevo elemento que, en aquella ocasión, ignoramos a efectos de simplificar el modelo.

Como el momento, recordémoslo, es igual al producto de la masa por la velocidad:

$$m_a \cdot v_a = m_p \cdot v_p + m_c \cdot v_c$$

Por lo que:

$$v_a = \frac{(m_p \cdot v_p) + (m_c \cdot v_c)}{m_a}$$

Donde:

$m_a$= masa del arma;
$v_a$ = velocidad del arma;
$m_p$ = masa del proyectil;
$v_p$ = velocidad del proyectil;
$m_c$ = masa de la carga de propelente;
$v_c$ = velocidad de la carga del propelente.

En el caso de un Barrett 98 Bravo, que disparase un proyectil del .338 Lapua Magnum de 250 grains, tendríamos los siguientes valores: el arma pesa 6,12 kg, sumados el de la óptica y el del bípode obtenemos 7,25 kg. El proyectil, ya lo hemos dicho, pesa 250 grains; su velocidad nominal en boca de cañón es de 900 m/s. La masa del propelente es de 92,5 grains. Y en

[199] Los gases de deflagración en el caso del rifle, pistola y revólver; los gases y el sábot, en el caso de munición subcalibrada; los gases y el taco, en el caso de escopeta; etc.

cuanto a la velocidad de los gases, superior en cualquier caso a la del proyectil, diversos experimentos en los EEUU sugieren 4.000 fps (1219,2 m/s) como cifra adecuada para estos cálculos[200]. Así pues, la velocidad de retroceso del Barrett, después de transformar grains en kilos dividiendo el peso en grains por 15.430, será:

$$v_a = \frac{(0{,}016kg \cdot 900ms^{-1}) + (0{,}006kg \cdot 1219{,}2ms^{-1})}{7{,}25\ kg.} = 3{,}102\ \text{m/s}$$

$$= 11{,}167\ \text{km/h}$$

Tal sería la velocidad de retroceso libre del Barrett, esto es, si pendiese de hilos y se le permitiese experimentar sin obstáculos la acción y reacción del disparo.

Conocida la velocidad de retroceso, podemos calcular la energía cinética de retroceso. Recordemos que la fórmula de la energía cinética es:

$$EC = \frac{1}{2}(m \cdot v^2)$$

Donde:

EC = energía cinética (en J);
m = masa del proyectil (en kg);
v = velocidad del proyectil (en m/s).

Luego, en el caso que nos ocupa:

$$EC = \frac{1}{2}(7{,}25 \cdot 3{,}102^2) = 34{,}88\ \text{J}$$

El retroceso es rectilíneo pero, puesto que la línea de acción de la fuerza pasa por el eje del cañón y, por tanto, sobre el centro

[200] R. A. Rinker, *Understanding Firearm Ballistics*, pp. 76-7.

de masas del arma, y puesto que el punto de resistencia contra el que pivota el arma —el hombro del tirador en caso de arma larga y la muñeca en caso de arma corta— está también por debajo de esa línea, el brusco movimiento hacia detrás genera al mismo tiempo una elevación del cañón.

El proyectil recorre el cañón mientras éste se "encabrita", lo que haría que impactase por encima del punto hacia el cual el arma estaba apuntada antes de apretar el disparador, si no fuera porque tal elevación está factorizada industrialmente en el ajuste de las miras, al menos para un tipo de munición estándar y unas circunstancias de tiro específicas. Si se usa una munición distinta, con un proyectil más pesado, la bala tardará más tiempo en abandonar el cañón del arma y sufrirá más el empinamiento del cañón, con lo que —si el resto de los factores no varían— impactará más alto que una bala más ligera con la misma velocidad, cosa que puede parecer paradójica[201]. Por otra parte, si las circunstancias son distintas de las calculadas originalmente o si el agarre del arma por parte del tirador es demasiado flácido o demasiado rígido, el proyectil no impactará en el punto predestinado.

Hace unos años, en el contexto de una jornada en la UAB titulada *Estudio, Análisis y Conclusiones Policiales y Forenses del Incidente Histórico "Tiroteo de Miami - FBI 1986"*[202], el conferenciante[203] mostró en vídeo un experimento que ilustraba de manera estupenda esta cuestión. Basile había colocado una pistola en un banco de tiro perfectamente apuntada al centro de una diana de modo que, sin necesidad de empuñar el arma, bastaba una leve presión del gatillo para que se produjese el disparo, que impactaba inevitablemente en el centro del objetivo. El experimentador depositó entonces un saquito de

---

[201] Cf. Heard, *Handbook of Firearm and Ballistics*, p. 105 & Rinker, *Understanding Firearm Ballistics*, p. 68.
[202] EPSI, Bellaterra, 14 de Julio del 2011.
[203] El agente del FBI Chad Basile.

arena sobre la pistola de manera que impidiese al cañón realizar su elevación natural, lo que produjo a continuación impactos bajos respecto de los precisos disparos anteriores. En el uso humano de arma corta, sin embargo, la elevación depende en gran medida también del agarre, más fuerte o más débil, más fluido o rígido, más hábil o torpe, del tirador. Y esta variable no puede, de ningún modo, venir compensada de fábrica. De ahí que un buen tirador de precisión sea, entre otras cosas, un organismo con gran poder de adaptación intuitiva a la peculiar movilidad del arma que sostiene.

¿Cuánta puede ser la desviación respecto del impacto buscado, en caso de una elevación excesiva del arma? Para responder a esta cuestión téngase en cuenta (1) que la desviación es de carácter angular y (2) que por cada minuto de ángulo que el cañón del arma se eleve de más, la desviación se traducirá en 1,0472" (26,59 mm) a 100 yardas (91,44 m). Éste es el famoso concepto de MOA (*Minute of Angle*)[204] tan importante en el tiro de precisión y tan necesario para centrar las telemiras de los rifles.

### 3. Líneas futuras de evolución de la vaina y el cartucho

Siendo determinante como es para los sistemas de fuego actuales, la vaina metálica expansiva no es ni mucho menos indispensable y con toda probabilidad se verá remplazada en el futuro por nuevas propuestas e ingenios tecnológicos, del mismo modo que el viejo concepto de avancarga dio paso al cartucho actual. El cambio no se producirá en un futuro cercano, sin embargo, y mucho menos bajo los recortes presupuestarios derivados de las sucesivas crisis económicas

---

[204] *Minute of arc, arcminute...; minuto de arco, minuto sexagesimal, arcmin...*

globales de los últimos doce años, porque ello significaría jubilar de golpe o remodelar cantidades ingentes de armas perfectamente operativas; pero no puede descartarse como una transformación gradual a medio o a largo plazo.

Entre las diversas alternativas ensayadas que podrían marcar las líneas evolutivas futuras señalaremos sólo tres representativas: el cartucho de vaina de polímero, el cartucho sin vaina con proyectil incrustado en un cuerpo de propelente sólido y el cartucho sin vaina de ignición eléctrica según el sistema Metal Storm.

La vaina de polímero abarataría el coste de producción de los cartuchos y aligeraría notablemente el peso de la munición. Hace años que se persigue un tipo de polímero que pueda ofrecer, cuando menos, las mismas prestaciones que el latón. En los primeros años de la pasada década existía una empresa local comprometida con el desarrollo de este concepto, pero sus resultados eran ya por entonces muy pobres y aplicables sólo a calibres poco potentes con presiones atenuadas. No está claro en absoluto que las inversiones necesarias para la consecución de este material se vean compensadas algún día.

La segunda de las alternativas citadas constituye una propuesta mucho más creativa y radical. A finales de los 60, la empresa germana Heckler & Koch retomó una idea con la que ya había experimentado el ejército alemán en la Segunda Guerra Mundial y diseñó el rifle de asalto G11, que disparaba proyectiles de calibre 4,73 x 33 mm[205] carentes de vaina metálica e incrustados, en cambio, en un bloque de propelente sólido con su propio pistón iniciador. Este tipo de munición tiene la ventaja de ser más ligera que la convencional y de acortar el ciclo del disparo haciendo innecesario el proceso de extracción del casquillo. Pero las desventajas son también

[205] 4,3 mm originalmente, pero éste creaba turbulencias en el interior del cañón.

notables: en primer lugar, al carecer de vaina el propelente está mucho menos protegido en el transporte y almacenaje de la munición. Por otra parte, el cañón del arma sufre directamente la acción de la deflagración sin una estructura metálica intermedia —la vaina— que lo proteja y que, una vez expulsada, se lleve consigo parte del calor generado. Además, los casos de ignición espontánea por el contacto directo del propelente con el ánima del cañón a elevadísimas temperaturas convertían al G11 en un peligro para el usuario y hubo que desarrollar un nuevo tipo de propelente con una temperatura de ignición 100ºC superior a la del propelente convencional.

Aun así, el G11 resultó ser un eficiente instrumento bélico capaz de 460 disparos por minuto en modo totalmente automático y en el que la obturación de los gases se lograba por un complejo mecanismo de rotación de la recámara. Sin embargo, los recortes presupuestarios en el ejército de la Alemania Federal con el final de la Guerra Fría sellaron su desaparición[206].

El concepto de Metal Storm supuso un importante avance respecto del anterior, pero las extraordinarias promesas que traía consigo hace algo menos de una década no parecen haberse materializado, al menos en lo que a armas portables respecta. El 3 de Mayo del 2006, en el episodio "Maximum Impact" de la serie televisiva documental *Future Weapons*, el exmilitar y presentador del programa Richard Machowicz mostró este extraordinario diseño en formato pistola, ametralladora y batería de fuego. Tanto en uno como en otro caso, los proyectiles en lugar de entrar en la recámara desde un cargador o depósito interno, se hallaban alineados directamente en el cañón del arma. Se trataba de proyectiles sin vaina y con una peana de propelente que se iniciaba por impulso eléctrico.

---

206 Véase Popenker & Williams, *Assault Rifle*, pp. 68-70, así como el excelente artículo de Wikipedia: http://en.wikipedia.org/wiki/Heckler_and_Koch_G11 .

El proyectil más cercano a la boca de fuego era, obviamente, el primero en dispararse. La deflagración del propelente producía una cierta compresión de los cartuchos alineados detrás de él, lo que sellaba la salida de gases. El arma disparaba hasta tres proyectiles antes de generar retroceso y elevación del cañón, con lo que los impactos tenían lugar en un mismo punto de la diana con extraordinaria precisión.

La presentación de este sistema en "Maximum Impact" dejaba no pocas incógnitas. Entre ellas, cómo se atajaba el peligro de ignición espontánea en los cartuchos sucesivos una vez desencadenada la deflagración del primero y cómo se lograba tan asombrosa precisión —hasta el punto de pasar tres proyectiles por el mismo agujero en la diana— cuando el recorrido a través del cañón, y por tanto la aceleración, estabilidad giroscópica, etc., dependía del lugar que cada cartucho ocupase en la alineación tubular dentro del arma. Está por ver qué impacto general tendrá en el futuro este sistema en el armamento ligero militar y civil.

## 4. Eventos históricos de importancia en la evolución de la vaina y el cartucho

| | |
|---|---|
| Mediados del siglo xvi | Inicio del uso del cartucho de papel. |
| 1642-1651 | Uso del cartucho de madera durante la Guerra Civil Inglesa. |
| 1808 | Cartucho de Pauli. |
| 1832 | Cartucho de espiga de Lefaucheux. |
| 1836 | Sistema de fuego Dreyse. |
| 1841 | Cartucho de John Hanson y William Golden, de bala hueca rellena de fulminante, sin vaina. |
| 1846 | Patente de Houllier mejorando el diseño de Lefaucheux.<br>Cartucho de Nicolas Flobert. |
| 1848 | Rocket-ball de Walter Hunt. |
| 1851 | Carabina y cartucho Maynard. |
| 1855 | Carabina y cartucho Burnside.<br>Cartucho de Clement Pottet.<br>Repetidor de retrocarga y cartucho de Sylvester Krnka. |
| 1856 | Patente de David Morse sobre su cartucho de fuego central. |
| 1857 | Motín de los cipayos desencadenado por el engrasado de los cartuchos con sebo de cerdo y de vaca.<br>Carabina de retrocarga y cartucho de goma india de Gilbert Smith. |

| | |
|---|---|
| 1863 | Patente de Thomas J. Rodman y Silas Crispin sobre el sistema de vaina de latón enrollado. |
| 1866 | Sistema de fuego Chassepot. Patente del coronel Boxer de su cartucho de latón enrollado. |
| 1873 | Publicación del informe Treadwell *Metallic Cartridges (Regulation and Experimental)*. |
| 1888 | El nuevo cartucho 8 x 57 Mauser prescinde de la pestaña. |

# CONCLUSIÓN

El cartucho es la piedra angular y fundamento de la balística. Su aparente simplicidad sintetiza una prolongada historia de entre ocho y nueve siglos, que sus elementos compositivos han seguido por separado hasta converger en la unidad funcional que conocemos hoy: el cartucho metálico expansivo integrado, con propelente *sin humo* de una, dos y hasta tres bases nítricas, cuyo proyectil es seleccionado en cada caso de entre una enorme tipología posible para cada variedad de munición de acuerdo con las necesidades operativas del momento o las funciones específicas buscadas.

El desarrollo que hemos presentado de esa historia no está exento de cierta trampa. Ninguna historia lo está. A efectos de síntesis y de una mayor simplicidad y claridad expositiva, el historiador selecciona, de entre muchísimos más acontecimientos que los que cualquier mente humana puede llegar a absorber, un reducido número de hechos. Y lo hace movido por su relevancia, su persistencia en la memoria colectiva, pero también porque esos hechos le encajan de manera coherente en la cadena de causas y efectos que, en última instancia, constituye la infraestructura de toda narrativa. Se trata, por tanto, de una narración selectiva, que ignora una ingente cantidad de fenómenos alternativos: fenómenos que, por la razón que sea, no han quedado fijados con la misma fuerza en la memoria de los siglos, o que han resultado callejones sin salida de la evolución tal como la conocemos, o que desde la perspectiva del historiador no son tan *sui generis* como para enriquecer el modelo presentado sin lastrar infinitamente el texto. Fenómenos, en última instancia, no alineados con la espina dorsal de la historia contada.

Fuera de los márgenes de esta selección hemos tenido que dejar necesariamente todo lo que incumbe a la morfología, tipología y funcionalidades del cartucho de escopeta, que constituye un mundo aparte y que requeriría, por sí mismo, un estudio paralelo dedicado exclusivamente a él.

Además de la "trampa" selectiva mencionada está la "trampa" teleológica, es decir, contamos la historia como si estuviera predestinada a desembocar en el objeto de nuestras investigaciones: el cartucho que, por así decirlo, tenemos entre las manos. Sabemos el final —contemporáneo nuestro— e ignoramos los comienzos, pero narramos la historia al revés de cómo la conocemos, empezándola por unos nebulosos orígenes que, de algún modo, se acoplan bien con el fin al que queremos llegar. En último análisis, toda historia —no sólo ésta— es narrativa. Ello no representa un grave problema para la investigación, si se tiene en cuenta que el modelo presentado no es EL HECHO EN SÍ, sino sólo una estructura cognitiva útil que ayuda a asimilar, de forma ordenada, una serie de variopintos fenómenos que por alguna razón, entre las más diversas imaginables, nos interesa conocer.

En lo que hace al resto de las cuestiones tratadas en estos capítulos —referidas sobre todo a la estructura, morfología, composición y comportamiento de los elementos del cartucho por separado y de éste en sí mismo—, cubre los fundamentos de la balística general, pero nos deja en el umbral de este riquísimo y complejísimo campo de conocimiento. Aun así, creemos que las claves ofrecidas en estas páginas resultarán útiles e interesantes para cualquiera que desee iniciarse en esta disciplina, llegue a ella desde el campo que llegue y especialmente si el lector está involucrado en la práctica del tiro.

Éstos han sido, cuando menos, nuestro propósito y nuestra esperanza al escribirlas.

# DICCIONARIO DE ACRÓNIMOS BALÍSTICOS

| ACRÓNIMO | SIGNIFICADO | EXPLICACIÓN |
|---|---|---|
| +P | PLUS P | Cartucho con un 10-15% de sobrepresión. |
| +P+ | PLUS P PLUS | Cartucho con un 20-25% de sobrepresión. |
| A, A-Frame | A-FRAME™ | Nombre de una gama de munición Remington. |
| AAC (1) | ACCELERATOR ® | Nombre de una bala subcalibrada de la casa Remington con sábot de plástico. |
| AAC (2) | ADVANCED ARMAMENT CORPORATION | Nombre de una corporación armamentística americana. |

| | | |
|---|---|---|
| AB | ARCANE BULLET | Una bala cónica de base plana hecha de una sólida aleación de cobre. |
| ABC bullet | AMERICAN BALLISTIC COMPANY BULLET | Una bala con punta de acero y sin camisa. |
| ACC | ACCELERATOR ® | Cf. AAC (1). |
| AccuTip | ACCUTIP™ | Un tipo de proyectil de la casa Remington con punta aguda de polímero para incrementar precisión y expansión. |
| ACEL | ACCELERATOR ® | Cf. AAC (1). |
| ACP | AUTOMATIC COLT PISTOL | Designación de calibre Colt, como en .45 ACP, a veces denominado simplemente “Auto”. |

| | | |
|---|---|---|
| AE (1) | ACTION EXPRESS | Designación de calibre de Action Arms, como en el .50 AE. |
| AE (2) | AFRICAN ELITE | Nombre de una categoría de cartuchos de caza de la casa PMP. |
| AEI | AEI SYSTEMS Ltd. | Nombre de una corporación armamentística norteamericana. |
| AFB | A-FRAME BONDED | Nombre de una tipología de cartucho de la casa PM. |
| AJHP | ALUMINIUM JACKETED HOLLOW POINT | Referido a proyectiles con camisa de aluminio y punta hueca expansiva. |
| AMAX, A-MAX | A-MAX™ | Una gama de proyectiles de la casa Hornady caracterizadas por su aerodinamismo y elevado coeficiente balístico. |

| | | |
|---|---|---|
| AMC | ARMY MATERIEL COMMAND | Principal proveedor de material para el ejército norteamericano. |
| ANSI | AMERICAN NATIONAL STANDARDS INSTITUTE | Instituto norteamericano que supervisa el desarrollo de estándares para productos, servicios, procesos y sistemas. |
| AP | ARMOUR PIERCING | Sólida bala antimaterial. |
| APFSDS | ARMOR PIERCING FIN-STABILIZED DISCARDING SABOT | Un tipo de proyectil giroscópicamente estabilizado por unas finas aletas de cola y que va encapsulado en un sábot del que se desprende después del disparo, a cierta distancia de la boca de fuego. |
| APHC | ARMOUR PIERCING HARD CORE | Sólida bala antimaterial de núcleo especialmente duro. |
| API | ARMOUR PIERCING INCENDIARY | Proyectil que a su poder antiblindaje une su carácter incendiario. |

| | | |
|---|---|---|
| APIT | ARMOR PIERCING INCENDIARY TRACER | Proyectil multipropósito que incorpora la funciones antimaterial, incendiaria y trazadora. Cf. AP, I (1), T bullet. |
| AP-S | ARMOR PIERCING SUPER | Proyectil de alta capacidad antimaterial. |
| Arg | ARGENTINE | Referido a calibres de esta nacionalidad, como el 7,65 x 53mm Arg (7,65 x 53 mm Mauser). |
| AT | ACCUTIP™ | Cf. AccuTip. |
| Auto | AUTOMATIC | Parte del nombre de un calibre de varias marcas, como en el 5 mm Clement Auto. Los calibres ACP aparecen también en ocasiones como Auto: .25 Auto es lo mismo que .25 ACP; .45 Auto es .45 ACP. |
| B | BELTED | Con refuerzo o cinturón. Referido a vainas y usado en la designación de calibres cuyo cartucho tiene una cabeza de vaina reforzada. |

| | | |
|---|---|---|
| B/ BJ | BRAS/ BRAS (Jacketed) | Un tipo de proyectil con blindaje de latón. |
| BAT | BLITZ ACTION TRAUMA | Un tipo de bala de la casa alemana Geco para munición de 9 mm PB, con alto poder de incapacitación. |
| BB | BEVEL BASED | Un tipo de bala con un corte oblicuo en la base. |
| BBWC | BEVEL BASE WADCUTTER | Bala cilíndrica Wadcutter con un corte oblicuo en la base. |
| BEB | BRASS ENCLOSED BASE | Un tipo de bala con base encamisada en latón. |
| BJHP | BRASS JACKETED HOLLOW POINT | Un tipo de bala con blindaje de latón y punta hueca expansiva. |

| | | |
|---|---|---|
| BKL | BLACKOUT | Nombre de un calibre de la AAC (cf. AAC 2), como el .300 AAC BKL. |
| Blitz | BlitzKing® | Nombre de un tipo de bala de la casa Sierra. |
| BMG | BROWNING MACHINE GUN | Parte del nombre de un calibre, como en el .50 BMG. |
| BP | BRONZE POINT | Bala con poderosa punta de bronce. |
| BPE | BLACK POWDER EXPRESS | Parte del nombre de un calibre, como en el .500 BPE, y tipo de armamento que lo usa, como "Rifle BPE". |
| BR | BENCH REST | Nombre de un tipo de competición que sirve de denominación a la cartuchería diseñada para ella: por ejemplo, .22 BR Remington. |

| | | |
|---|---|---|
| Br /Brit | BRITISH | Referido a calibres de origen británico, como el .303 Brit. |
| Bren | BRENNEKE | Parte del nombre de calibres de marca Brenneke, como en el 7 x 64mm Bren. |
| BRPT | BRONZE POINT | Cf. BP. |
| BT | BOAT TAIL | Un típico diseño especialmente aerodinámico de la base de algunas balas que consiste en reducir gradualmente la parte trasera de su cuerpo cilíndrico a fin de minimizar el efecto de succión del aire. |
| BTHP | BOAT TAIL HOLLOW POINT | Un tipo de bala con base en cola de barco (cf. BT) y punta hueca. |

| | | |
|---|---|---|
| Car (/Carb) | CARBINE | Parte del nombre de algunos calibres, como el .30 Car. |
| Car (2) | CARCANO | Parte del nombre de algunos calibres, como el 7,35×51mm Car. |
| Cas | CASULL | Parte del nombre de algunos calibres, como el .454 Cas. |
| CB | CAST BULLET | Bala hecha por solidificación de metal fundido previamente en un molde. |
| CC | COPPER COATED | Referido a proyectiles con recubrimiento de cobre. |
| CL (C-L) | CORE-LOKT | Un tipo de bala Remington con núcleo adherido al blindaje. |

| | | |
|---|---|---|
| CMJ | COMPLETE METAL JACKET | Sinónimo de Full Metal Jacket (cf. FMJ). |
| CP (1) | CONE POINT | Bala cuya punta tiene esta figura geométrica. |
| CP (2) | COPPER PLATED | Con blindaje de cobre unido al núcleo por electrólisis. |
| CS/ CST | COPPER SOLID TIPPED | Un tipo de bala de la marca Remington. |
| CTFB | CLOSE TIP FLAT BASE | Un tipo de proyectil de la casa Remington con punta blindada y base aplanada. |
| DE | DOUBLE ENDED | Bala de base doble superpuesta. |

| | | |
|---|---|---|
| DEWC | DOUBLE ENDED WADCUTTER | Bala tipo Wadcutter (cf. WC) de base doble superpuesta. |
| EB | ENCLOSED BASE | Bala de base blindada. |
| EFMJ | EXPANDING FULL METAL JACKET | Bala expansiva encamisada. |
| ENCAP | ENCAPSULATED | Bala completamente encapsulada en una camisa de metal por electrólisis. |
| EP | EXPANDING POINT | Referido a proyectiles con punta expansiva. |
| ERBT | EXTENDED-RANGE BOAT TAIL | Bala con base en forma de cola de barco (cf. BT) con capacidad de alcanzar largas distancias. |

| | | |
|---|---|---|
| EVO | LEVERevolution® | Una gama de munición de la casa Hornady de alta tecnología. |
| Exp | EXPRESS CARTRIDGE | Un tipo de cartucho de caza de alto rendimiento, como el .308 Marlin Exp. |
| FB | FLAT BASE | Tipo de bala con la base plana. |
| FDR | FIREARMS DISCHARGE RESIDUE | Residuos químicos derivados del disparo de un arma de fuego, de especial interés en balística forense. |
| Fed | FEDERAL | Abreviatura de la marca de cartuchería FEDERAL. |
| FMC | FULL METAL CASE | Núcleo de plomo completamente recubierto de blindaje (cf. FMJ). |

| | | |
|---|---|---|
| FMJ | FULL METAL JACKET | Bala blindada por completo, menos la base. |
| FMJBT | FULL METAL JACKET BOAT TAIL | Cf. FMJ y BT. |
| FMJE | FULL METAL JACKET ENCAPSULATED | Cf. FMJ y ENCAP. |
| FN | FLAT NOSE | Bala de punta aplananada. |
| FNEB | FLAT NOSE ENCLOSED BASE | Bala de punta aplanada y base blindada. |
| FNSP | FLAT NOSE SOFT POINT | Bala con ojiva de forma aplanada y punta sin blindar. |

| | | |
|---|---|---|
| FP | FLAT POINTED | Bala de punta aplananada. |
| FPJ | FLAT POINT JACKETED | Bala de punta aplananada y con blindaje. |
| FRAN | FRANGIBLE | Bala que se pulveriza al impacto contra materiales duros. |
| FTX | FLEX TIP® EXPANDING | Nombre de un tipo de proyectil de punta expansiva de la casa Hornady. |
| G | GAUGE | Calibre de las escopetas en el inglés de EEUU. |
| GAP | GLOCK AUTOMATIC PISTOL | Designación de calibre Glock, como el .45 GAP. |

| | | |
|---|---|---|
| GC/ GCK | GAS CHECK | Recubrimiento en la base de algunos proyectiles para una mayor resistencia frente a la acción de los gases de deflagración. |
| GD | GOLD DOT | Una gama de munición de la casa Speer. |
| GDHP | GOLD DOT HOLLOW POINT | Un tipo de munición de la casa Speer con proyectil de punta hueca expansiva. |
| GK | GAMEKING® | Nombre de un tipo de munición de la casa Sierra. |
| Gov/ Govt | GOVERNMENT | Designación que aparece en algunos calibres norteamericanos, como por ejemplo en el .45-70 Gov. |
| GS (1) | GRAND SLAM | Un tipo de munición de la casa Speer para caza mayor. |

| | | |
|---|---|---|
| GS (2) | GOLDEN SABER | Un tipo de proyectil de la casa Remnington de expansión controlada. |
| GSR | GUNSHOT RESIDUE | Cf. FDR. |
| H&H | HOLLAND & HOLLAND | Referido a cartuchería de la casa Holland & Holland, como en el .244 H&H Magnum. |
| HB | HOLLOW BASE | Proyectil de base hueca. |
| HBWC | HOLLOW BASE WADCUTTER | Proyectil Wadcutter (cf. WC) con una cavidad en la base. |
| HC | HARD CAST | Balas hechas por la fusión y moldeado de una aleación más dura que el plomo. |

| | | |
|---|---|---|
| HC (2) | HOLLOW CORE | Proyectil de núcleo hueco. |
| HE | HIGH ENERGY | Cartucho con una carga de propelente que permite altos niveles de rendimiento balístico. |
| HMR | HORNADY MAGNUM RIMFIRE | Designación de calibre de fuego anular y carga mágnum de la casa Hornady, como en el .17 HMR. |
| HP | HOLLOW POINT | Bala de punta hueca expansiva. |
| HS/ HSHK | HYDRA-SHOK® | Nombre de un tipo de proyectil de alta expansión de la casa Federal. |
| HST | HI-SHOK TWO® | Nombre de un tipo de proyectil de alta expansión de la casa Federal. |

| | | |
|---|---|---|
| HV | HIGH VELOCITY | Proyectil de alta velocidad. |
| HVHP | HIGH VELOCITY HIGH POWER | Proyectil de alta velocidad y gran fuerza de impacto. |
| I (1) | INCENDIARY | Proyectil capaz de efectos incendiarios en el momento de impacto. |
| I (2) | INFANTERIE | Usado exclusivamente para el 8 x 57mm Mauser y algunos cartuchos alemanes de 8 mm. |
| I bullet | INCENDIARY BULLET | Cf. I. |
| IC | IRON CORE | Proyectil con núcleo de hierro. |

| | | |
|---|---|---|
| ICL | INCREASED CASE LOAD | Designación de un tipo de catuchería "wild cat" de caza diseñada por los armeros Arnold y Vern Juenke, como el .219 ICL Wolverine. |
| IS | INFANTERIE SPITZGESCHOSS | Cf. I (2). |
| It/ Ital | ITALIAN | Referido a calibres de esta nacionalidad, como el 10,4 x 47 It Vetterli. |
| J (1) | JACKETED | Proyectil con blindaje. |
| J (2) | INFANTERIE | Usado exclusivamente para el 8 x 57mm Mauser y algunos cartuchos alemanes de 8 mm. |
| Jap | JAPANESE | Referido a calibres de esta nacionalidad. |

| | | |
|---|---|---|
| JFP | JACKETED FLAT POINT | Proyectil blindado de punta aplanada. |
| JHC | JACKETED HOLLOW CAVITY | Proyectil blindado con cavidad hueca en la base. |
| JHP | JACKETED HOLLOW POINT | Proyectil blindado con punta hueca expansiva. |
| Jkt | JACKET | Cf. J. |
| JSP | JACKETED SOFT POINT | Proyectil blindado con punta hueca blanda (sin blindar) expansiva. |
| K | KURTZ | Referido a calibres de vaina más corta que los cartuchos originales: por ejemplo el 7,92 x 33 mm Kurz (versión "corta" del 7,92 x 57 Mauser). |

| | | |
|---|---|---|
| KTW | KOPSCH TURCUS WARD | Un cartucho antimaterial cuyo acrónimo deriva de las iniciales de sus creadores, apellidados Kopsch, Turcus y Ward. |
| L | LONG | Referido a calibres, como el .22 Long. |
| L (2) | LEAD | Referido a proyectiles hechos de este metal. |
| LFN | LONG FLAT NOSE | Proyectil largo de punta aplanada. |
| LFP | LEAD FLAT POINT | Proyectil no blindado de plomo y de punta aplanada. |
| LHP | LEAD HOLLOW POINT | Proyectil no blindado de plomo y de punta hueca expansiva. |

| | | |
|---|---|---|
| LR | LONG RIFLE | Referido a calibres, como el .22 Long Rifle. "Rifle" no se refiere aquí a que se trate de una munición destinada a ese tipo de arma en cuestión sino a armas —largas o cortas— de cañón estriado (*rifled*). |
| LRN | LEAD ROUND NOSE | Proyectil no blindado de plomo y de punta redondeada. |
| LSWC | LEAD SEMI-WADCUTTER | Proyectil no blindado de plomo, con cuerpo cilíndrico tipo Wadcutter y punta sobrepuesta de variable diseño. |
| LSWC-GC | LEAD SEMI-WADCUTTER GAS CHECK | Proyectil no blindado de plomo, con cuerpo cilíndrico tipo Wadcutter, punta sobrepuesta de variable diseño y base recubierta para minimizar el efecto de los gases de deflagración. |
| L-T | LEAD TARGET | Proyectil de plomo usado en tiro de precisión. |

| | | |
|---|---|---|
| LTC | LEAD TRUNCATED CONE | Proyectil de plomo y punta en forma de cono truncado. |
| LWC | LEAD WADCUTTER | Proyectil no blindado de plomo y forma Wadcutter. |
| M | MATCH | Una tipología de cartuchos de alta calidad, para competición. |
| Mag | MAGNUM | Referido a cartuchos con carga extra de propelente, como el .357 Mag. |
| Mar | MARLIN | Referido a calibres diseñados por la casa Marlin. |
| Mau | MAUSER | Referido a calibres diseñados por la casa Mauser. |

| | | |
|---|---|---|
| MC | METAL CASED | Proyectil encamisado. Núcleo encamisado. |
| M-H | MARTINI-HENRY | Referido a cartuchos pertenecientes al sistema de fuego Martini-Henry. |
| MHP | MATCH HOLLOW POINT | Una tipología de cartuchos de alta calidad, para competición, de punta hueca. |
| MK | MATCH KING | Nombre de un tipo de munición de alta calidad para competición de la casa Sierra. |
| MOLY | MOLY-COATED | Proyectil patinado con disulfuro de molibdeno para reducir la fricción en el cañón y aumentar su velocidad de vuelo. |
| MP | METAL PIERCING | Proyectil antimaterial de arma corta, con menos poder de penetración que el AP. |

| | | |
|---|---|---|
| MR | MID-RANGE | Referido al alcance del proyectil. |
| M-S | MANNLICHER-SCHOENAUER | Referido a calibres de la casa Mannlicher-Schönauer, como el 9,5 x 57 mm M-S. |
| Nag | NAGANT | Referido a sistemas de fuego y calibres de la casa Nagant. |
| NB | NATIONAL BULLET | Un tipo de bala muy puntiaguda de acero con la base recubierta por una funda de latón. |
| NBT | NOSLER BALLISTIC TIP | Un tipo de punta expansiva de polímero de la casa Nosler usada en cartuchos de caza. |
| NCNM | NON-CORROSIVE NON-MERCURIC | Fulminantes libres de mercurio y de clorato potásico. |

| | | |
|---|---|---|
| NE/ Nitro Exp | NITRO EXPRESS | Un tipo de cartuchería usada en caza mayor con cordita como propelente y con elevada velocidad de proyectil. |
| NET | NOSLER E-TIP® | Nombre de un tipo de proyectil de la casa Nosler. |
| NP | NOSLER PARTITION | Un diseño de proyectil de la casa Nosler de núcleo dual. |
| NS | NOSLER SOLID BASE® | Nombre de un tipo de proyectil de la casa Nosler con la base maciza. |
| Nyclad | NYLON-CLAD | Un proyectil de la casa Federal totalmente recubierto de nylon negro para reducir la fricción y la polución por plomo. |
| O | OGIVAL | Referido a proyectiles con esta forma. |

| | | |
|---|---|---|
| OT | OPEN TIP | Proyectil cuyo blindaje deja la punta al descubierto. |
| P | PLATED | Referido a proyectiles cuyo blindaje está unido al núcleo por electrólisis. |
| PB (1) | PARABELLUM | Nombre de calibre de la casa Luger derivado de su lema *Si Vis Pacem, Para Bellum* ("Si quieres paz, prepárate para la guerra"). |
| PB (2) | LEAD BULLET | Referido a proyectiles hechos de plomo (del latín PLUMBUM, cuyo símbolo químico es Pb). |
| PEP | POSITIVE EXPANSION POINT | Un tipo de proyectil de la casa Winchester de gran precisión y poderoso impacto diseñado para caza menor. |
| PG | PARTITION GOLD | Un diseño de proyectil de la casa Winchester que combina expansión y penetración, con núcleo doble y la mitad posterior del núcleo hecho de una aleación dura. |

| | | |
|---|---|---|
| PH | PRO-HUNTER® | Nombre de un tipo de munición de caza de la casa Sierra. |
| PL/ P-L | POWER-LOKT | Nombre de un tipo de munición de la casa Remington con un proyectil cuyo blindaje de cobre está fusionado electrolíticamente al núcleo de plomo a fin de conseguir una perfecta concentricidad y equilibrio giroscópico. |
| PP | POWER POINT | Proyectil blindado de punta blanda de la casa Winchester con cortes alrededor del extremo frontal de la camisa para permitir una expansión rápida y uniforme. |
| PPC | PINDELL-PALMASIANO CARTRIDGE | Designación de un calibre norteamericano diseñado por Lou Palmisano & Ferris Pindell en 1975 para competición: 6 mm PPC. |
| PS | POWER-SHOK® | Nombre de un tipo de munición de la casa Federal. |

| | | |
|---|---|---|
| PSP | POINTED SOFT POINT | Proyectil tipo Spitzer con la punta blanda expansiva. |
| PSP (2)/ PTDSP | PLATED SOFT POINT | Proyectil de punta blanda expansiva con núcleo recubierto de blindaje unido a él por electrólisis. |
| PT | PLASTIC TIP | Referido a proyectiles con punta hecha de este material. |
| PTD | PLATED | Cf. P. |
| PTHP | PLATINUM-TIPPED HOLLOW POINT | Un tipo de proyectil de la casa Winchester con blindaje unido por electrólisis al núcleo, doble cavidad en la punta y cortes en el extremo frontal del blindaje para expansión uniforme. |
| PWC | POINTED WADCUTTER | Proyectil de sólido plomo, lubricado, con punta sobrepuesta al cuerpo cilíndrico. |

| | | |
|---|---|---|
| R | RIMMED | Referido a vainas y usado en la designación de calibres cuyo cartucho tiene una cabeza de vaina con reborde, como el 7,62 x 54R. |
| RB | REBATED | Referido a vainas y usado en la designación de calibres cuyo cartucho tiene un rebajo en su cabeza de vaina o extremo posterior. |
| Rem | REMINGTON | Referido a calibres diseñados por la casa Remington, como el .222 Rem. |
| RN | ROUND NOSE | Referido a proyectiles cuya punta tiene esta forma. |
| RNFP | ROUND NOSE FLAT POINT | Proyectiles de ojiva redondeada acabada en plano. |
| RNL | ROUND NOSE LEAD | Cf. LRN. |

| | | |
|---|---|---|
| RPG | ROCKET-PROPELLED GRENADE | Un tipo de granada disparada por un bazuca antitanque. |
| RSUM/ RSAUM | REMINGTON SHORT-ACTION ULTRA MAGNUM | Una familia de calibres diseñados por la casa Remington, de vaina corta en relación a los RUM. |
| RUM | REMINGTON ULTRA MAGNUM | Una familia de calibres diseñados por la casa Remington, de vaina larga en relación a los RSAUM. |
| Rus/ Russ | RUSSIAN | Referido a calibres de esta nacionalidad. |
| S | SPITZGESHOSS | Usado sólo para el 8 x 57mm Mauser y otros cartuchos alemanes de 8 mm. |
| S&H | SHARP & HART | Calibre norteamericano diseñado por Philip Sharpe y Richard Hart en los años 1950: 7 x 61 mm S&H. |

| | | |
|---|---|---|
| S&W | SMITH & WESSON | Referido a calibres diseñados por la casa Smith & Wesson, como el .40 S&W. |
| SAUM | REMINGTON SHORT-ACTION ULTRA MAGNUM | Cf. RSAUM. |
| Sav | SAVAGE | Referido a calibres diseñados por la casa Savage, como el .303 Sav. |
| SB | SCIROCCO™ BONDED | Un tipo de proyectil de la casa Remington con camisa de cobre unida al núcleo de plomo por medio de una tecnología especial llamada Swift, que permite una expansión controlada. |
| SBK | SIERRA BLITZKING | Cf. Blitz. |
| SC | SWIFT SCIROCCO BONDED | Cf. SB. |

| | | |
|---|---|---|
| SFS | SUPREME FAIL SAFE | Nombre de un tipo de munición de la casa Winchester, de alta tecnología. |
| SJ | SEMI-JACKETED | Referido a proyectiles cuyo blindaje no incluye la punta. |
| SJHP | SEMI-JACKETED HOLLOW POINT | Referido a proyectiles cuyo blindaje no incluye la punta, que es hueca. |
| SJSP | SEMI-JACKETED SOFT POINT | Referido a proyectiles cuyo blindaje no incluye la punta, que es de plomo. |
| SL | SELF-LOADING | Referido a sistemas de fuego que reintroducen automáticamente un proyectil en la recámara después de cada disparo mientras haya munición en el cargador. No debe confundirse la carga automática (que ocurre también en las armas semiautomáticas) con el disparo automático. |

| | | |
|---|---|---|
| SLD | SOLID | Proyectil hecho usualmente de cobre, bronce o aleación de latón y diseñado para gran penetración en animales de piel gruesa. |
| SLR | SELF RELOADING RIFLE | Cf. SL. |
| SM | SPORTS MASTER | Nombre de un tipo de proyectil de la casa Sierra capaz de una expansión consistente en un amplio espectro de velocidades. |
| SMG | SUBMACHINE GUN | Arma larga que dispara con munición de arma corta y a menudo puede hacerlo en automático, como el MP5. |
| SMP | SEMI-POINTED | Referido a la forma de ciertos proyectiles de punta no tan aguda como los Spitzer. |
| SOLID | BRASS MONOLITHIC SOLID | Un tipo de proyectil sólido de latón con alto poder de penetración. |

| | | |
|---|---|---|
| SP (1) | SOFT POINT | Referido a proyectiles de punta no blindada, de plomo. |
| SP (2) | SPIRE POINT | Proyectil Spitzer. |
| SPC | SPECIAL PURPOSE CARTRIDGE | Designación de calibre, como el 6,8 SPC de la casa Remington. |
| SPCE | SOFT POINT CUTTING EDGE | Proyectil semiblindado de punta blanda con un corte especial en el blindaje para permitir expansión uniforme y máxima transferencia de energía. |
| SPCL | SOFT POINT CORE LOKT | Cf. SP y CL. |
| Spl/ Sp/ Spec | SPECIAL | Designación de algunos calibres, como el .38 Spl. |

| | | |
|---|---|---|
| SPRG/ Spr/ Spg/ Spfld/ Spfd | SPRINGFIELD | Designación de calibre para los diseñados por la casa Springfield, como el .30-06 Spg. |
| SPT/ SPTZ | SPITZER | Referido a proyectiles de punta muy aguda. |
| SR | SEMI-RIMMED | Referido a vainas y usado en la designación de calibres cuyo cartucho tiene una cabeza de vaina con un reborde no muy sobresaliente. |
| SSp | SEMI-SPITZER | Proyectil con punta no tan aguda como el Spitzer. |
| SST | SUPER SHOCK TIPPED | Un tipo de proyectil diseñado por la casa Hornady con punta aguda de polímero que proporciona mayores velocidad y precisión. |
| ST | SILVER TIP | Un tipo de proyectil diseñado por la casa Winchester con punta recubierta de una aleación de aluminio especial para ayudar a una mayor expansión del núcleo. |

| | | |
|---|---|---|
| STA | SHOOTING TIMES ALASKAN | Designación de calibre, como el .358 STA. |
| STE | SHOOTING TIMES EASTERNER | Designación de calibre, como el 7 mm STE. |
| STW | SHOOTING TIMES WESTERNER | Designación de calibre, como el 7 mm STW. |
| SWC | SEMI-WADCUTTER | Cf. LSWC. |
| Swe | SWEDISH | Referido a calibres de esta nacionalidad, como el 6,5 x 55 mm Swe. |
| SX | SUPER EXPLOSIVE | Un tipo de proyectil de la casa Hornady caracterizado por su gran poder explosivo. |

| | | |
|---|---|---|
| SXT | SUPREME EXPANSION TECHNOLOGY | Proyectil de la casa Winchester de defensa personal, de mecanización fiable, gran precisión y expansión uniforme. |
| T bullet | TRACER BULLET | Una categoría de proyectil militar que genera una estela de humo a fin de controlar visualmente su recorrido y, en su caso, poder corregirlo. |
| TAP | TACTICAL APPLICATION POLICE | Proyectil de la casa Hornady diseñado especialmente para uso policial, muy pesado y con punta de polímero, lo que le permite a un tiempo gran poder de penetración y expansión rápida. |
| TC | TRUNCATED CONE | Referido a proyectiles cuya punta tiene esta forma. |
| TCHP | TRUNCATED CONE HOLLOW POINT | Referido a proyectiles cuya punta hueca tiene externamente forma de cono truncado. |

| | | |
|---|---|---|
| TCSB | TRUNCATED CONE SOLID BULLET | Referido a proyectiles cuya punta dura tiene externamente forma de cono truncado. |
| THV | TRES HAUTE VITESSE | Un tipo de proyectil de diseño francés capaz de gran velocidad. |
| TM | TOURNAMENT MASTER® | Una gama de munición de la casa Sierra, de alta tecnología. |
| TMJ | TOTAL METAL JACKET | Proyectil cuyo blindaje incluye la totalidad de su cuerpo, base incluida. |
| TMWC | TARGET MASTER WADCUTTER | Proyectil tipo Wadcutter de alta precisión para competición. |
| TNT | TNTR® | Una gama de proyectiles de la casa Sierra de gran precisión, blindaje fino y núcleo súper blando de plomo que permite una máxima disrupción del proyectil al impacto. |

| | | |
|---|---|---|
| Tok | TOKAREV | Designación de calibre de esta empresa armamentística soviética, como el 7,62 x 25 mm Tok. |
| UB | ULTRA-BONDED® | Una gama de munición de la casa Remington, de alta tecnología. |
| V | VARMINTER® | Una gama de munición de la casa Sierra, de alta tecnología. |
| VLD | VERY LONG DRAG | Designación de calibre referida a proyectiles capaces de minimizar la resistencia del aire en vuelo y capaces, por tanto, de largo alcance. |
| V-MAX | VARMINT EXPRESS BALLISTIC TIP | Proyectil diseñado por la casa Hornady con punta de polímero para una rápida expansión. |
| VS | V-SHOK® | Una gama de munición de la casa Federal, de alta tecnología. |

| | | |
|---|---|---|
| Wby/ Wea | WEATHERBY | Designación de calibre de este fabricante de munición, como el .30-378 Wby Magnum. |
| WC | WADCUTTER | Un tipo de proyectil totalmente cilíndrico usado en competición. |
| WCF | WINCHESTER CENTERFIRE RIFLE | Designación de calibre de este fabricante de munición aplicado a cartuchos de fuego central, como el .22 WCF. |
| WFN | WIDE FLAT NOSE | Designación de proyectil de punta plana y diámetro cercano al de la mayor anchura de la ojiva. |
| WFNGC | WIDE FLAT NOSE GAS CHECK | Cf. WFN y GC. |
| Win/ Winch | WINCHESTER | Designación de calibres diseñados por la casa Winchester, como el célebre .308 Win. |

| | | |
|---|---|---|
| WLN | WIDE LONG NOSE | Referido a proyectiles de punta larga y ancha. |
| WMR (1) | WINCHESTER MAGNUM RIFLE | Cartuchos para rifle con carga mágnum de propelente, de la casa Winchester. |
| WMR (2) | WINCHESTER MAGNUM RIMFIRE | Designación de calibre en cartuchos con carga mágnum de propelente y fuego anular de la casa Winchester, como el .22 WMR. |
| WRF | WINCHESTER RIMFIRE | Designación de calibre en cartuchos de fuego anular de la casa Winchester, como el .22 WRF. |
| WSL | WINCHESTER SELF-LOADING | Referido a rifles de carga automática de la casa Winchester y a cartuchos adecuados a esos sistemas de fuego, como el .401 WSL. |
| WSM | WINCHESTER SHORT MAGNUM | Referido a calibres diseñados por la casa Winchester de carga mágnum y vaina corta, como el .270 WSM. |

| | | |
|---|---|---|
| WSSM | WINCHESTER SUPER SHORT MAGNUM | Referido a calibres diseñados por la casa Winchester de carga mágnum y vaina extracorta, como el .223 WSSM. |
| X | X-BULLET | Un tipo de proyectil de la casa Barnes hecho todo él de cobre y usado para caza. |
| XTP | EXTREME TERMINAL PERFORMANCE ™ | Un tipo de proyectil diseñado por la casa Hornady de expansión controlada en un amplio espectro de velocidades características de munición de arma corta. |
| Z BULLET | ZINC ALLOY BULLET | Proyectil de aleación de zinc, que tiene propiedades autolubricantes y es capaz, por tanto, de altas velocidades. |

# BIBLIOGRAFÍA


• Adler, Denis: *Guns of the Civil War*; Zenith Press, Minneapolis 2011.

• Akhavan, Jacqueline: *The Chemistry of Explosives*; RSC Publishing, Cambridge 2011.

• Barnes, Frank C. & Simpson, Layne: *Cartridges of the World. A Complete and Illustrated Reference for Over 1500 Cartridges*; Gun Digest Book, Iola 2009.

• Baumgardner, Roy: *Precision Shooting with the M1 Garand*; Precision Shooting Inc., Manchester 2007.

• Bilby, Joseph G.: *Civil War Firearms. The Historical Background, Tactical Use and Modern Collecting and Shooting*; Combined Books, Conshohocken 2012.

• Bishop, Chris (ed.): *The Encyclopedia of Weapons From World War II to the Present Day*; Thunder Bay Press, San Diego 2006.

• Ball, Robert W. D.: *Mauser; Gun Digest Books*; Iola 2006.

• Blake, R. L. V. Ffrench: *The Crimean War*; Pen & Sword, Barnsley 2006.

• Bogdanovic, Branko: *Serbian and Yugoslav Mauser Rifles*; North Cape Publications, Tustin 2005.

• Brown, G.I.: *The Big Bang. A History of Explosives*; Sutton Publishing, Stroud 2005.

• Bussard, Michael: *Ammo Encyclopedia*; Blue Book Publications, Minneapolis 2011.

• Cappel, Robert P.: *S.W.A.T. Team Manual*; Paladin Press, Boulder 1994.

• Carlucci, Donald E. & Jacobson, Sidney S.: *Ballistics. Theory and Design of Guns and Ammunition*; CRC Press, Boca Raton 2008.

• Carpenteri, Stephen D.: *Shooter's Bible 102nd*. Edition; Skyhorse Publishing, New York 2010.

• Chase, Kenneth: *Firearms, A Global History to 1700*; Cambridge University Press, New York 2009.

• Cottaz, Maurice: *L'Arme a Feu Portative Française*; Éditions Albert Morancé, París 1971.

• Cressy, David: *Saltpeter. The Mother of Gunpowder*; Oxford University Press, Oxford 2013.

• Cumpston, Mike & Bates, Johnny: *Percussion Revolvers. A Guide to Their History, Performance, and Use*; iUnivers, New York 2007.

• Dangerfield, George: *Bengal Mutiny: The Story of the Sepoy Rebellion*; Harcourt, Brace & Company, New York 1933.

• Davis, Tenney L.: *The Chemistry of Powder & Explosives*; Angriff Press, Hollywood 1943.

• Denny, Mark: *Their Arrows Will Darken the Sun. The Evolution and Science of Ballistics*, The John Hopkins University Press, Baltimore 2011.

• Di Maio, Vincent J. M.: *Gunshot Wounds. Practical Aspects of Firearms, Ballistics, and Forensic Techniques*, CRC Press, Boca Raton 1999.

• Forker, Bob: *Ammo & Ballistics*; Safari Press Inc., Long Beach 2010.

• Forsyth Reid, Alexander John: *Alexander John Forsyth M.A., LL.D. Belhelvie, Aberdeenshire, 1768-1843, and His Invention of the Percussion Lock*; Aberdeen, 1957.

• Fowler, Will & Sweeney, Patrick: *The Illustrated Encyclopeadia of Rifles and Machine Guns*, Lorenz Books, Leicestershire 2011.

• Fowler, Will; North, Anthony & Stronge, Charles: *The World Encyclopeadia of Pistols, Revolvers and Submachine Guns*, Lorenz Books, Leicestershire 2011.

• Greener, W. W.: *The Gun and Its Development*; Greenhill Books, Londres 2002.

• Grossman, Dave & Christensen, Loren W.: *On Combat. The Psychology and Physiology of Deadly Conflict in War and in Peace*; Warrior Science Publications 2008.

• Hall, A. R.: Ballistic*s in the Seventeenth Century. A Study in the Relations of Science and War with Reference Principally to England*; Cambridge University Press, Cambridge 2009.

• Hatcher, Julian S.: *Hatcher's Notebook. A Standard*; Stackpole Books, Mechanisburg.

• Heard, Brian J.: *Handbook of Firearm and Ballistics. Examining and Interpreting Forensic Evidence*; Wiley-Blackwell, Southern Gate 2009,

• Herring, Hal: *Famous Firearms of the Old West. From Wild Bill Hickok's Colt Revolvers to Geronimo's Winchester: Twelve Guns that Shaped Our History*, Twodot, Guildford 2011.

• Hogg, Ian V. & Walter, John: *Pistols of the World*; Krause Publications, Iola 2004.

• James, C. Rodney (ed.): *The ABCs of Reloading. The Definitive Guide for Novice to Expert*; Gun Digest Books, Iola 2010.

• Jones, Richard Jones & White, Andrew: *Jane's Guns Recognition Guide*, Collins, Londres 2008.

• Kalashnikov, Mikhail & Joly, Elena: *The Gun that Changed the World*; Polity Press, Cambridge 2006.

• Kehaya, Steve & Poyer, Joe: *The Swedish Mauser Rifles*; North Cape Publications, Tustin 2003.

• Kelly, Jack: *Gunpowder. A History of the Explosive that Changed the World*; Atlantic Books, Londres 2004.

• La Garde, Louis A. (Colonel): *Gunshot Injuries. How They Are Inflicted; Their Complications and Treatment*; Forgotten Books, New York 2012.

• Lapin, Terence W.: *The Mosin-Nagant Rifle*; North Cape Publications, Tustin 2007.

• Lapin, Terence W.: *Mauser Military Rifle Markings*; Hyrax Publishers, Arlington 2001.

• Long, Duncan: *Modern Sniper Rifles*; Paladin Press, Boulder 1988.

• Long, Duncan: *Streetsweepers. The Complete Book of Combat Shotguns*; Paladin Press, Boulder.

• Long, Duncan: AK 47: *The Complete Kalashnikov Family of Assault Rifles*; Paladin Press, Boulder 1988.

• Long, Duncan: The Complete AR-15/M16 Sourcebook. What Every Shooter Needs to Know; Paladin Press, Boulder 2001.

• Lugs, Jaroslav: *Firearms Past and Present 1 & 2. A Complete Review of Firearms Systems and their Histories*, Grenville Publishing Company, Londres 1973.

• Mann, Don: *The Modern Day Gunslinger. The Ultimate Handgun Training Manual*; Skyhorse Publishing, New York 2010.

• Marshall, Evan P. & Sanow, Edwin J.: *Handgun Stopping Power. The Definitive Study*; Paladin Press, Boulder 1992.

• Martin, Derrick & Tillman, Barrett: *The Complete Guide to AR-15 Accuracy Precision Shooting*; Manchester 2003.

• Martínez Rueda, Manuel: *Arte de Fabricar el Salitre y la Pólvora*; Editorial Maxtor, Valladolid 2009.

• McCollum, Duncan O.: *Japanese Rifles of World War II*; Excalibur Publications, Tucson 1996.

• McLellan, Geo. B.: *Armies Of Europe. Comprising Descriptions in Detail of the Military Systems of England, France, Russia, Prussia, Austria and Sardinia*; J. B. Lippincott & Co., Philadelphia 1862.

• McNab, Chris (ed.): *Guns, A Visual History*; DK, Londres 2009.

• McNamara, Patrick: *T.A.P.S.: Tactical Application of Tactical Shooting. Recognize the Void in Your Tactical Training*; iUniverse, Bloomington 2008.

• Miller, Linda K. & Cunningham, Keith A.: *The Wind Book for Rifle Shooters*; Paladin Press, Boulder 2006.

• Miller, Linda K. & Cunningham, Keith A.: *Secrets of Mental Markmanship. How to Fire Perfect Shots*; Paladin Press, Boulder 2010.

• Ministry of Defense of the U.S.S.R.: *The Official Soviet SVD Manual. Operating Instructions for the 7.62 mm Dragunov Sniper Rifle*; Paladin Press, Boulder 1997.

• Mordecai, Alfred: *Military Commission to Europe in 1855 and 1886*; Ulan Press.

• Mowbray, Stuart C. & Puleo, Joe: *Bolt Action Military Rifles of the World*; Mowbray Publishing, Woonsocket 2009.

• Newick, Glenn: *The Ultimate in Rifle Accuracy. Getting the Most Out of Your Equipment and Yourself*; Stoeger Publishing Company; Accokeek.

• O'Connell, Robert L.: *Of Arms and Men. A History of War, Weapons, and Aggression*; Oxford University Press, Oxford 1989.

• O'Neal, Bill: *Encyclopedia of Western Gunfighters*; University of Oklahoma Press, Norman 1979.

• Parker, Geoffrey (ed.): *The Cambridge Illustrated History of Warfare*; Cambridge University Press, New York 2009.

• Party, Boston T.: *Boston's Gun Bible*; Javelin Press, Ignacio 2002.

• Pauly, Roger: *Firearms. The Life Story of a Technology*; The John Hopkins University Press, Baltimore 2004.

• Pecci, Javier: *Manual de Tiro Táctico Policial y de Defensa*; JAVIER PECCI ROSENDI, Barcelona 2005.

• Pegler, Martin: *The Thompson Submachine Gun. From Prohibition Chicago to World War II*; Osprey Publishing, Oxford & Long Island City 2010.

• Pincus, Rob: *Combat Focus Shooting: Evolution 2010. The Science of Intuitive Shooting Skill Development*; I.C.E. LLC Publishing Company, Virginia Beach 2010.

• Plaster, John L.: *The Ultimate Sniper. An Advanced Training Manual for Military & Police Snipers*; Paladin Press, Boulder 1993.

• Popenker, Maxim & Williams, Anthony G.: *Assault Rifle. The Development of the Modern Military Rifle and Its Ammunition*; The Crowood Press, Ramsbury 2005.

• Poyer, Joe: *The Model 1903 Springfield Rifle And Its Variations*; North Cape Publications, Tustin 2008.

• Poyer, Joe & Riesch, Craig: *The M1 Garand 1936-1957*; North Cape Publications, Tustin 2008.

• Reasoner, James: *Draw. The Greatest Gunfights of the American West*; Berkley Books, New York 2003.

• Rinker, Robert A.: *Understanding Firearm Ballistics. Basic to Advanced Ballistics: Simplified, Illustrated & Explained*; Mulberry House Publishing, Clarksville 2009.

• Rose, Alexander: *American Rifle. A Biography*; Delacorte Press, New York 2008.

• Senich, Peter R.: *The German Sniper 1914-1945*; Paladin Press, Boulder.

• Senich, Peter R.: *The German Assault Rifle 1935-1945*; Paladin Press, Boulder.

• Skennerton, Ian: *Mauser Rifles & Carbines*; Ray Riling Arms Books, Philadelphia 2006.

• Spicer, Mark: *Illustrated Manual of Sniper Skills*; Zenith Press, Minneapolis 2006.

• Stanford, Andy: *Surgical Speed Shooting. How to Achieve High-Speed Markmanship in a Gunfight*; Paladin Press, Boulder 2001.

• Stephens, Charles: *Master Handguning. Secrets and Surefire Techniques to Make You a Winner*; Paladin Press, Boulder 1994.

• Stevens, C. A.: *Berdan's United States Sharpshooters in the Army of the Ptomac, 1861-1865*; Forgotten Books 2012.

• Stratton, Charles R.: *British Enfield Rifles 1. SMLW (N°. 1) Rifles, Mk 1 and Mk III*; North Cape Publications, Tustin 2009.

• Stratton, Charles R.: *British Enfield Rifles 2. Lee-Enfield N°. 4 and N°. 5 Rifles*; North Cape Publications, Tustin 2008.

• Suarez, Gabriel: *The Tactical Pistol. Advanced Gunfighting Concepts and Techniques*; Paladin Press, Boulder 1996.

• Suarez, Gabriel: *The Tactical Shotgun. The Best Techniques and Tactics for Employing the Shotgun in Personal Combat*; Paladin Press, Boulder 1996.

• Suarez, Gabriel: *The Tactical Advantage. A Definitive Study of Personal Small-Arms Tactics*; Paladin Press, Boulder 1998.

• Sweeney, Patrick: *1911. The First 100 Years*; Gun Digest Books, Iola 2011.

• Thompson, Jim: *The Complete M1 Garand. A Guide for the Shooter and Collector*; Paladin Press, Boulder 1998.

• Treadwell, T. J. (dr.): *Metallic Cartridges (Regulation and Experimental) Manufactured and Tested at the Frankford Arsenal, Philadelphia, PA*; Government Printing Office, Washington 1873.

• Turner, Marion: *Chaucer. A European Life*; Princeton University Press, Princeton 2019.

• United States Army Markmanship Training Unit: *The Advanced Pistol Marksmanship Manual*; Fredonia Books, Amsterdam 2002.

• Van Zwoll, Wayne: *Guide to Rifle Ballistics*; Skyhorse Publishing, New York 2011.

• Vaughn, Harold R.: *Rifle Accuracy Facts: "A Distinguished Scientist's Lifelong Pursuit of the Secrets of Extreme Rifle Accuracy"*; Precicion Shooting, Manchester 2011.

• Von Clausewitz, Carl: *Vom Kriege*; Nikol Verlag, Hamburgo 2008.

• Wallace, James Smyth: *Chemical Analysis of Firearms, Ammunition, and Gunshot Residue*; CRC Press, Boca Raton 2008.

• Walter, John: *Rifles of the World*; Krause Publications, Iola 1998.

• Westwood, David: *Rifles. An Illustrated History of their Impact*; ABC CLIO, Santa Barbara 2005.

• Wilkinson, Frederick: *A History of Handguns*; The Crowood Press, Ramsbury 2010.

• Wilson, R.L.: *Colt: An American Legend. Sesquicentennial Edition: The Official History of Colt Firearms from 1836 to the Present*; Artabras, New York.

• Wilson, R.L.: *Winchester: An American Legend. The Official History of Winchester Firearms and Ammunition from 1849 to the Present*; Chartwell Books, New York 2012.

• Wingate, James A.: *Mechanical Variations of the Mauser Bolt Action Military Rifles*; Armor Piercing Press/ BookSurge, North Charleston 2006.

• Woodard, W. Todd (ed.): *Shooter's Bible Guide to Cartridges*; Skyhorse Publishing, New York 2011.

ISBN: 978-84-617-0485-9
2ª Edición, revisada y ampliada
MJOLNIR PUBLISHING HALL
e-mail: info@mjolnirpublishinghall.com
Valhalla Hights, TMNO 08870

Made in the USA
Las Vegas, NV
03 November 2026

57421452R00207